JN050973

# 入門統計解析

## 第2版

倉田博史・星野崇宏　共著

新世社

# 第2版まえがき

本書の初版を上梓してから15年近くが経とうとしている。幸いにも多くの読者に恵まれ，特に大学の教養課程や専門課程における入門的教科書として広く用いて頂き，刷を重ねることができた。私自身も勤務先である東京大学教養学部における入門講義で本書を教科書として利用してきた。学生から，この本がきっかけで統計学に興味を持つようになった，わかりやすかったなどと言われたり，卒業生や社会人の方から，学生時代にこの本の世話になった，今でも手許に置いているなどと言われたりすることもあり，そのようなときは教師冥利に尽きる思いであった。

この15年の間に日本社会における統計学の位置付けは大きく変化した。学校教育を例にとれば，高等学校の必履習科目である数学Iに「データの分析」が採用され，平均・分散・標準偏差・相関係数や箱ひげ図・散布図といった記述統計的手法が必修化されることになった。今，数学Iの教科書を開けば，世代を問わずおなじみの正弦・余弦定理や2次方程式の判別式などと並んで$\bar{x}$や$s^2$などが登場する。箱ひげ図に至ってはより低学年の教程へと移され，2021年度からは中学校で扱う内容になっている。また，ビジネスの世界においても，ビッグデータの取得や蓄積が格段に容易になり，それが日本社会におけるデータサイエンスへの潜在的需要を作り出している。このように，統計学の知識の必要性は学校教育においても実社会においても急速な広がりを見せている。

それに応じて，統計学への入門の仕方も多様化しつつある。標準的なスタイルの教科書に加えて，理論よりも実践を重視する立場から書かれた入門書や高度なトピックを実例を中心に解説する教科書も多く出版され始めている。しかし，どのようなスタンスで書かれたものであれ，拠って立つ統計学の根幹部分は共通であり，それは「母集団と標本」の概念図式である。すなわち，手中のデータを母集団から抽出された標本と見なす考え方である。そこでは，母集団は確率分布によって表され，標本はその確率分布に従う確率変数であると仮定される。この図式を修得しなければ，実践であれ理論であれ，データ解析の上達はあり得ない。本書はこの根幹部分を読者の方々に効率的に身につけて頂くことを自ら使命に課して書かれたものである。第2版でも基本的な構成は維持し，初学者の方々に統計学の基本概念である,「平均・分散・標準偏差・基準化変量・共分散・相関係数・回帰」を「母集団と標本」の図式の中で正確に理解できるように加筆と修正を行った。大学教養課程や自然科学系学部における入門講義や，人文・社会科学系学部の専門課程における教科書として，あるいはデータ解析を必要とされる社会人の方の自習書として利用して頂くことを第一に想定しているが，より多様な読者層のニーズにも応えられるものとなっているはずである。第2版がより広い読者の方々に受け入れられ，日本の統計学教育に資することができればと念願している。

改訂にあたっては新世社編集部の御園生晴彦氏，谷口雅彦氏に大変お世話になった。あつくお礼申し上げたい。

2024年1月

倉田博史

# 初版へのまえがき

本書は，大学の教養課程や専門課程においてはじめて統計学を学ぶ学生を主な対象に，データ解析の考え方と実際について，その基本的事項を解説したテキストである。予備知識として高校2年生程度の数学を理解していることを前提としている。また，データ解析に従事する方の独習書として用いることもできる。コンピュータを使える環境にあることが望ましいが，そうでないとしても主要部の理解に差し支えはない。著者は，東京大学教養学部と大学院総合文化研究科において，入門的なものから発展的なもの，理論中心のものから実習中心のものまで様々なタイプの統計学科目の講義を担当してきた。本書は，その経験に基づいて，データ解析の現場で必要となる知識と技術の最適な組合せを提供することを目指している。

本書は10章からなっている。大きく分ければ，最初の8章が基礎編にあたり，後の2章が応用編となる。応用編では，実際のデータ解析で最も広く用いられている手法である回帰分析と分散分析の考え方と実際を学ぶ。この2つの手法を身に付けることが本書の目標である。

第1章では，データ解析の基本的な事柄を概説する。特に，「母集団と標本」の枠組みに焦点を当てる。統計学では，観測対象を母集団と呼び，データを（母集団から抽出された）標本とみなす。データ解析とは，標本の情報を利用して母集団に関する何らかの結論を導き出すことである。

第2章と第3章では，データの整理と要約の方法，すなわち記述統計学の概要を解説する。第2章では1次元データ，第3章では2次元データを扱う。これら2つの章で，統計学理論の基礎をなす量や概念である平均・分散・標準偏差・基準化変量・共分散・相関係数・回帰の7つが登場する。統計学はこれら7つの概念によって作られていると言っても過言ではない。したがって，読者はまずこの7つを正確に理解することに注力されたい。ここでごく簡単に案内すれば，平均はデータ分布の中心，分散と標準偏差はデータ分布の散らばりを表す量である。また，基準化変量は，個々のデータがデータ分布のどの辺に位置するかについての情報を持っている。共分散と相関係数はいずれも2つの変数の直線的関係を計る量であり，回帰は一方の変数に基づいて他方の変数を予測するための基礎を与える。

第4章から第6章までの3つの章は，母集団と標本の枠組みを確率の言葉で記述することにあてる。統計学では，観測対象である母集団を確率分布によってモデル化し（確率モデル），標本をその確率分布に従う確率変数の組と定義する。第4章では確率分布の確率モデルとしての性質を調べる。その際，平均・分散・標準偏差・基準化変量などの概念を確率分布にも拡大して適用する。平均や分散などが，データに対してだけでなく確率分布に対しても定義されるため，読者にとっては混乱しやすい所である。さて，標本と言っても色々あるが，科学的研究においては，「同一条件のもとでの繰返し実験・観測によって得られた標本」が特に重要である。これを確率の言葉で言い換えれば，「独立に同一の確率分布に従う確率変数の組」となる。第5章ではこの独立同一分布性について論ずる。続く第6章では，標本から母集団への推測をするために用いられる各種の量（標本平均や標本分散）の性質を調べる。

第7章以降がデータ解析の具体的手続きである。第7章と第8章は統計的推測の基本要素である推定と検定の説明にあてられる。また，第9章と第10章ではそれぞれ回帰分析，分散分析の考え方と実際を実例を通して学ぶ。

本書を眺めると，まず定義が与えられ，定理と証明がそれに続くという数学書のスタイルが採られていることに気付かれることと思う。このスタイルの長所は，今自分が読んでいる部分がどのような位置付けにあるのかが明確にわかることである。定義は議論の前提や約束であり，定理はそこから導かれる事実であり，証明はその理由の論理的説明である。入門テキストでは議論の筋道を明確にすることが何よりも読者の助けになると考え，このスタイルを採った。厳密さだけでなく，直感的な理解やイメージを得ることも大切であるから，例を豊富に取り入れている。

発展的な内容を含む箇所には † を付けてある。難解と感じられる読者は適宜スキップされたい。また，以下の節は無視しても主要部の理解に差し支えがないので，各自で取捨選択されたい（第 2.5 節，第 2.6 節，第 2.7 節，第 3.4 節，第 5.3 節，第 9.3 節）。

例や演習問題の一部で，Microsoft 社の表計算ソフト Excel（エクセル）を用いている。そこでの目標は，代表的なワークシート関数を身に付けること，「分析ツール」の出力を正しく読めるようになることである。四則演算などごく基本的な操作は既知としているので，必要に応じて Excel の解説書などを参照されたい。統計学の立場から書かれたものとして『Excel による統計入門』（縄田和満著，朝倉書店）を挙げておく。

なお，本書で用いたデータは新世社のウェブサイトからダウンロードできる。また，節や章の末尾に付けられている演習問題の解答も同様である。URL は下記の通りである。

URL：https://www.saiensu.co.jp/

本書の執筆に当たり，多くの文献を参考にさせて頂いた。巻末の「関連図書」に記してあるのはその一部に過ぎない。特に，『統計学入門』（東京大学教養学部統計学教室編，東京大学出版会）は講義テキストとして長年にわたって使用しており，本書の基礎となっている。また，第 2 章で各都道府県の公営賃貸住宅の家賃データを例にしているが，このアイデアは『データ分析はじめの一歩』（清水誠著，講談社（講談社ブルーバックス））から学んだものである。

最後に，貴重なコメントを下さった北海道大学園信太郎教授，出版の機会を下さった情報セキュリティ大学院大学の廣松毅教授と新世社の御園生晴彦氏に心からの感謝を申し上げたい。

2009 年 10 月

倉田博史・星野崇宏

# 目　次



＊発展的内容を含む箇所には † 印を付けている。

なお，本書で用いたデータは新世社のウェブサイトからダウンロードできる。また，節や章の末尾に付けられている演習問題の解答も同様である。URLは下記の通りである。

URL：https://www.saiensu.co.jp/

# 統計解析とは 1

## 1.1 統計解析の目的

### 1.1.1 母集団と標本

実験や調査などにおいて計測や観測の対象となる人やものの集まりを**母集団**（population）と言い，母集団に含まれる要素を**個体**（individual）と呼ぶ。例えば，全国の小学1年の児童の発育や健康の状態を調査する場合，母集団は小1児童の全体であり，各児童は個体である。全国の小1児童の全体を調べるには大変なコストがかかるため，無作為に選ばれた一部の児童のみを調査の対象とする場合がある。一般に，母集団から一部の個体を抽出して行う調査を**標本調査**（sample survey）と言い，選ばれた個体の集まりを**標本**（sample）と言う。標本として選ばれた個体の数 $n$ を**標本の大きさ**（sample size）と言う。例えば，文部科学省による「学校保健統計調査」では，小中高の各学校に通う児童と生徒，および幼稚園に通う幼児を対象にして，身長・体重の計測，視力や聴力の検査，各種疾病の有無の検査が学年ごとに行われている。小1については児童全体のおよそ5%が選ばれている。

要素の数が有限の母集団を**有限母集団**（finite population）と呼び，無限の母集団を**無限母集団**（infinite population）と言う。小1児童の全体は有限母集団である。他方，工場で製造される製品の何%が不良であるかを抜き取り検査によって調査する場合，母集団は工場で製造される製品の全体であり，これは無限母集団である。

### 1.1.2 変数とデータ

標本として選ばれた $n = 10$ 人の児童の身長を計測した結果,

$$109.6,\ 120.0,\ 116.9,\ 122.4,\ 114.4,\ 112.1,\ 105.7,\ 117.5,\ 117.4,\ 113.1\ \text{(cm)} \tag{1.1.1}$$

という値が得られたとする。これをデータ（data）と言う。また，計測対象となっている性質（今の場合は身長）を変数（variate, variable）と言う。変数を変量と呼ぶこともある。データという語はこの例で言えば上記の 10 個の数値の集まりを指すのが一般的であり，その場合，一つ一つの数値（例えば 109.6）は「データの値」などと呼んで区別されることが多いが，両者をともに「データ」と呼んでも誤解のないことがほとんどであるため，本書ではそのような使い分けはせず，一つ一つの数値のこともデータと呼ぶことにする。

### 1.1.3 統計解析の目的

**統計解析**（statistical analysis）とは，標本の情報を利用して母集団の未知の性質について何らかの結論を導くことである。児童の身長の例で言えば，抽出された児童の身長データをもとにして，児童全体の身長の分布について推論することである。そこで主たる関心となるのは，身長がどのような形で分布しているのか，平均的な身長はどれくらいか，分布の幅やばらつきはどの程度か，などである。

例えば，児童全体の平均，すなわち母集団における平均（これを $\mu$ とおく）は通常未知である。そこで標本の情報を利用してこれを推測する。具体的には，標本として得られたデータ $x_1, x_2, \cdots, x_n$ の平均値，すなわち

$$\bar{x} = (x_1 + x_2 + \cdots + x_n)/n \tag{1.1.2}$$

を計算し，未知の $\mu$ の近似値とみなす。これは**推定**（estimation）と呼ばれる，統計解析の一つの方法である。

# 1.2 データの分類

データには様々な側面があり，それに応じて様々に分類することができる。

## 1.2.1 データの次元

(1.1.1) の身長データのように各個体につき 1 つ変数を計測して得られるデータを**1 次元データ**（1-dimensional data）もしくは**1 変数データ**と言う。1 次元データは一般に

$$x_1, x_2, \cdots, x_n \tag{1.2.1}$$

と表される。ここで $n$ は標本の大きさである。他方，**2 次元データ**（2-dimensional data）とは，2 つの変数に関するデータのことであり，例えば各児童につき身長と体重の両方を測定して，

$$(109.6, 16.7),\ (120.0, 25.4),\ (116.9, 17.1),\ (122.4, 22.3),\ (114.4, 19.4),$$
$$(112.1, 17.7),\ (105.7, 19.6),\ (117.5, 21.1),\ (117.4, 20.3),\ (113.1, 19.1)$$

なるデータが得られたとすれば，これは 2 次元データである。2 次元データは一般に

$$(x_1, y_1), (x_2, y_2), \cdots, (x_n, y_n) \tag{1.2.2}$$

という形で書ける。3 次元データ，4 次元データ，$p$ 次元データなどの**多次元データ**（multi-dimensional data）も同様に定義される。

## 1.2.2 データの型

0, 1, 2, $\cdots$ など飛び飛びの値しかとりえない変数やデータを**離散型**（discrete type）と言う。例えば，ある市のある週の交通事故件数のデータ

$$2,\ 3,\ 1,\ 2,\ 0,\ 0,\ 2\ (\text{件 / 日}) \tag{1.2.3}$$

は離散型データである。交通事故死亡者数，病変細胞数など，計数（人数や件数，回数，個数など）を表すデータは離散型である。

一方，連続値をとりうる変数やデータを**連続型**（continuous type）と言う。人の身長，動物の体重，電球の寿命などのように，長さや面積，重さ，時間，比率などは連続型である。(1.1.1) の身長データはもちろんのこと連続型データである。株価や地価，試験の得点データなどは測定精度が有限であるため，厳密に考えれば離散型データであるが（例えば株価は1銭が最小単位である），多くの場合，連続型データとして扱われる。

### 1.2.3 量的データと質的データ

男性と女性，喫煙習慣の有無，未婚と既婚など2つの値のみで表されるデータを**2値データ**（binary data）と言う。2値データは「喫煙習慣有り $=1$，無し $=0$」のように0と1で表現するのが通常である。例えば，10人の患者の喫煙習慣

$$0,\ 1,\ 1,\ 1,\ 0,\ 1,\ 0,\ 0,\ 1,\ 1 \tag{1.2.4}$$

は2値データである。データの和（この場合は6）が喫煙習慣を有する人の数となることに注意しよう。

2値以上で表されるデータもある。例えば，サービスの満足度を

1. 満足した，2. まあまあ満足した，3. 普通，4. やや不満である，5. 不満である

の5段階で表す変数，ある案への態度を（1. 賛成， 2. 反対， 3. 分からない）の3つの区分で表す変数などがそうである。このようなデータを**質的データ**（qualitative data）あるいは**カテゴリカルデータ**と言う。1や2という値は量ではなく，カテゴリーであるから，和や差などには意味がない。

他方，前項で扱った連続型データと離散型データは量を表す数値であるから，和や差が意味を持つ。質的データに対して，こちらは**量的データ**（quantitative data）と呼ばれる。

### 1.2.4 尺度水準

データや変数は，測定の水準という観点から，名義尺度，順序尺度，間隔尺度，比尺度の4つに分類することができる。

**名義尺度**（nominal scale）とは，分類や区分を表す変数のことであり，例えば性別や職種，国籍などである。**順序尺度**（ordinal scale）は，順序関係や大小関係のある分類や区分を表す変数のことであり，例えば，評定（優，良，可，不可），学歴（中学卒，高校卒，大学卒）や要介護度などが当てはまる。**間隔尺度**（interval scale）は間隔に意味のある変数のことであり，例えば，西暦やテストの得点などが当てはまる。**比尺度**（ratio scale）は間隔だけでなく比率にも意味のある変数であり，速度や長さ，年齢などがこれに該当する。原点（絶対零）を有する点が特徴である。

順序尺度は名義尺度の条件を満たす。このことを，順序尺度は名義尺度よりも**水準が高い**と言う。実は，上記の尺度は，比・間隔・順序・名義尺度の順に水準が高い。例えば，5cm は 2cm の 2.5 倍であるが，5°C は 2°C の 2.5 倍であるとは言えない。長さは比尺度だが，摂氏温度は間隔尺度なのである。しかし，5cm と 2cm の差は 3cm，5°C と 2°C の差は 3°C であり，これらはいずれも意味を持つ。どちらも間隔尺度なのである。

一般に質的データは名義尺度，順序尺度であり，量的データは間隔尺度，比尺度である。比尺度は加減乗除の各演算が意味を持つが，間隔尺度の変数に対して意味を持つ演算は加法と減法のみである。また，順序尺度や名義尺度の変数については，和や平均などを形式的に計算することはできるが，その値が意味を持つとは限らない。

# 1.3 数学についての補足

本書で用いる数学記号や公式をまとめておく。必要に応じて参照されたい。各項は独立に読むことができる。

### 1.3.1 総和記号に関する諸公式

総 和 記 号

数列 $x_1, x_2, \cdots, x_n$ に対してその和を総和記号 $\Sigma$ を用いて

$$\sum_{i=1}^{n} x_i = x_1 + x_2 + \cdots + x_n \tag{1.3.1}$$

と表す。例えば,

$$\sum_{i=1}^{n} i = 1 + 2 + \cdots + n = \frac{n(n+1)}{2} \tag{1.3.2}$$

$$\sum_{i=1}^{n} i^2 = 1^2 + 2^2 + \cdots + n^2 = \frac{n(n+1)(2n+1)}{6} \tag{1.3.3}$$

である。(1.3.1) に関しては和が収束すれば，数列は無限数列 $x_1$, $x_2$, $\cdots$ であってもよい。その場合は,

$$\sum_{i=1}^{\infty} x_i = x_1 + x_2 + \cdots \tag{1.3.4}$$

と表す。

総和記号 $\Sigma$ の性質として，次の 2 つが基本的である。$c$ を任意の実数，$x_1, x_2, \cdots, x_n$ と $y_1, y_2, \cdots, y_n$ を任意の数列とすると,

$$\sum_{i=1}^{n} cx_i = c\sum_{i=1}^{n} x_i \tag{1.3.5}$$

$$\sum_{i=1}^{n} (x_i + y_i) = \sum_{i=1}^{n} x_i + \sum_{i=1}^{n} y_i \tag{1.3.6}$$

証明はいずれも定義式 (1.3.1) に戻ればやさしい。(1.3.5) は

$$\begin{aligned}\sum_{i=1}^{n} cx_i &= cx_1 + cx_2 + \cdots + cx_n = c\left(x_1 + x_2 + \cdots + x_n\right) \\ &= c\sum_{i=1}^{n} x_i\end{aligned}$$

として示される。また，(1.3.6) の証明は次の通りである。

$$\sum_{i=1}^{n} (x_i + y_i) = (x_1 + y_1) + (x_2 + y_2) + \cdots + (x_n + y_n)$$

$$
\begin{aligned}
&= (x_1 + x_2 + \cdots + x_n) + (y_1 + y_2 + \cdots + y_n) \\
&= \sum_{i=1}^{n} x_i + \sum_{i=1}^{n} y_i
\end{aligned}
$$

等式 (1.3.5) と (1.3.6) をあわせて,

$$
\sum_{i=1}^{n}(ax_i + by_i) = a\sum_{i=1}^{n} x_i + b\sum_{i=1}^{n} y_i
$$

も容易に得られる。ここに $a$ と $b$ は任意の実数である。

### 和の2乗

以下では和の2乗がしばしば現れるため，ここで扱っておく。容易にわかる通り，$(x_1 + x_2)^2 = x_1^2 + x_2^2 + 2x_1x_2$，$(x_1 + x_2 + x_3)^2 = x_1^2 + x_2^2 + x_3^2 + 2(x_1x_2 + x_1x_3 + x_2x_3)$ であり，一般に

$$
\begin{aligned}
\left(\sum_{i=1}^{n} x_i\right)^2 &= (x_1^2 + x_2^2 + \cdots + x_n^2) + 2\,(x_1x_2 + x_1x_3 + \cdots + x_1x_n \\
&\quad + x_2x_3 + \cdots + x_2x_n + \cdots + x_{n-1}x_n) \\
&= \sum_{i=1}^{n} x_i^2 + 2\sum_{i<j} x_ix_j \qquad (1.3.7)
\end{aligned}
$$

が成り立つ。ここに，$\sum_{i<j}$ は $i < j$ となるすべての $i$ と $j$ の組合せに関する和のことである。$\sum_{i<j} x_ix_j = \sum_{i=1}^{n}\sum_{j=i+1}^{n} x_ix_j$ と表現することもできる。

### 幾何級数に関する公式

次の形を持つ数列を初項 $c$，公比 $r$ の幾何数列と言い,

$$
c,\ cr,\ cr^2,\ cr^3,\ \cdots
$$

その和

$$
\sum_{i=0}^{\infty} cr^i = c + cr + cr^2 + cr^3 + \cdots
$$

を**幾何級数**と言う。幾何級数が収束するための必要十分条件は $-1 < r < 1$ となることである。このとき，

$$\sum_{i=0}^{\infty} cr^i = \frac{c}{1-r} \tag{1.3.8}$$

$n$ 乗の項までの和については次式が成り立つ。

$$\sum_{i=0}^{n} cr^i = c + cr + cr^2 + \cdots + cr^n = \frac{c\,(1-r^{n+1})}{1-r} \tag{1.3.9}$$

**2 重数列の和**

2重の添え字で表される数列(2重数列) $x_{ij}$ $(i = 1, 2, \cdots, m; j = 1, 2, \cdots, n)$

$$\begin{matrix} x_{11} & x_{12} & \cdots & x_{1n} \\ x_{21} & x_{22} & \cdots & x_{2n} \\ \vdots & \vdots & \cdots & \vdots \\ x_{m1} & x_{m2} & \cdots & x_{mn} \end{matrix}$$

の和は，総和記号を2つ用いれば次の2通りに表現できる（和の順番が異なっているだけで値は等しい)。

$$\sum_{i=1}^{m}\sum_{j=1}^{n} x_{ij} = \sum_{j=1}^{n}\sum_{i=1}^{m} x_{ij} \tag{1.3.10}$$

簡単な例として，$x_{ij}$ が2つの数列の積となっている場合の和を求めよう。$p_1$，$p_2$，$\cdots$，$p_m$ と $q_1$，$q_2$，$\cdots$，$q_n$ はそれぞれ総和が $P$ と $Q$ の数列とする。$x_{ij} = p_i q_j$ とおくと，その総和は

$$\begin{aligned} \sum_{i=1}^{m}\sum_{j=1}^{n} p_i q_j &= \sum_{i=1}^{m}\left(\sum_{j=1}^{n} p_i q_j\right) = \sum_{i=1}^{m} p_i \left(\sum_{j=1}^{n} q_j\right) \\ &= Q\sum_{i=1}^{m} p_i = PQ = \left(\sum_{i=1}^{m} p_i\right)\left(\sum_{j=1}^{n} q_j\right) \end{aligned}$$

例えば第5.3節などでこの種の計算が必要になる。

### 1.3.2 順列と組合せに関する公式

$n$ を非負の整数とする。$n$ の**階乗**を

$$n! = n \times (n-1) \times \cdots \times 2 \times 1 \ (n = 1, 2, \cdots), \ 0! = 1 \qquad (1.3.11)$$

と定義する。例えば，$5! = 5 \times 4 \times 3 \times 2 \times 1 = 120$。

複数の異なるものを並べる並べ方のことを**順列**（permutation）と言う。

**定理 1.1　順列の基本事項**

(1) $n$ 個の異なるものからできる順列の数は $n!$ である。

(2) $n$ 個の異なるものの中から $x$ 個を選んでできる順列の数は，

$$_nP_x = \frac{n!}{(n-x)!} = n \times (n-1) \times \cdots \times (n-x+1)$$

である。

(3) $n$ 個の異なるものの中から重複を許して $x$ 個を選んでできる順列の数は $n^x$ である。

「ABCDE」という 5 つの文字からできる順列は 5!=120 通り，3 つを選んでできる順列は $_5P_3 = 5 \times 4 \times 3 = 60$ 通り，重複を許して 3 つを選んでできる順列の数は $5^3 = 125$ 通りである。

複数の異なるものから一定数を選ぶ選び方のことを**組合せ**（combination）と言う。

**定理 1.2　組合せの基本事項**

(1) $n$ 個の異なるものの中から $x$ 個を選んでできる組合せの数は，

$$_nC_x = \frac{n!}{x!(n-x)!} = \frac{_nP_x}{x!} \qquad (1.3.12)$$

である。

(2)　$n$ 個の異なるものの中から重複を許して $x$ 個を選んでできる組合せの数は ${}_{n+x-1}C_x$ である。

「ABCDE」という5つの文字から3つを選んでできる組合せは ${}_5C_3 = \frac{5!}{3!2!} = 10$ 通り，重複を許して3つを選んでできる組合せの数は ${}_7C_3 = \frac{7!}{4!3!} = 35$ 通りである。

### 1.3.3　2 項 定 理

次の事実を **2 項定理**と呼ぶ。すなわち，任意の実数 $A$ と $B$ と任意の正の整数 $m$ に対して，

$$\begin{aligned}(A+B)^m &= {}_mC_0A^m + {}_mC_1A^{m-1}B + \cdots + {}_mC_{m-1}AB^{m-1} + {}_mC_mB^m \\ &= \sum_{i=0}^{m} {}_mC_iA^{m-i}B^i \qquad (1.3.13)\end{aligned}$$

特に，$(A+B)^2 = A^2+2AB+B^2$，$(A+B)^3 = A^3+3A^2B+3AB^2+B^3$ などが成り立つ。また，本書では用いないが，$A = B = 1$ とすると $2^m = \sum_{i=0}^{m} {}_mC_i$ などといった公式も導かれる。

### 1.3.4　ガンマ関数

次式で定義される関数を**ガンマ関数**（gamma function）と言う。

$$\Gamma(x) = \int_0^\infty t^{x-1}e^{-t}\mathrm{d}t \ (x > 0) \qquad (1.3.14)$$

ガンマ関数は階乗 $n!$ の一般化である。実際，$\Gamma(n) = (n-1)!$（$n = 1,\ 2,\ \cdots$）が成り立つ。また，$\Gamma(a+1) = a\Gamma(a)$ や $\Gamma(1/2) = \sqrt{\pi}$ などが成り立ち，これらを使えば，$\Gamma(5) = 4!$，$\Gamma(3/2) = (1/2)\Gamma(1/2) = \sqrt{\pi}/2$ などが得られる。

### 1.3.5　自 然 対 数

$y = 2^x$ などのように，$a$ を正の実数とし，$y = a^x$ という形の関数を**指数関数**と言う。この関数の逆関数，すなわち，与えられた $y$ に対して（$y = a^x$ を満

たす）$x$ を対応させる関数を（**a を底とする**）**対数関数**と言い，

$$x = \log_a y \ (y > 0) \tag{1.3.15}$$

と表す。例えば，$8 = 2^x$ を満たす $x = 3$ であるから，$\log_2 8 = 3$ である。同様に考えて，$\log_2 1 = 0$，$\log_2 2 = 1$，$\log_2 4 = 2$ などが得られる。$x = \log_2 y$ のグラフは**図 1-1** の通りであり，単調増加かつ連続である。

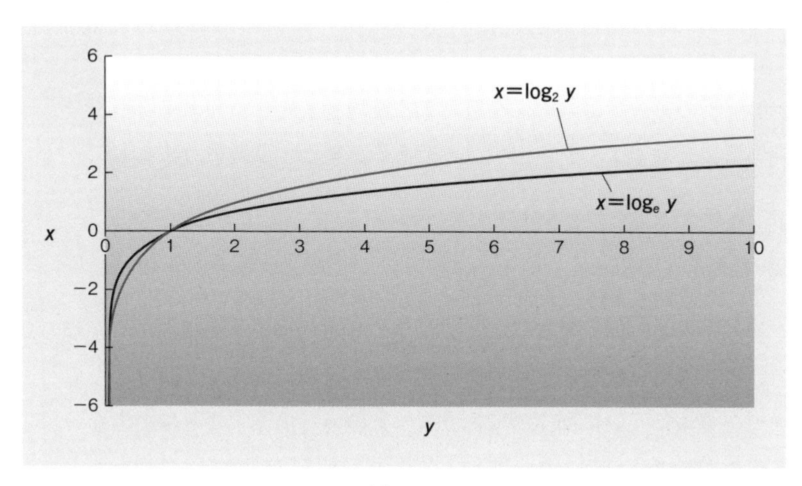


**図 1-1**

対数関数で特に $e = 2.718281828459\ldots$ を底とするものがよく用いられる。その理由は，これに対応する指数関数 $y = e^x$ が，導関数が再び $e^x$ になるという非常に簡明な性質

$$\frac{\mathrm{d}}{\mathrm{d}x}(e^x) = e^x$$

を持つ点にある。底 $e$ は

$$e = \lim_{n\to\infty}\left(1 + \frac{1}{n}\right)^n \tag{1.3.16}$$

と定義される。$e$ を底とする対数関数 $x = \log_e y$ を**自然対数**と言う。$e$ を省略して，$x = \log y$ と書くことが多い。本書でもそのように表す。自然対数のグラフも**図 1-1** の中にある。単調増加かつ連続である。

# 1次元データの整理

統計解析の第一歩は，データをうまく整理・要約することによって，データの持つ情報を効率よく引き出すことである。整理・要約の方法として，

(1) 図やグラフによる方法
(2) 数値による方法

の2通りがある。図やグラフは，データの分布の様子を大雑把につかむのに適している。また，数値による要約はデータを正確に理解する助けとなる。これら2つの方法は互いに補完的であり，一方のみで済ますことはできない。

本章と次章では，データを整理・要約する方法について学ぶ。本章では1次元のデータを扱い，次章では2次元以上の場合を調べる。1次元データを図やグラフで整理するための方法として，度数分布表とヒストグラムが最も基本的である。また，数値による整理・要約の方法として，平均や標準偏差などがある。

## 2.1 度数分布表とヒストグラム

表2-1は2005年度の各都道府県ごとの公営賃貸住宅の家賃（円，1カ月$3.3\text{m}^2$当たり）である。

### 2.1.1 度数分布表

データを値の大きさに応じていくつかの**階級**（class）に分類し整理すると，データの特徴を大雑把にとらえることができる。各階級に属するデータの数を度

表 2-1

| 番号 | 都道府県名 | 家賃（円） | 番号 | 都道府県名 | 家賃（円） |
|---|---|---|---|---|---|
| 1 | 北海道 | 1393 | 25 | 滋賀県 | 1706 |
| 2 | 青森県 | 1005 | 26 | 京都府 | 2142 |
| 3 | 岩手県 | 1048 | 27 | 大阪府 | 1936 |
| 4 | 宮城県 | 1369 | 28 | 兵庫県 | 2079 |
| 5 | 秋田県 | 1226 | 29 | 奈良県 | 2543 |
| 6 | 山形県 | 1074 | 30 | 和歌山県 | 1352 |
| 7 | 福島県 | 1048 | 31 | 鳥取県 | 995 |
| 8 | 茨城県 | 1222 | 32 | 島根県 | 983 |
| 9 | 栃木県 | 1301 | 33 | 岡山県 | 909 |
| 10 | 群馬県 | 1239 | 34 | 広島県 | 1196 |
| 11 | 埼玉県 | 2538 | 35 | 山口県 | 987 |
| 12 | 千葉県 | 2771 | 36 | 徳島県 | 1026 |
| 13 | 東京都 | 3395 | 37 | 香川県 | 1163 |
| 14 | 神奈川県 | 3245 | 38 | 愛媛県 | 905 |
| 15 | 新潟県 | 1461 | 39 | 高知県 | 1019 |
| 16 | 富山県 | 1097 | 40 | 福岡県 | 2165 |
| 17 | 石川県 | 1247 | 41 | 佐賀県 | 1068 |
| 18 | 福井県 | 1134 | 42 | 長崎県 | 1255 |
| 19 | 山梨県 | 1266 | 43 | 熊本県 | 1424 |
| 20 | 長野県 | 1244 | 44 | 大分県 | 1162 |
| 21 | 岐阜県 | 942 | 45 | 宮崎県 | 1037 |
| 22 | 静岡県 | 1594 | 46 | 鹿児島県 | 1295 |
| 23 | 愛知県 | 2005 | 47 | 沖縄県 | 1382 |
| 24 | 三重県 | 1023 | | | |

数（frequency）と呼び，階級に度数を対応させたものを**度数分布**（frequency distribution），それを表にしたものを**度数分布表**と言う（表 2-2）。

ここで 800〜1000 円（800 円以上 1000 円未満）の階級を第 1 階級，1000〜1200 円の階級を第 2 階級と言う（以下同様である）。第 1 階級の**階級下限**と**階級上限**はそれぞれ 800 円と 1000 円である。各階級の幅，すなわち階級上限と階級下限の差を**階級幅**と言う。階級幅は等しくとるのが普通である。**表 2-2** の度数分布表では 200 円である。**階級値**とは各階級を代表する値であり，階級上限と階級下限の中間の値である。例えば第 1 階級の階級値は $(800 + 1000)/2 = 900$ 円で

| 表2-2 | | | | | | |
|---|---|---|---|---|---|---|
| 階級 | 階級値 | 度数 | 累積度数 | 相対度数 | 累積相対度数 |
| 800 ～ 1000 | 900 | 6 | 6 | 0.128 | 0.128 |
| 1000 ～ 1200 | 1100 | 14 | 20 | 0.298 | 0.426 |
| 1200 ～ 1400 | 1300 | 13 | 33 | 0.277 | 0.702 |
| 1400 ～ 1600 | 1500 | 3 | 36 | 0.064 | 0.766 |
| 1600 ～ 1800 | 1700 | 1 | 37 | 0.021 | 0.787 |
| 1800 ～ 2000 | 1900 | 1 | 38 | 0.021 | 0.809 |
| 2000 ～ 2200 | 2100 | 4 | 42 | 0.085 | 0.894 |
| 2200 ～ 2400 | 2300 | 0 | 42 | 0.000 | 0.894 |
| 2400 ～ 2600 | 2500 | 2 | 44 | 0.043 | 0.936 |
| 2600 ～ 2800 | 2700 | 1 | 45 | 0.021 | 0.957 |
| 2800 ～ 3000 | 2900 | 0 | 45 | 0.000 | 0.957 |
| 3000 ～ 3200 | 3100 | 0 | 45 | 0.000 | 0.957 |
| 3200 ～ 3400 | 3300 | 2 | 47 | 0.043 | 1.000 |
| 計 | | 47 | | 1.000 | |

ある。

また，**相対度数**（relative frequency）とは度数の全データ数に占める割合である。すなわちデータ数を $n$ とし，第 $i$ 階級の度数を $f_i$ とすれば，相対度数は $p_i = f_i/n$ となる。第 $i$ 階級までの度数の和 $F_i = f_1 + f_2 + \cdots + f_i$ を**累積度数**（cumulative frequency），その全データ数 $n$ に占める割合 $P_i = F_i/n$ を**累積相対度数**（cumulative relative frequency）と言う。

定義によって，度数の総和はデータ数に等しく

$$f_1 + f_2 + \cdots + f_m = n \quad (m = \text{階級数}) \tag{2.1.1}$$

相対度数の総和は1に等しい。すなわち，

$$p_1 + p_2 + \cdots + p_m = 1 \tag{2.1.2}$$

が成り立つ。(2.1.2) は (2.1.1) の両辺を $n$ で割ることによって得られる。また，第 $m$ 階級までの累積度数と累積相対度数はそれぞれ $n$ と1である。すなわち $F_m = n$，$P_m = 1$。

### 2.1.2　モ ー ド

度数が最大となる階級は，最も多くのデータが属する階級であるから，データ分布の中心をなす階級と考えられる。度数が最大となる階級の階級値をモード（mode）または**最頻値**と呼び，$Mo$ で表す。

**例 2.1　公営賃貸住宅家賃（1）**

度数が最大となる階級は第 2 階級（1000 円以上 1200 円未満）であるから，$Mo = 1100$ 円である。（p.16 に続く） ■

モードは原データと同一の単位を持つ。モードは度数分布表の作り方に依存する。したがって，同じデータであっても度数分布表が異なればモードも異なる。

### 2.1.3　ヒストグラム

度数分布表を棒グラフで表したものを**ヒストグラム**（**柱状図**，histogram）と言う。ヒストグラムを観察することにより，データ分布の大まかな様子を視覚によって把握することができる。特に，データ分布の①峰が 1 つか 2 つ以上か，②中心の位置，③散らばり具合，④形状（歪みや尖りなど），⑤極端に外れた値が存在するか否か，などについてチェックする。

データ分布の峰が 1 つであるとき**単峰**（unimodal）であると言う。単峰の場合，分布の中心がどこに位置するかは重要な情報である。他方，単峰でない分布には異なった種類のデータが混在している可能性があり，中心に意味がない場合があるので注意を要する。例えば，ある年度に死亡した人々の死亡年齢データの分布は（年度によっては）2 つの峰が存在しうる。一方は老齢による死亡の峰であり，他方は乳幼児年齢での死亡による峰である。研究目的によっては両者を別個に扱うべきであろう。

**例 2.2　公営賃貸住宅家賃 (2)**

図 2-1 は表 2-2 から作られたヒストグラムである。

データ分布は単峰と見てよいだろう。モードは $Mo = 1100$ 円である（中心の位置）。約 7 割 5 分のデータが第 1 階級から第 4 階級に含まれる（散らばり）。また，データ分布は峰が左に寄り，右の裾野が長い（形状）。このような形状の分布を**右に歪んだ分布**と言う。また，東京都や神奈川県の値は相対的に非常に大きな値である。このように他から大きく離れた値を持つデータを**外れ値**（outlier）や**異常値**と言う。外れ値を問題とすべきか否か，除外すべきか否かなどは研究目的によって異なり，一般的なルールはない。この例のように社会科学データは外れ値を含むものが少なくない。(p.21 に続く) ■

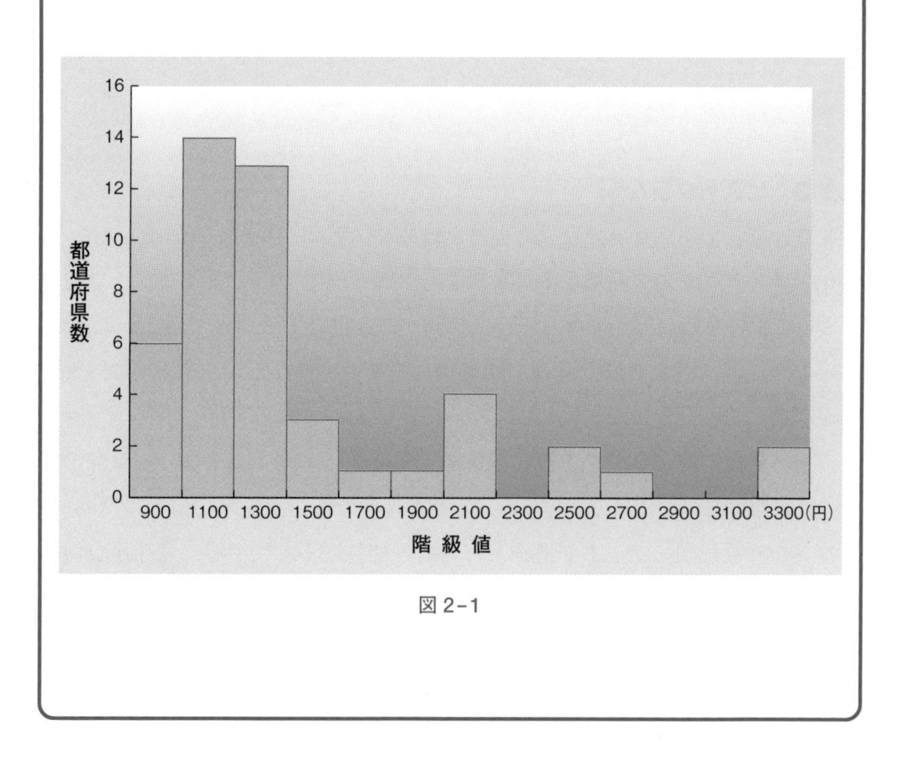


図 2-1

■**注 2.1　階級の合併**　例 2.2 のように度数ゼロの階級がいくつもある場合は，複数の階級を合併し，度数分布表をより読みやすくする工夫を行うことが多い。例えば，下の度数分布表では 1600 円以上の 9 つの階級をそれぞれ 3 つずつ合併している（表 2-3）。これにより，1600 円以上 2200 円未満の階級は，階級幅が $3 \times 200 = 600$，度数は $1 + 1 + 4 = 6$ となる。階級幅の異なる階級を含む度数分布表やヒストグラムを作成する場合は，度数や柱の高さを調整することによって，合併の前後で各柱の面積が変わらないようにする必要がある（図 2-2）。

表 2-3

| 階級 | 階級値 | 度数 | 調整済み度数 |
|---|---|---|---|
| 800 ～ 1000 | 900 | 6 | 6 |
| 1000 ～ 1200 | 1100 | 14 | 14 |
| 1200 ～ 1400 | 1300 | 13 | 13 |
| 1400 ～ 1600 | 1500 | 3 | 3 |
| 1600 ～ 2200 | 1900 | 6 | 2 |
| 2200 ～ 2800 | 2500 | 3 | 1 |
| 2800 ～ 3400 | 3100 | 2 | 0.667 |
| 計 | | 47 | |

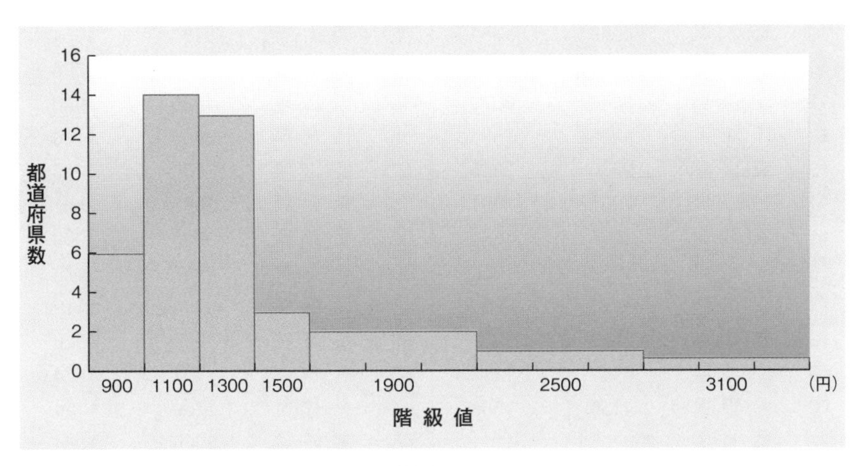


図 2-2

上の場合は，合併により階級幅が 3 倍になっている分，度数（柱の高さ）を $(1+1+4)/3 = 2$ とすることによって，面積を一定に保っている。■

▶ **問題 2.1**

1. モードが度数分布表に依存していることを調べるため，**表 2-2** とは異なった度数分布表を作り，モードを求めよ。
2. **表 2-4** の 2005 年の民営賃貸住宅の家賃データより，本節と同様の分析を行い，公営と民営との違いについて考察せよ。
3. **表 2-4** の 2000 年の公営賃貸住宅の家賃データより，本節と同様の分析を行え。

表 2-4

| 番号 | 都道府県名 | 家賃（民営, 2005 年） | 家賃（公営, 2000 年） | 番号 | 都道府県名 | 家賃（民営, 2005 年） | 家賃（公営, 2000 年） |
|---|---|---|---|---|---|---|---|
| 1 | 北海道 | 4159 | 1416 | 25 | 滋賀県 | 4801 | 1686 |
| 2 | 青森県 | 3758 | 1123 | 26 | 京都府 | 4885 | 2265 |
| 3 | 岩手県 | 4291 | 1212 | 27 | 大阪府 | 6270 | 2114 |
| 4 | 宮城県 | 5076 | 1486 | 28 | 兵庫県 | 5047 | 2334 |
| 5 | 秋田県 | 4384 | 1320 | 29 | 奈良県 | 4598 | 2543 |
| 6 | 山形県 | 4439 | 1237 | 30 | 和歌山県 | 4696 | 1447 |
| 7 | 福島県 | 3913 | 1173 | 31 | 鳥取県 | 3877 | 1075 |
| 8 | 茨城県 | 4755 | 1415 | 32 | 島根県 | 3765 | 1062 |
| 9 | 栃木県 | 4090 | 1354 | 33 | 岡山県 | 3780 | 1054 |
| 10 | 群馬県 | 4344 | 1286 | 34 | 広島県 | 4168 | 1266 |
| 11 | 埼玉県 | 5240 | 2673 | 35 | 山口県 | 4236 | 1026 |
| 12 | 千葉県 | 4991 | 2596 | 36 | 徳島県 | 3956 | 1170 |
| 13 | 東京都 | 9230 | 3365 | 37 | 香川県 | 3888 | 1223 |
| 14 | 神奈川県 | 7251 | 3091 | 38 | 愛媛県 | 3060 | 966 |
| 15 | 新潟県 | 3537 | 1581 | 39 | 高知県 | 3636 | 1098 |
| 16 | 富山県 | 4533 | 1250 | 40 | 福岡県 | 4807 | 2175 |
| 17 | 石川県 | 5218 | 1348 | 41 | 佐賀県 | 3714 | 1112 |
| 18 | 福井県 | 3953 | 1232 | 42 | 長崎県 | 4253 | 1350 |
| 19 | 山梨県 | 4541 | 1343 | 43 | 熊本県 | 3754 | 1474 |
| 20 | 長野県 | 4136 | 1388 | 44 | 大分県 | 3250 | 1124 |
| 21 | 岐阜県 | 3805 | 1111 | 45 | 宮崎県 | 3366 | 1084 |
| 22 | 静岡県 | 4874 | 1761 | 46 | 鹿児島県 | 5134 | 1379 |
| 23 | 愛知県 | 4846 | 2045 | 47 | 沖縄県 | 4325 | 1410 |
| 24 | 三重県 | 3995 | 1070 | | | | |

4. 表 2–5 は高校 3 年生のあるクラスの英語の試験の成績である。度数分布表を作り，ヒストグラムを描け。

表 2–5

| 番号 | 成績 | 番号 | 成績 |
|---|---|---|---|
| 1 | 54 | 26 | 59 |
| 2 | 74 | 27 | 63 |
| 3 | 65 | 28 | 80 |
| 4 | 61 | 29 | 59 |
| 5 | 76 | 30 | 74 |
| 6 | 56 | 31 | 63 |
| 7 | 74 | 32 | 52 |
| 8 | 66 | 33 | 66 |
| 9 | 59 | 34 | 50 |
| 10 | 57 | 35 | 59 |
| 11 | 77 | 36 | 52 |
| 12 | 53 | 37 | 39 |
| 13 | 76 | 38 | 62 |
| 14 | 71 | 39 | 55 |
| 15 | 63 | 40 | 51 |
| 16 | 43 | 41 | 30 |
| 17 | 57 | 42 | 51 |
| 18 | 57 | 43 | 59 |
| 19 | 59 | 44 | 64 |
| 20 | 67 | 45 | 73 |
| 21 | 59 | 46 | 46 |
| 22 | 55 | 47 | 48 |
| 23 | 74 | 48 | 78 |
| 24 | 56 | 49 | 64 |
| 25 | 69 | 50 | 51 |

**5.** 表 **2-6** は 70 人の血糖値のデータである。

(1) 度数分布表とヒストグラムを作成せよ。分布の形状についてコメントせよ。

(2) データに**対数変換** $y = \log x$ を行った上で度数分布表とヒストグラムを作成し，分布の歪みをチェックせよ（Excel で対数変換を行うにはワークシート関数 `ln` を用いる。例えばセル A1 の値の対数値を求めるには `=ln(A1)` と入力すればよい）。

表 2-6

| 番号 | 血糖値（mg/dL） | 番号 | 血糖値（mg/dL） | 番号 | 血糖値（mg/dL） |
|---|---|---|---|---|---|
| 1 | 136 | 25 | 142 | 49 | 96 |
| 2 | 99 | 26 | 88 | 50 | 127 |
| 3 | 74 | 27 | 111 | 51 | 89 |
| 4 | 101 | 28 | 82 | 52 | 83 |
| 5 | 110 | 29 | 84 | 53 | 100 |
| 6 | 109 | 30 | 78 | 54 | 114 |
| 7 | 125 | 31 | 99 | 55 | 84 |
| 8 | 94 | 32 | 164 | 56 | 107 |
| 9 | 132 | 33 | 130 | 57 | 114 |
| 10 | 100 | 34 | 87 | 58 | 89 |
| 11 | 94 | 35 | 93 | 59 | 89 |
| 12 | 88 | 36 | 123 | 60 | 100 |
| 13 | 95 | 37 | 88 | 61 | 94 |
| 14 | 146 | 38 | 92 | 62 | 92 |
| 15 | 91 | 39 | 104 | 63 | 97 |
| 16 | 92 | 40 | 102 | 64 | 80 |
| 17 | 100 | 41 | 110 | 65 | 96 |
| 18 | 127 | 42 | 92 | 66 | 103 |
| 19 | 90 | 43 | 93 | 67 | 88 |
| 20 | 82 | 44 | 85 | 68 | 111 |
| 21 | 125 | 45 | 164 | 69 | 98 |
| 22 | 162 | 46 | 147 | 70 | 92 |
| 23 | 83 | 47 | 92 | | |
| 24 | 116 | 48 | 85 | | |

# 2.2 データ分布の中心の指標

前節では，与えられたデータを図やグラフによって整理・要約し，その特徴を視覚的に把握する方法について学んだ。本節以下では数値による整理・要約の方法を学ぶ。最も簡単な要約の方法は，1つの数値によってデータ全体を代表させる，というものであろう。この数値を**代表値**と呼ぶ。代表値はデータ分布の中心を示す数値，中心の指標と考えてよい。本節では，データ分布の中心の指標として平均，メディアン，モードを取り上げ，その基本的性質を学ぶ。考察対象のデータを

$$x_1, x_2, \cdots, x_n \tag{2.2.1}$$

と表す。

## 2.2.1 平　均

次式で定まる量 $\bar{x}$（エックス・バーと読む）をデータ $x_1, x_2, \cdots, x_n$ の**平均**（mean）と言う。

$$\bar{x} = \frac{1}{n}\sum_{i=1}^{n} x_i = \frac{1}{n}(x_1 + x_2 + \cdots + x_n) \tag{2.2.2}$$

**平均値**，**算術平均値**などと呼ばれることもある。平均 $\bar{x}$ は原データと同一の単位を持つ。

**例 2.3　公営賃貸住宅家賃（3）**

データの平均は

$$\bar{x} = \frac{1}{47}(1393 + 1005 + \cdots + 1382) = 1459.9 \text{（円）} \tag{2.2.3}$$

となる。前節で求めたモード $Mo = 1100$（円）よりも大きな値である。また，後述の表 2-7（p.23）を参照すれば平均よりも大きな値を持つのは 13 都府県しかないこともわかる。（p.23 に続く） ■

平均はすべてのデータに等しいウェイト（$1/n$）を与えているため，外れ値の影響を受けやすい。例えば上の例では東京都や神奈川県などが他のデータと比較してかなり大きな値をとっている。このようなデータが含まれている場合には，平均はわれわれの直感よりも大きな値をとることが多く，代表値として用いる際に注意を要する。

### 2.2.2 メディアン

平均とは異なる中心の指標として**メディアン**（median）がある。メディアンは順位の意味での中心である。すなわち，データを大きさの順に並べ直したときに中央となる値のことである。正確に定義するため，まず**順序データ**（ordered data）を定義する。データ $x_1, x_2, \cdots, x_n$ を大きさの順に並べたものを順序データと言い，

$$x_{(1)} \leq x_{(2)} \leq \cdots \leq x_{(n)} \tag{2.2.4}$$

と表す。

**例 2.4 数値例（1）**

5 個のデータ $\{2, 1, 3, 8, 5\}$ が与えられたとする。すなわち，

$$x_1 = 2,\ x_2 = 1,\ x_3 = 3,\ x_4 = 8,\ x_5 = 5$$

このとき，順序データは

$$x_{(1)} = 1,\ x_{(2)} = 2,\ x_{(3)} = 3,\ x_{(4)} = 5,\ x_{(5)} = 8$$

となる。（p.23 に続く） ■

上の例からもわかる通り，データ数 $n$ が奇数のときは $(n+1)/2$ 番目が中央となる（$n=5$ なら 3 番目，$n=7$ なら 4 番目，$n=99$ なら 50 番目である）。したがって，$n$ が奇数のときはメディアンを $x_{(\frac{n+1}{2})}$ と定義する。例 2.4 では，$x_{(3)} = 3$ がメディアンである。また，データ数 $n$ が偶数のときは $n/2$ 番目と $(n/2)+1$ 番目の 2 つが中央となる（$n=6$ なら 3 番目と 4 番目，$n=100$ な

ら 50 番目と 51 番目）から，この 2 つの平均をメディアンとする。すなわち，

$$\text{メディアン } Md = \begin{cases} x_{\left(\frac{n+1}{2}\right)} & (n\text{ が奇数のとき}) \\ \left\{x_{\left(\frac{n}{2}\right)} + x_{\left(\frac{n}{2}+1\right)}\right\}/2 & (n\text{ が偶数のとき}) \end{cases} \tag{2.2.5}$$

**中央値**，**中位数**，メジアンなどと呼ばれることもある。メディアン $Md$ も，平均と同様に原データと同一の単位を持つ。

**例 2.5　数値例（2）**

5 個のデータ $\{2, 1, 3, 8, 5\}$ のメディアンは上で求めた通り，$Md = 3$ である。データを 1 つ追加し，6 個のデータ $\{2, 1, 3, 8, 5, 10\}$ のメディアンを求める。メディアンの定義において $n = 6$ とすればよい。順序データは

$$x_{(1)} = 1,\ x_{(2)} = 2,\ x_{(3)} = 3,\ x_{(4)} = 5,\ x_{(5)} = 8,\ x_{(6)} = 10$$

であるから，定義より，$Md = (x_{(3)} + x_{(4)})/2 = (3 + 5)/2 = 4$ となる。（終）■

**例 2.6　公営賃貸住宅家賃（4）**

順序データは表 2-7 の通りである。$n = 47$ であるから長野県の値 $x_{(24)} = 1244.0$ がメディアンとなる：

$$Md = 1244.0\ (\text{円}) \tag{2.2.6}$$

メディアンが平均よりも小さく，モードよりも大きな値であることに注意する。（p.33 に続く）■

表 2-7

| 順位 | 都道府県名 | 家賃（円） | 順位 | 都道府県名 | 家賃（円） |
|---|---|---|---|---|---|
| 1 | 愛媛県 | 905 | 9 | 三重県 | 1023 |
| 2 | 岡山県 | 909 | 10 | 徳島県 | 1026 |
| 3 | 岐阜県 | 942 | 11 | 宮崎県 | 1037 |
| 4 | 島根県 | 983 | 12 | 岩手県 | 1048 |
| 5 | 山口県 | 987 | 13 | 福島県 | 1048 |
| 6 | 鳥取県 | 995 | 14 | 滋賀県 | 1068 |
| 7 | 青森県 | 1005 | 15 | 山形県 | 1074 |
| 8 | 高知県 | 1019 | 16 | 富山県 | 1097 |

| 17 | 福井県 | 1134 | 33 | 北海道 | 1393 |
|---|---|---|---|---|---|
| 18 | 大分県 | 1162 | 34 | 熊本県 | 1424 |
| 19 | 香川県 | 1163 | 35 | 新潟県 | 1461 |
| 20 | 広島県 | 1196 | 36 | 静岡県 | 1594 |
| 21 | 茨城県 | 1222 | 37 | 滋賀県 | 1706 |
| 22 | 秋田県 | 1226 | 38 | 大阪府 | 1936 |
| 23 | 群馬県 | 1239 | 39 | 愛知県 | 2005 |
| 24 | 長野県 | 1244 | 40 | 兵庫県 | 2079 |
| 25 | 石川県 | 1247 | 41 | 京都府 | 2142 |
| 26 | 長崎県 | 1255 | 42 | 福岡県 | 2165 |
| 27 | 山梨県 | 1266 | 43 | 埼玉県 | 2538 |
| 28 | 鹿児島県 | 1295 | 44 | 奈良県 | 2543 |
| 29 | 栃木県 | 1301 | 45 | 千葉県 | 2771 |
| 30 | 和歌山県 | 1352 | 46 | 神奈川県 | 3245 |
| 31 | 宮城県 | 1369 | 47 | 東京都 | 3395 |
| 32 | 沖縄県 | 1382 | | | |

■注 2.2 **メディアンと外れ値** メディアンは外れ値の影響を受けにくい。これはメディアンの顕著な性質の一つである。例えば，$\{1,2,3,5,8\}$ なるデータについて考えると

$$\bar{x} = 3.8, \qquad Md = 3$$

である。他方，8 を 44 に置き換えたデータ $\{1,2,3,5,44\}$ については，

$$\bar{x} = 11, \qquad Md = 3$$

となり，平均は大きく変化するが，メディアンは不変である。■

■注 2.3 **度数分布表からの計算** 資料によっては度数分布表のみが利用可能で，原データにアクセスできない場合がある。そのような場合は度数分布表に基づく平均

$$\bar{x} = \frac{1}{n}\{f_1x_1 + f_2x_2 + \cdots + f_mx_m\} = p_1x_1 + p_2x_2 + \cdots + p_mx_m \tag{2.2.7}$$

を用いる。ここに，階級の数は $m$，各階級の階級値を $x_i$，度数を $f_i$ としている。また，$p_i = f_i/n$ は相対度数，$n = \sum_{i=1}^{m} f_i$ はデータ数である。例として表 2-2 に基づく平均 $\bar{x}^*$ を計算する。

$$\begin{aligned} \bar{x}^* &= 900 \times 0.128 + 1100 \times 0.298 + \cdots + 3300 \times 0.043 \\ &= 114.9 + 327.7 + \cdots + 140.4 = 1457.4 \end{aligned} \tag{2.2.8}$$

である。全データから計算される平均との誤差は $|\bar{x} - \bar{x}^*| = |1459.9 - 1457.4| = 2.5$ であった。■

### 2.2.3 最小 2 乗値としての平均

平均を最小 2 乗法（method of least squares）という側面から理解しておくと有益である。最小 2 乗法は諸科学に広く応用されており，本節以降でも繰り返し現れる。

**例 2.7 最小 2 乗法**

3 個のデータ $\{1, 2, 5\}$ が与えられたとする（図 2-3）。

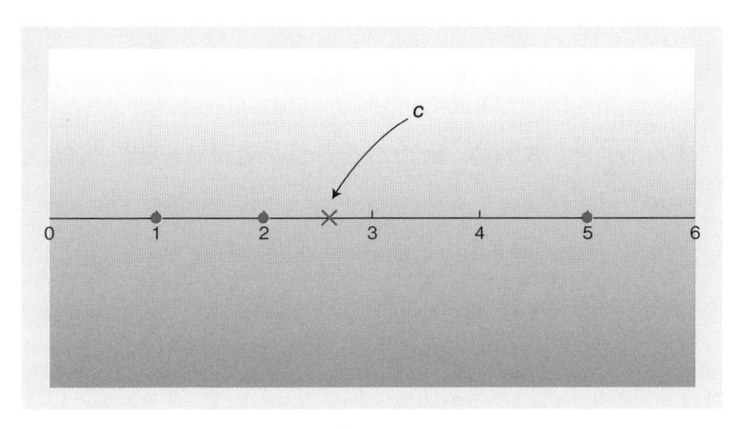


図 2-3

このデータの「中心」としてわれわれは既に平均とメディアン

$$\bar{x} = \frac{1+2+5}{3} = \frac{8}{3} = 2.667, \qquad Md = 2$$

の 2 つを知っている。他方，最小 2 乗法とはデータ $\{1, 2, 5\}$ と点 $c$ の「近さ」の基準を

$$(c-1)^2 + (c-2)^2 + (c-5)^2 = 3c^2 - 16c + 30$$

と定義し，最も「近い」値をデータの中心とする方法である。この基準は各点 1,2,5 と $c$ の 2 乗距離 $(c-1)^2$, $(c-2)^2$, $(c-5)^2$ の和であり，これを最小にする値を最小 2 乗値（least squares estimate）と呼ぶ。この場合，最小 2 乗値は

$$3c^2 - 16c + 30 = 3\left(c - \frac{8}{3}\right)^2 + \frac{26}{3}$$

によって $c = 8/3 = 2.667$ と求められる。$c = \bar{x}$ であることに注意しよう。■

上の例で最小2乗値と平均が一致したが，このことは一般に成り立つ。

**定理 2.1 平均は最小2乗値**

与えられたデータ $x_1, x_2, \cdots, x_n$ に対して，関数 $f(c)$ を次式のように定義すれば，

$$f(c) = (x_1 - c)^2 + (x_2 - c)^2 + \cdots + (x_n - c)^2 = \sum_{i=1}^{n}(x_i - c)^2$$

これは $c = \bar{x}$ において最小となる。

◇**証明** $A = \sum_{i=1}^{n} x_i^2$，$B = \sum_{i=1}^{n} x_i$ とおく。$\bar{x} = B/n$ であることに注意する。上の例と同様，$f(c)$ は $c$ の2次関数であるから，平方完成によって

$$\begin{aligned} f(c) &= \sum_{i=1}^{n} x_i^2 - 2c\sum_{i=1}^{n} x_i + nc^2 = nc^2 - 2Bc + A \\ &= n\left(c - \frac{B}{n}\right)^2 + A - \frac{B^2}{n} \end{aligned}$$

が得られ，$c = B/n$ で最小となることがわかる。（証明終）◇

■注 2.4 $f(c)$ の定義において，2乗の代わりに絶対値を用いた

$$g(c) = \sum_{i=1}^{n} |x_i - c|$$

も，データ $\{x_1, x_2, \cdots, x_n\}$ と点 $c$ との「近さ」を表すと考えられる。興味深いことに，関数 $g(c)$ を最小にする $c$ は $c = Md$ である。証明に関心のある読者は，例えば，河田・丸山・鍋谷 [4] の p.7 を見られたい。■

### 2.2.4 平均，メディアン，モードの関係

公営賃貸住宅家賃の例で見た通り，平均，メディアン，モードはしばしばかなり異なった値をとる。これはデータ分布が歪んでいる場合の特徴である。

図 2-4 の上のグラフのように右の裾野が長いデータ分布を**右に歪んだ分布**という。峰が左に寄っていることにも注意する。データ分布に少数の非常に大きな値が含まれる場合にこのような形状を示すことが多い。所得や貯蓄などの分

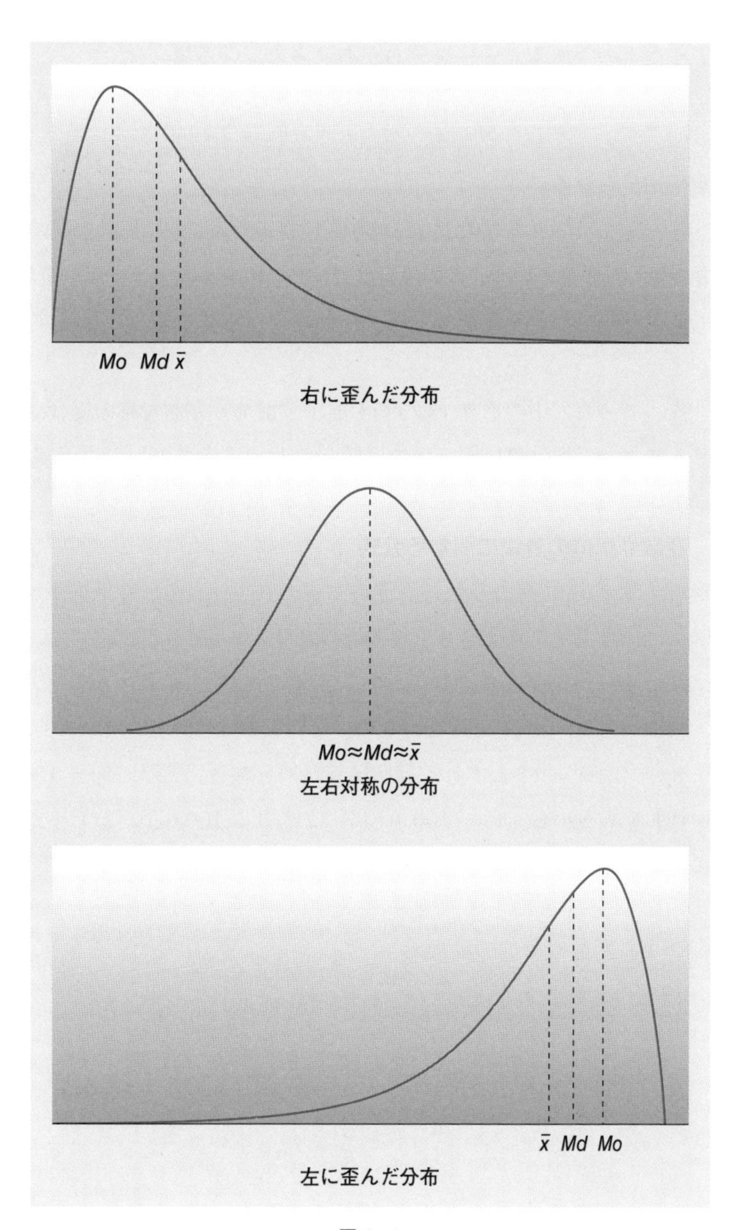


図 2-4

布は右に歪んでいるものが多い。また，コレステロール値などの生物測定値にもそのようなものがある。データ分布が右に歪んでいる場合，

$$\text{モード } Mo \leq \text{メディアン } Md \leq \text{平均 } \bar{x} \tag{2.2.9}$$

という関係が見られる。

逆に，図2-4の下のグラフのように峰が右に寄っていて左の裾野が長いデータ分布を**左に歪んだ分布**という。この場合は，「モード $Mo \geq$ メディアン $Md \geq$ 平均 $\bar{x}$」となる。右への歪みを正の歪み，左への歪みを負の歪みと表現することもある。

また，図2-4の真ん中のグラフのようにデータ分布が左右対称の場合は，モード，メディアン，平均はほぼ同じ値をとる（$\approx$ はおよそ等しいことを表す）。

### 2.2.5 変数や単位の変換に関する公式

正方形の土地が $n$ 区画あるとし，その一辺の長さ $x$（m）の平均が $\bar{x} = 10$（m）であったとする。このとき，土地の周の長さ $y = 4x$（m）の平均は $\bar{y} = 40$（m）となり，$\bar{y} = 4\bar{x}$ が成り立つ。一方，土地の面積 $z = x^2$（$\mathrm{m}^2$）の平均は $\bar{z} = \bar{x}^2 = 10^2 = 100$（$\mathrm{m}^2$）とはならない。このことは，例えば，$n = 3$ として，$x_1 = 10, x_2 = 9, x_3 = 11$ とすれば容易に確かめられる。実際，$z_1 = 100, z_2 = 81, z_3 = 121$ であるから，$\bar{z} = (100 + 81 + 121)/3 = 100.67(\neq \bar{x}^2)$ となる。より正確には次の通りである。

**定理 2.2　変数や単位の変換**

$a, b$ を任意の定数とする。データ $x_1, x_2, \cdots, x_n$ を次のように変換する。

$$y_i = ax_i + b \quad (i = 1, \cdots, n) \tag{2.2.10}$$

このとき，$y_1, y_2, \cdots, y_n$ の平均 $\bar{y}$ は次式で与えられる。

$$\bar{y} = a\bar{x} + b \tag{2.2.11}$$

◇**証明**　実際に $y$ の平均を計算すればよい。

$$\bar{y} = \frac{1}{n}\sum_{i=1}^{n} y_i = \frac{1}{n}\sum_{i=1}^{n}(ax_i + b) = a \times \frac{1}{n}\sum_{i=1}^{n} x_i + \frac{1}{n}\sum_{i=1}^{n} b$$
$$= a\bar{x} + b \tag{2.2.12}$$

よって，(2.2.11) が得られた。（証明終）◇

### 2.2.6　Excel による分析例

公営賃貸住宅家賃のデータを用いて，平均やメディアンなどを求めよう。C3 から C49 のセルにデータが入力されているとする。

平均とメディアンはそれぞれワークシート関数 average と median を用いて

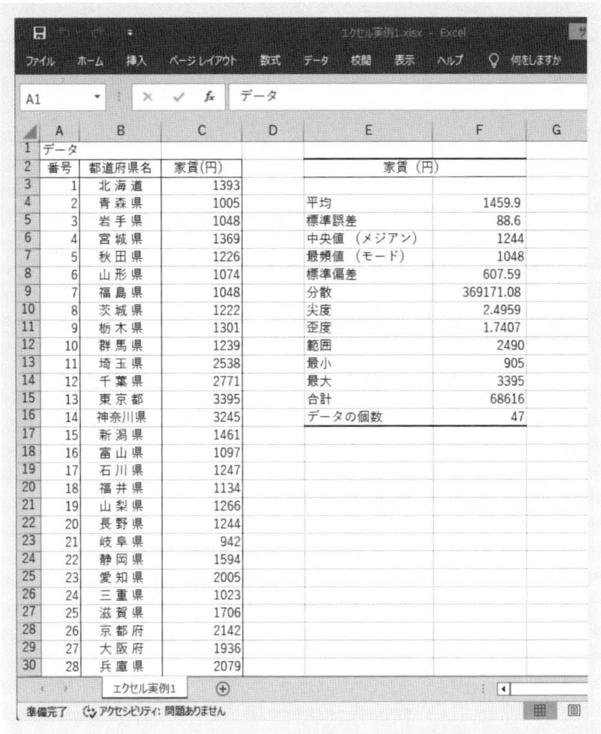

エクセル実例1.xlsx - Excel
ファイル　ホーム　挿入　ページレイアウト　数式　データ　校閲　表示　ヘルプ　何をしますか
A1　データ

| | A | B | C | D | E | F | G |
|---|---|---|---|---|---|---|---|
| 1 | データ | | | | | | |
| 2 | 番号 | 都道府県名 | 家賃(円) | | 家賃（円） | | |
| 3 | 1 | 北海道 | 1393 | | | | |
| 4 | 2 | 青森県 | 1005 | | 平均 | 1459.9 | |
| 5 | 3 | 岩手県 | 1048 | | 標準誤差 | 88.6 | |
| 6 | 4 | 宮城県 | 1369 | | 中央値（メジアン） | 1244 | |
| 7 | 5 | 秋田県 | 1226 | | 最頻値（モード） | 1048 | |
| 8 | 6 | 山形県 | 1074 | | 標準偏差 | 607.59 | |
| 9 | 7 | 福島県 | 1048 | | 分散 | 369171.08 | |
| 10 | 8 | 茨城県 | 1222 | | 尖度 | 2.4959 | |
| 11 | 9 | 栃木県 | 1301 | | 歪度 | 1.7407 | |
| 12 | 10 | 群馬県 | 1239 | | 範囲 | 2490 | |
| 13 | 11 | 埼玉県 | 2538 | | 最小 | 905 | |
| 14 | 12 | 千葉県 | 2771 | | 最大 | 3395 | |
| 15 | 13 | 東京都 | 3395 | | 合計 | 68616 | |
| 16 | 14 | 神奈川県 | 3245 | | データの個数 | 47 | |
| 17 | 15 | 新潟県 | 1461 | | | | |
| 18 | 16 | 富山県 | 1097 | | | | |
| 19 | 17 | 石川県 | 1247 | | | | |
| 20 | 18 | 福井県 | 1134 | | | | |
| 21 | 19 | 山梨県 | 1266 | | | | |
| 22 | 20 | 長野県 | 1244 | | | | |
| 23 | 21 | 岐阜県 | 942 | | | | |
| 24 | 22 | 静岡県 | 1594 | | | | |
| 25 | 23 | 愛知県 | 2005 | | | | |
| 26 | 24 | 三重県 | 1023 | | | | |
| 27 | 25 | 滋賀県 | 1706 | | | | |
| 28 | 26 | 京都府 | 2142 | | | | |
| 29 | 27 | 大阪府 | 1936 | | | | |
| 30 | 28 | 兵庫県 | 2079 | | | | |

エクセル実例1
準備完了　アクセシビリティ: 問題ありません

図 2-5

求めることができる。いずれも引数にデータ範囲を入れることによって計算できる。したがってこの場合，=average(C3:C49)，=median(C3:C49) と入力すればよい。平均 1459.9 円，メディアン 1244.0 円が得られる。もちろんメディアンについては前節で求めた順序データの中から 24 番目のデータを取り出すことによっても得られる（図 2-5）。

あるいは「分析ツール」の「基本統計量」によって求めることもできる。「入力範囲」にデータの入力されているセル番地を入れ，「統計情報」のチェックボックスをオンにすると，図の通りに出力される。「平均」に $\bar{x}$，「中央値（メジアン）」に $Md$，「最小」に $x_{(1)}$，「最大」に $x_{(n)}=x_{(47)}$，「データの個数」にデータ数 $n$ が出力されている。それ以外の項目については次節以降で解説する。また，「最頻値（モード）」は本書では用いない。

### ▶ 問題 2.2

1. 問題 2.1 の 2，3，4 において，平均とメディアンをそれぞれ求めよ。
2. データ $x_1, x_2, \cdots, x_n$ の平均 $\bar{x}$ が次式を満たすことを示せ。

$$\sum_{i=1}^{n}(x_i - \bar{x}) = 0$$

逆に，$\displaystyle\sum_{i=1}^{n}(x_i - c) = 0$ を満たす $c$ が $\bar{x}$ のみであることも容易に示せる。これらは平均がデータの重心であることを意味している。

3. $x_1, x_2, \cdots, x_n$ の平均を $\bar{x}$ とする。$y_1, \cdots, y_m$ の平均を $\bar{y}$ とする。これらのデータをあわせて得られる $m+n$ 個のデータの平均が $(n\bar{x}+m\bar{y})/(m+n)$ であることを示せ。
4. 平均は最小値よりも大でかつ最大値よりも小であることを示せ。すなわち，$x_1, x_2, \cdots, x_n$ の順序データを $x_{(1)} \leq x_{(2)} \leq \cdots \leq x_{(n)}$ と表せば，

$$x_{(1)} \leq \bar{x} \leq x_{(n)}$$

が成り立つことを示せ。

5. $n$ 人の学生を調査し，第 $i$ 番目の学生が自宅通学生なら $x_i = 1$，そうでなければ $x_i = 0$ とする。このとき，次の量はそれぞれどのような意味を持つか。

$$\text{総和} \sum_{i=1}^{n} x_i, \quad \text{平均} \frac{1}{n}\sum_{i=1}^{n} x_i$$

6. $x_1, x_2, \cdots, x_n$ のメディアンを $Md$ とし，$y_i = ax_i + b$ とおく。$a > 0$ であれば，$\{y_1, y_2, \cdots, y_n\}$ のメディアン $Md(y)$ は $Md(y) = aMd + b$ を満たす。このことを示せ。
7. $x_1, x_2, \cdots, x_n$ は正の値のみをとるものとする。$x_1, x_2, \cdots, x_n$ の**幾何平均**（geometric mean）とはデータの積の $n$ 乗根によって定義される。

$$G = (x_1 x_2 \cdots x_n)^{1/n}$$

本書では詳しく扱わないが，時系列データ，特に物価指数などの比率や経済成長率などの増加率（第 2.7 節）を要約するのにしばしば用いられる。

(1) データ 3, 6, 12, 24, 48 の（算術）平均 $\bar{x}$ と幾何平均 $G$ とを求めよ。Excel ではワークシート関数 geomean を用いて幾何平均を計算することができる。

(2) $n = 2$ の場合に算術平均は幾何平均よりも大きいという不等式 $G \leq \bar{x}$ を示せ。

(3) 前問の結果を使って対数の平均より平均の対数のほうが大きいという不等式

$$\frac{1}{n}\sum_{i=1}^{n} \log x_i \leq \log\left(\frac{1}{n}\sum_{i=1}^{n} x_i\right)$$

を示せ。

## 2.3 データ分布の散らばりの指標

データを整理・要約する際，代表値すなわち中心の指標のみでは不十分である。特に複数のデータを比較するときには，**データ分布の散らばり**に関する情報が必要となる。文脈によって散らばりという語の代わりに，ばらつき，散布度などの表現が使われることもあるが，意味は同じである。本節では，データ分布の散らばりの指標として，分散，標準偏差，変動係数などを紹介する。

**例 2.8　体重データ（1）**

17 歳男子 100 人の体重のデータがあり，その中に 61.0kg の A 君の値も含まれているとする。データの平均は 60.0 kg とする。同様に，新生児男子 100 人の体重のデータがあり，その中に 4.0 kg の B 君の値も含まれているとする。データの平均は 3.0kg とする。

$$\text{A 君} = \text{平均} + 1.0 = 60.0 + 1.0 = 61.0 \text{ (kg)}$$

$$\text{B 君} = \text{平均} + 1.0 = 3.0 + 1.0 = 4.0 \text{ (kg)}$$

A 君と B 君は，平均よりも 1.0kg 重いという点では共通であるが，データ分布における相対的位置はかなり異なる。A 君の体重は平均と大差ないと言えるが，B 君の体重は平均から非常に隔たっている。この違いは，17 歳男子の体重の分布が新生児のそれに比べてばらつきが大きいことによってもたらされたものである。

この 2 つの分布を区別するためには，データ分布の中心の指標に加えて，散らばりの指標が必要である。(p.42 に続く) ■

考察対象のデータを

$$x_1,\ x_2,\ \cdots,\ x_n \tag{2.3.1}$$

で表す。前節同様，平均を $\bar{x}$，メディアンを $Md$ と書く。

### 2.3.1 分　散

次式で定まる量をデータ $x_1, x_2, \cdots, x_n$ の**分散**（variance）と言う。

$$S^2 = \frac{1}{n}\left[(x_1 - \bar{x})^2 + (x_2 - \bar{x})^2 + \cdots + (x_n - \bar{x})^2\right] = \frac{1}{n}\sum_{i=1}^{n}(x_i - \bar{x})^2 \tag{2.3.2}$$

散らばりを指標化するには，まず中心を定め，各データが中心からどれほど乖離しているかを計る方法が一つであり，分散はこの考え方に基づいている。すなわち，各 $(x_i - \bar{x})^2$ によって $x_i$ と平均 $\bar{x}$ との隔たりを計り（$i = 1, \cdots, n$），それら $n$ 個の

$$(x_1 - \bar{x})^2,\ (x_2 - \bar{x})^2,\ \cdots,\ (x_n - \bar{x})^2$$

の平均値によってデータ分布全体の散らばりを計っている。

■注 2.5　データ $x_i$ と平均 $\bar{x}$ の差 $x_i - \bar{x}$ を偏差（deviation）と言う。偏差の絶対値 $|x_i - \bar{x}|$ を絶対偏差（absolute deviation），偏差の 2 乗 $(x_i - \bar{x})^2$ を偏差 2 乗，その総和 $\sum_{i=1}^{n}(x_i - \bar{x})^2$ を偏差 2 乗和，偏差平方和，変動などと言う。■

## 例 2.9 公営賃貸住宅家賃 (5)

表 2-8 に各都道府県の偏差と偏差 2 乗の値がまとめられている。

表 2-8

| 順位 | 都道府県名 | 家賃（円） | 偏差 | 偏差 2 乗 | 絶対偏差 |
|---|---|---|---|---|---|
| 1 | 愛媛県 | 905 | −554.9 | 307930.5 | 554.9 |
| 2 | 岡山県 | 909 | −550.9 | 303507.2 | 550.9 |
| 3 | 岐阜県 | 942 | −517.9 | 268235.8 | 517.9 |
| 4 | 島根県 | 983 | −476.9 | 227447.8 | 476.9 |
| 5 | 山口県 | 987 | −472.9 | 223648.5 | 472.9 |
| 6 | 鳥取県 | 995 | −464.9 | 216145.9 | 464.9 |
| 7 | 青森県 | 1005 | −454.9 | 206947.6 | 454.9 |
| 8 | 高知県 | 1019 | −440.9 | 194405.9 | 440.9 |
| 9 | 三重県 | 1023 | −436.9 | 190894.6 | 436.9 |
| 10 | 徳島県 | 1026 | −433.9 | 188282.1 | 433.9 |
| 11 | 宮崎県 | 1037 | −422.9 | 178857.0 | 422.9 |
| 12 | 岩手県 | 1048 | −411.9 | 169673.9 | 411.9 |
| 13 | 福島県 | 1048 | −411.9 | 169673.9 | 411.9 |
| 14 | 佐賀県 | 1068 | −391.9 | 153597.3 | 391.9 |
| 15 | 山形県 | 1074 | −385.9 | 148930.3 | 385.9 |
| 16 | 富山県 | 1097 | −362.9 | 131707.2 | 362.9 |
| 17 | 福井県 | 1134 | −325.9 | 106220.5 | 325.9 |
| 18 | 大分県 | 1162 | −297.9 | 88753.3 | 297.9 |
| 19 | 香川県 | 1163 | −296.9 | 88158.5 | 296.9 |
| 20 | 広島県 | 1196 | −263.9 | 69651.1 | 263.9 |
| 21 | 茨城県 | 1222 | −237.9 | 56603.5 | 237.9 |
| 22 | 秋田県 | 1226 | −233.9 | 54716.2 | 233.9 |
| 23 | 群馬県 | 1239 | −220.9 | 48803.4 | 220.9 |
| 24 | 長野県 | 1244 | −215.9 | 46619.2 | 215.9 |
| 25 | 石川県 | 1247 | −212.9 | 45332.8 | 212.9 |
| 26 | 長崎県 | 1255 | −204.9 | 41990.1 | 204.9 |
| 27 | 山梨県 | 1266 | −193.9 | 37603.0 | 193.9 |
| 28 | 鹿児島県 | 1295 | −164.9 | 27196.9 | 164.9 |
| 29 | 栃木県 | 1301 | −158.9 | 25253.9 | 158.9 |
| 30 | 和歌山県 | 1352 | −107.9 | 11645.6 | 107.9 |
| 31 | 宮城県 | 1369 | −90.9 | 8265.5 | 90.9 |
| 32 | 沖縄県 | 1382 | −77.9 | 6070.7 | 77.9 |
| 33 | 北海道 | 1393 | −66.9 | 4477.6 | 66.9 |
| 34 | 熊本県 | 1424 | −35.9 | 1289.9 | 35.9 |
| 35 | 新潟県 | 1461 | 1.1 | 1.2 | 1.1 |
| 36 | 静岡県 | 1594 | 134.1 | 17978.8 | 134.1 |
| 37 | 滋賀県 | 1706 | 246.1 | 60557.9 | 246.1 |
| 38 | 大阪府 | 1936 | 476.1 | 226657.0 | 476.1 |
| 39 | 愛知県 | 2005 | 545.1 | 297117.8 | 545.1 |
| 40 | 兵庫県 | 2079 | 619.1 | 383266.4 | 619.1 |
| 41 | 京都府 | 2142 | 682.1 | 465240.1 | 682.1 |
| 42 | 福岡県 | 2165 | 705.1 | 497145.0 | 705.1 |
| 43 | 埼玉県 | 2538 | 1078.1 | 1162267.5 | 1078.1 |
| 44 | 奈良県 | 2543 | 1083.1 | 1173073.3 | 1083.1 |
| 45 | 千葉県 | 2771 | 1311.1 | 1718944.2 | 1311.1 |
| 46 | 神奈川県 | 3245 | 1785.1 | 3186528.8 | 1785.1 |
| 47 | 東京都 | 3395 | 1935.1 | 3744554.4 | 1935.1 |

これより，分散は

$$S^2 = \frac{1}{47}\left[(1393 - 1459.9)^2 + (1005 - 1459.9)^2 + \cdots + (1382 - 1459.9)^2\right]$$
$$= 361316.4 \ (\text{円}^2)$$

と計算される。（p.34 に続く） ■

■注 2.6 分散は次式のようにも書ける。

$$S^2 = \frac{1}{n}\sum_{i=1}^{n} x_i^2 - \bar{x}^2 \tag{2.3.3}$$

証明は演習問題とする。■

### 2.3.2 標準偏差

分散の単位は原データの単位の2乗となる。例えば，原データの単位がcmであれば，分散の単位は$\mathrm{cm}^2$となる。そのため，上の例のように円$^2$などという通常用いられない単位となることもあり，しばしば数値の解釈がしづらい。次式で定義される**標準偏差**（standard deviation）は，分散の（正の）平方根であり，原データと同一の単位を持った散らばりの指標である。

$$S = \sqrt{S^2} \tag{2.3.4}$$

**例 2.10 公営賃貸住宅家賃（6）**

分散の平方根をとることによって標準偏差

$$S = \sqrt{361316.4} = 601.1\ (\text{円})$$

が得られる。（p.35に続く）■

■注 2.7 分散と標準偏差は1対1の関係（すなわち，一方の値が求まれば他方の値も求まるという関係）にあるため，両者の持つ情報は等価である。したがって，両者を区別する必要はなく，状況に応じて使いやすいほうを用いればよい。数学的演算を行うときは，平方根を含む標準偏差よりも分散のほうが扱いやすい。他方，数値を解釈する際には，原データと同一の単位を持つ標準偏差のほうが便利である。■

$A$と$B$を実数とする。$A < B$とする。「$A$以上$B$以下」なる範囲（区間という）を$[A, B]$で表す。例えば，$[0, 1]$は0以上1以下という区間である。

「平均 ± 標準偏差」の範囲，すなわち区間$[\bar{x} - S, \bar{x} + S]$を**1シグマ区間**という。より一般に，$k > 0$に対して，区間$[\bar{x} - k \times S, \bar{x} + k \times S]$を***k*シグマ区間**という。データ解析においては，特に$k = 1, 2, 3$の場合，すなわち1シグマ区間，2シグマ区間$[\bar{x} - 2S, \bar{x} + 2S]$と3シグマ区間$[\bar{x} - 3S, \bar{x} + 3S]$がよく

用いられる。

**例 2.11 公営賃貸住宅家賃 (7)**

1,2,3 の各シグマ区間を求める。

$$1\text{ シグマ区間} = [1459.9 - 601.1, 1459.9 + 601.1] = [858.8, 2061.0]$$

$$2\text{ シグマ区間} = [1459.9 - 2 \times 601.1, 1459.9 + 2 \times 601.1] = [257.7, 2662.1]$$

$$3\text{ シグマ区間} = [1459.9 - 3 \times 601.1, 1459.9 + 3 \times 601.1] = [-343.4, 3263.2]$$

表 2–8 に基づいて，各シグマ区間に含まれるデータ数とその割合を求めると，

1 シグマ区間　39（道府県）　(83.0%)
2 シグマ区間　44（道府県）　(93.6%)
3 シグマ区間　46（道府県）　(97.9%)

となる。(p.36 に続く) ■

■**注 2.8　標準偏差を読む際の目安**　標準偏差を読む際の目安として，次の事実が有用である：データ分布が左右対称で釣鐘型ならば，

1 シグマ区間には全データの 68.3%
2 シグマ区間には全データの 95.4%
3 シグマ区間には全データの 99.7%

が含まれる。2 シグマ区間におよそ 95%と憶えればよい。このことの理論的説明は第 4.5 節を参照されたい。公営賃貸住宅家賃のデータは右に歪んでおり，必ずしも左右対称釣鐘型とは言えないが，上記の割合にかなり近いと言える。

上記の目安はデータ分布の歪みが強い場合などには適用できない。どのようなデータ分布に対しても成立する事実としては次のチェビシェフの不等式（Chebyshev inequality）がある。これは，任意の $k > 0$ に対して，

$$k\text{ シグマ区間に含まれるデータの割合} \geq 1 - \frac{1}{k^2} \tag{2.3.5}$$

が成り立つことを述べたものである。ただし，分散は正であるとする。例えば，$k = 2, 3$ とすることによって，2, 3 シグマ区間に含まれるデータの割合がそれぞれ $1 - 1/2^2 = 3/4$ 以上，$1 - 1/3^2 = 8/9$ 以上であることがわかる。■

■**注 2.9　度数分布表からの計算**　注 2.3 と同じ記号を用いる。度数分布表に基づく分散は

$$S_*^2 = \frac{1}{n}\sum_{i=1}^{m} f_i(x_i - \bar{x}^*)^2 = \sum_{i=1}^{m} p_i(x_i - \bar{x}^*)^2 \tag{2.3.6}$$

と定義される。標準偏差はもちろん $S_* = \sqrt{S_*^2}$ である。■

### 2.3.3 平均偏差

絶対偏差の平均

$$\frac{1}{n}\sum_{i=1}^{n}|x_i - \bar{x}|$$

を平均偏差と言う。平均偏差は原データと同一の単位を持つ。平均偏差と標準偏差の間には，平均偏差よりも標準偏差のほうが必ず大きい（かまたは等しい）という関係が成り立つ。

**例 2.12　公営賃貸住宅家賃 (8)**

家賃データの平均偏差は，

$$\frac{1}{47}\{|1393 - 1459.9| + |1005 - 1459.9| + \cdots + |1382 - 1459.9|\} = 451.1\ (円)$$

と求められる。（p.37 に続く） ■

### 2.3.4 範囲と四分位偏差

分散，標準偏差と平均偏差はいずれも $x_i - \bar{x}$ に基づいて散らばりを計る指標であった。これとは異なった考え方に基づく指標として次に述べる範囲と四分位偏差とがある。これらはデータを代表する2つの値を選び，その差によって散らばりを計測する。

順序データを $x_{(1)} \leq x_{(2)} \leq \cdots \leq x_{(n)}$ とするとき，最大値 $x_{(n)}$ と最小値 $x_{(1)}$ との差

$$Rg = x_{(n)} - x_{(1)} \tag{2.3.7}$$

を範囲（range）と言う。レンジとも呼ばれる。範囲はデータ分布の散らばりの指標としてはやや素朴に過ぎる嫌いがある。実際，最大値と最小値しか利用されていないため，例えば次の2種類のデータのように，散らばり方がかなり異なるにもかかわらず範囲の値が同一となることがある。

**例 2.13　数値例（3）**

次の 2 種類のデータは範囲の値は共通だが，標準偏差は下のデータのほうが大きい。

$$\{0,2,2,2,6\} \cdots Rg = 6,\ S = 1.96$$

$$\{0,0,1,5,6\} \cdots Rg = 6,\ S = 2.58$$ ■

範囲が外れ値の影響を受けやすいという欠点を持つことも容易にわかるであろう。次に述べる**四分位点**（quartile）では，最大値や最小値よりもデータ分布の中心に近い値が用いられており，これによって外れ値の影響が抑えられている。順序データの下位 25%，50%，75%に位置するデータをそれぞれ**第 1 四分位点**，**第 2 四分位点**，**第 3 四分位点**と言い，それぞれ，$Q_1$，$Q_2$，$Q_3$ で表す。$n$ が奇数のときは，$x_{(1)}, \cdots, x_{\left(\frac{n-1}{2}\right)}$ のメディアンを $Q_1$ とし，$x_{\left(\frac{n}{2}+1\right)}, \cdots, x_{(n)}$ のメディアンを $Q_3$ とする。$n$ が偶数のときは $x_{(1)}, \cdots, x_{\left(\frac{n}{2}-1\right)}$ のメディアンを $Q_1$ とし，$x_{\left(\frac{n}{2}+2\right)}, \cdots, x_{(n)}$ のメディアンを $Q_3$ とする。ただし，これ以外の計算法もある。第 3 四分位点と第 1 四分位点との差 $Q_3 - Q_1$ を四分位範囲，それを 2 で割ったものを**四分位偏差**と言う：

$$(Q_3 - Q_1)/2 \tag{2.3.8}$$

**例 2.14　公営賃貸住宅家賃（9）**

順序データの表 2-7（p.23）より，最小値は愛媛県の 905 円，最大値は東京都の 3395 円である。したがって，範囲は

$$Rg = 3395 - 905 = 2490\ (\text{円})$$

また，$n = 47$ であるから，$Q_1 = x_{(12)} = 1048$（円）（岩手県），$Q_3 = x_{(35)} = 1461$（円）（新潟県）となり，四分位偏差は

$$(1461 - 1048)/2 = 206.5\ (\text{円})$$

と求められる。（p.38 に続く） ■

### 2.3.5 変動係数

異なる2つデータ分布の散らばりを比較する際，標準偏差を用いることが必ずしも適切でない場合がある。

**例 2.15 公営賃貸住宅家賃 (10)**

このデータを同じ年の民営賃貸住宅家賃と比較すれば次の通りである。

| | 平均 | 標準偏差 |
|---|---|---|
| 民営 | 4481.4 | 1017.9 |
| 公営 | 1459.9 | 601.1 |

公営に比べて民営のほうが標準偏差が大きい，すなわち都道府県間格差が大きいと言えそうである。しかし，この分析は必ずしも適切ではない。データ分布の中心の位置が大きく異なっているからである。（下に続く） ■

標準偏差の平均に対する比を**変動係数**（coefficient of variation）と言い，$CV$ と書く。

$$CV = S/\bar{x} \tag{2.3.9}$$

変動係数は単位を持たない指標である。したがって，異なる単位を持つデータ同士の比較も可能である。

**例 2.16 公営賃貸住宅家賃 (11)**

家賃データの変動係数を計算すると次の結果が得られる。

民営賃貸住宅の変動係数 $= 0.227$ ( $= 1017.9/4481.4$)

公営賃貸住宅の変動係数 $= 0.412$ ( $= 601.1/1459.9$)

したがって変動係数の意味では都道府県間格差は民営のほうが小さいと言える。（p.43 に続く） ■

### 2.3.6　変数と単位の変換

定理 2.2 では変数や単位を変換したとき平均の値がどのように変わるのかについて述べた。同じことを分散と標準偏差についても調べよう。

**定理 2.3　変数や単位の変換**

$a > 0$ とし，$b$ を任意の定数とする。データ $x_1, x_2, \cdots, x_n$ を次のように変換する。

$$y_i = ax_i + b \quad (i = 1, \cdots, n) \tag{2.3.10}$$

このとき，$y_1, y_2, \cdots, y_n$ の分散 $S_y^2$ と標準偏差 $S_y$ は次式で与えられる。

$$S_y^2 = a^2 S^2, \quad S_y = aS \tag{2.3.11}$$

◇**証明**　実際に $y$ の分散を計算する。計算過程で $\bar{y} = a\bar{x} + b$ を使う。

$$\begin{aligned} S_y^2 &= \frac{1}{n}\sum_{i=1}^{n}(y_i - \bar{y})^2 = \frac{1}{n}\sum_{i=1}^{n}[(ax_i + b) - (a\bar{x} + b)]^2 \\ &= \frac{1}{n}\sum_{i=1}^{n} a^2(x_i - \bar{x})^2 = a^2 S^2 \end{aligned}$$

両辺の平方根をとれば，標準偏差に関する公式も出る。（証明終）◇

■**注 2.10**　同様のことは，平均偏差，範囲，四分位偏差に対しても成り立つ。ただし，$a^2$ 倍ではなく，$a$ 倍となる。■

### 2.3.7　Excel による分析例

再び，公営賃貸住宅家賃のデータを用いて分散や標準偏差などを実際に求めてみよう。具体的な数値は本文を参照されたい。C3 から C49 のセルにデータが入力されているとする。分散 $S^2$ と標準偏差 $S$ はそれぞれワークシート関数 `varp`，`stdevp` を用いて，`=varp(C3:C49)`，`=stdevp(C3:C49)` と入力することによって求めることができる。関数 `varp`，`stdevp` に非常に似た関数に `var`，`stdev` があり，注意が必要である。`var` は，分散の定義式の中の $n$ で割る部分を $n-1$ に置き換えたもの

$$s^2 = \frac{1}{n-1}\sum_{i=1}^{n}(x_i - \bar{x})^2 \ \left(= \frac{n}{n-1}S^2\right) \tag{2.3.12}$$

の値を返す。ここに，$s^2$ を**不偏標本分散**と言う。$n$ ではなく，$n-1$ で割る根拠などについては後に述べる（p.203，定理 6.2）。また，`stdev` は $s = \sqrt{s^2}$ の値を返す関数である。変動係数を直接求めるワークシート関数はないため，定義 $CV = S/\bar{x}$ に基づいて計算する。割り算は/を用いればよい。例えば，D1 のセルに標準偏差，D2 のセルに平均の値が入力されているなら，`=D1/D2` によって計算できる。平均偏差はワークシート関数 `avedev` を用いて `avedev(C3 : C49)` によって計算する。

範囲，四分位点，四分位偏差はいずれも `quartile` 関数を用いて計算する。例えば，`quartile(C3 : C49, 1)` は第1四分位数 $Q_1$ の値を返す。第 2,3 四分位点 $Q_2, Q_3$ はそれぞれ `quartile(C3 : C49, 2)`, `quartile(C3 : C49, 3)` によって計算できる。また，最小値 $x_{(1)}$ と最大値 $x_{(n)}$ はそれぞれ `quartile(C3 : C49, 0)`, `quartile(C3 : C49, 4)` によって計算できる。範囲や四分位偏差の値を返す関数はないが，いずれも上で求めた値から容易に計算できる。

前節で出力した図 **2-5**（p.29）に「標準偏差」,「分散」と「範囲」の各項目があり，そこにそれぞれ $s$，$s^2$ と $Rg$ が出力されている。

■注 2.11　**モーメント**　データ $x_1, x_2, \cdots, x_n$ に対し，次の量

$$\mathrm{m}_k = \frac{1}{n}\sum_{i=1}^{n} x_i^k \quad (k = 1, 2, \cdots) \tag{2.3.13}$$

を ***k*** **次モーメント**（$k$-th moment）と言う。1次モーメント $\mathrm{m}_1$ は平均 $\bar{x}$ に等しい。また，

$$\mathrm{m}'_k = \frac{1}{n}\sum_{i=1}^{n}(x_i - \bar{x})^k \quad (k = 1, 2, \cdots) \tag{2.3.14}$$

を**平均回りの** ***k*** **次モーメント**と言う。平均回りの2次モーメント $\mathrm{m}'_2$ は分散 $S^2$ に等しい。(2.3.13) のモーメントのことを原点回りのモーメントと呼ぶこともある。(2.3.3) 式は平均回りの2次モーメントを原点回りのモーメントで記述したものである。■

**▶ 問題 2.3**

1. 2000 年各都道府県の公営賃貸家賃のデータ（p.18，表 2-4）に関して次の各問に答えよ。

    (1) 分散，標準偏差，変動係数を求めよ。

    (2) 1, 2, 3 の各シグマ区間を作り，各区間に含まれるデータの割合を求めよ。

2. 2005 年各都道府県の民営賃貸家賃のデータ（p.18，表 2-4）に関して次の各問に答えよ。

    (1) 分散，標準偏差，変動係数を求めよ。

    (2) 1, 2, 3 の各シグマ区間を作り，各区間に含まれるデータの割合を求めよ。

3. $A$ を任意の数とする。次式を示せ。

$$\frac{1}{n}\sum_{i=1}^{n}(x_i - A)^2 = \frac{1}{n}\sum_{i=1}^{n}(x_i - \bar{x})^2 + (\bar{x} - A)^2$$

4. 分散が式 (2.3.3) を満たすことを示せ。

5. 散らばりの指標として，2 つのデータ $x_i$ と $x_j$ の差の 2 乗 $(x_i - x_j)^2$ をすべて足したもの

$$V = \sum_{i=1}^{n}\sum_{j=1}^{n}(x_i - x_j)^2$$

も自然であろう。すなわち，$V$ が大きいときデータの散らばりは大きく，小さいときは散らばりが小さいと判断するのである。実は，$V$ による比較と分散 $S^2$ による比較とは同等である。実際，次式が成り立つ。

$$S^2 = \frac{1}{2n^2}V$$

上式を示せ。

6. $n$ 人の学生を調査し，第 $i$ 番目の学生が自宅通学生なら $x_i = 1$，そうでなければ $x_i = 0$ とする。このとき次式が成り立つことを示せ。

$$S^2 = \bar{x}(1 - \bar{x})$$

100 人の学生を調査したところ自宅通学生は 75 人であった。75 個の 1 と 25 個の 0 というデータの平均 $\bar{x}$ と分散 $S^2$ を求めよ。

7. $\mathbf{f} = (10, 0, 0, 0, 0)$, $\mathbf{x} = (5, 2, 1, 1, 1)$, $\mathbf{y} = (3, 2, 2, 2, 1)$, $\mathbf{z} = (3, 3, 3, 1, 0)$, $\mathbf{e} = (2, 2, 2, 2, 2)$ の 5 種類のデータはすべて平均が等しい。Excel を用いてこれらの分散を比較し，分散はどのようなデータを散らばりが大きいとみなすのかについて考察せよ（興味のある読者は第 2.6 節を参照のこと）。

# 2.4 基準化変量

データ分布全体の中で，ある特定のデータ $x_i$ がどのような位置にあるかを知りたいことがしばしばある。例えば，試験におけるある学生の相対的な位置に関心のある場合などである。基準化変量は各データの相対的位置に関する情報を持っている。

**例 2.17 体重データ (2)**

17歳男子100人の体重のデータがあり，その中に61.0kgのA君の値も含まれているとする。データの平均は60.0 kg, 標準偏差は10.0 kgとする。同様に，新生児男子100人の体重のデータがあり，その中に4.0 kgのB君の値も含まれているとする。データの平均は3.0kg，標準偏差は0.5kgとする。このとき，A君，B君両者の体重は次のように表せる：

$$\begin{array}{ccccccccl} 61.5 & = & 60.0 & + & 0.1 & \times & 10.0 & (\text{A 君}) \\ 4.5 & = & 3.0 & + & 2 & \times & 0.5 & (\text{B 君}) \end{array} \tag{2.4.1}$$

ここで，色の付いた数値が基準化変量の値である。基準化変量は，問題となるデータが平均 $\bar{x}$ から標準偏差いくつ分離れているかを表す。すなわち，B君は平均よりも標準偏差2つ分重い。他方，A君は標準偏差0.1個分であり，B君よりずっと平均に近いことがわかる。(終) ■

### 2.4.1 定　義

データ $x_1, x_2, \cdots, x_n$ の平均を $\bar{x}$，分散を $S^2$ と表すとき，次の値 $z_i$ をデータ $x_i$ の**基準化変量**（standardized data）あるいは**標準化変量**と言う。

$$z_i = \frac{x_i - \bar{x}}{S} \tag{2.4.2}$$

容易にわかる通り，上式は

$$x_i = \bar{x} + z_i S \tag{2.4.3}$$

としても同じことである。すなわち，基準化変量 $z_i$ とは，$x_i$ が平均 $\bar{x}$ から標準偏差 $S$ 何個分離れているかを表す量である。(2.4.2) の演算を行うこと（平均を引き，標準偏差で割ること）を $x_i$ を基準化（標準化）するとも言う。

■注 2.12　**基準化変量とシグマ区間**　基準化変量の定義 $\bar{x}+z_iS$ と $k$ シグマ区間 $[\bar{x}-kS,\ \bar{x}+kS]$（$k=1,2,3$）の定義を比べれば，

$$x_i\text{が } k \text{ シグマ区間に含まれる} \iff -k \le z_i \le k \tag{2.4.4}$$

となることがわかる。したがって，チェビシェフの不等式より，

$$\begin{matrix}\text{基準化変量の値が} -k \text{ 以上}\\ k \text{ 以下であるデータの割合}\end{matrix} \ \ge\ 1-\frac{1}{k^2}\quad (k \ge 1) \tag{2.4.5}$$

が成り立つ。多くのデータは基準化変量の値が ±3 の範囲に収まる。■

基準化変量の値はワークシート関数 `standardize` によって求めることができる。関数 `standardize` は 3 つの引数を持ち，基準化しようとするデータを $x_i$，データの平均と標準偏差をそれぞれ $\bar{x}$ と $S$ とおけば，`standardize(xi, x̄, S)` によって求められる。

**例 2.18　公営賃貸住宅家賃（12）**

各都道府県の基準化変量の値を計算すれば，表 2-9 の通りである。例えば北海道の値は −0.11 である。すなわち北海道の値は平均よりも標準偏差 0.11 個分小さい。

表 2-9

| 順位 | 都道府県名 | 家賃（円） | 基準化変量 | 基準化変量 2 乗 | 基準化変量 3 乗 | 基準化変量 4 乗 |
|---|---|---|---|---|---|---|
| 1 | 愛媛県 | 905 | −0.923 | 0.852 | −0.787 | 0.726 |
| 2 | 岡山県 | 909 | −0.917 | 0.840 | −0.770 | 0.706 |
| 3 | 岐阜県 | 942 | −0.862 | 0.742 | −0.640 | 0.551 |
| 4 | 島根県 | 983 | −0.793 | 0.629 | −0.499 | 0.396 |
| 5 | 山口県 | 987 | −0.787 | 0.619 | −0.487 | 0.383 |
| 6 | 鳥取県 | 995 | −0.773 | 0.598 | −0.463 | 0.358 |
| 7 | 青森県 | 1005 | −0.757 | 0.573 | −0.433 | 0.328 |
| 8 | 高知県 | 1019 | −0.734 | 0.538 | −0.395 | 0.289 |
| 9 | 三重県 | 1023 | −0.727 | 0.528 | −0.384 | 0.279 |
| 10 | 徳島県 | 1026 | −0.722 | 0.521 | −0.376 | 0.272 |
| 11 | 宮崎県 | 1037 | −0.704 | 0.495 | −0.348 | 0.245 |
| 12 | 岩手県 | 1048 | −0.685 | 0.470 | −0.322 | 0.221 |
| 13 | 福島県 | 1048 | −0.685 | 0.470 | −0.322 | 0.221 |
| 14 | 佐賀県 | 1068 | −0.652 | 0.425 | −0.277 | 0.181 |
| 15 | 山形県 | 1074 | −0.642 | 0.412 | −0.265 | 0.170 |
| 16 | 富山県 | 1097 | −0.604 | 0.365 | −0.220 | 0.133 |

| 17 | 福 井 県 | 1134 | −0.542 | 0.294 | −0.159 | 0.086 |
|---|---|---|---|---|---|---|
| 18 | 大 分 県 | 1162 | −0.496 | 0.246 | −0.122 | 0.060 |
| 19 | 香 川 県 | 1163 | −0.494 | 0.244 | −0.121 | 0.060 |
| 20 | 広 島 県 | 1196 | −0.439 | 0.193 | −0.085 | 0.037 |
| 21 | 茨 城 県 | 1222 | −0.396 | 0.157 | −0.062 | 0.025 |
| 22 | 秋 田 県 | 1226 | −0.389 | 0.151 | −0.059 | 0.023 |
| 23 | 群 馬 県 | 1239 | −0.368 | 0.135 | −0.050 | 0.018 |
| 24 | 長 野 県 | 1244 | −0.359 | 0.129 | −0.046 | 0.017 |
| 25 | 石 川 県 | 1247 | −0.354 | 0.125 | −0.044 | 0.016 |
| 26 | 長 崎 県 | 1255 | −0.341 | 0.116 | −0.040 | 0.014 |
| 27 | 山 梨 県 | 1266 | −0.323 | 0.104 | −0.034 | 0.011 |
| 28 | 鹿児島県 | 1295 | −0.274 | 0.075 | −0.021 | 0.006 |
| 29 | 栃 木 県 | 1301 | −0.264 | 0.070 | −0.018 | 0.005 |
| 30 | 和歌山県 | 1352 | −0.180 | 0.032 | −0.006 | 0.001 |
| 31 | 宮 城 県 | 1369 | −0.151 | 0.023 | −0.003 | 0.001 |
| 32 | 沖 縄 県 | 1382 | −0.130 | 0.017 | −0.002 | 0.000 |
| 33 | 北 海 道 | 1393 | −0.111 | 0.012 | −0.001 | 0.000 |
| 34 | 熊 本 県 | 1424 | −0.060 | 0.004 | 0.000 | 0.000 |
| 35 | 新 潟 県 | 1461 | 0.002 | 0.000 | 0.000 | 0.000 |
| 36 | 静 岡 県 | 1594 | 0.223 | 0.050 | 0.011 | 0.002 |
| 37 | 滋 賀 県 | 1706 | 0.409 | 0.168 | 0.069 | 0.028 |
| 38 | 大 阪 府 | 1936 | 0.792 | 0.627 | 0.497 | 0.394 |
| 39 | 愛 知 県 | 2005 | 0.907 | 0.822 | 0.746 | 0.676 |
| 40 | 兵 庫 県 | 2079 | 1.030 | 1.061 | 1.092 | 1.125 |
| 41 | 京 都 府 | 2142 | 1.135 | 1.288 | 1.461 | 1.658 |
| 42 | 福 岡 県 | 2165 | 1.173 | 1.376 | 1.614 | 1.893 |
| 43 | 埼 玉 県 | 2538 | 1.794 | 3.217 | 5.769 | 10.348 |
| 44 | 奈 良 県 | 2543 | 1.802 | 3.247 | 5.850 | 10.541 |
| 45 | 千 葉 県 | 2771 | 2.181 | 4.757 | 10.377 | 22.633 |
| 46 | 神奈川県 | 3245 | 2.970 | 8.819 | 26.191 | 77.779 |
| 47 | 東 京 都 | 3395 | 3.219 | 10.364 | 33.363 | 107.405 |

基準化変量の値が最大となるのは東京都であり，その値は 3.219 である。（p.47 に続く） ■

**定理 2.4　基準化変量の平均と分散**

基準化変量の平均は常に 0 であり，分散は常に 1 である。すなわち，データ $x_1, x_2, \cdots, x_n$ を基準化したものを $z_1, z_2, \cdots, z_n$ とおき，これらの平均と分散をそれぞれ $\bar{z}$，$S_z^2$ で表すと，

$$\bar{z} = 0, \quad S_z^2 = 1 \tag{2.4.6}$$

が成立する。

◇**証明**　$a = 1/S$，$b = -\bar{x}/S$ とおくと，

$$z_i = \frac{x_i}{S} - \frac{\bar{x}}{S} = ax_i + b \tag{2.4.7}$$

と書けるから，定理 2.2 より，

$$\bar{z} = a\bar{x} + b = \frac{1}{S}\bar{x} - \frac{\bar{x}}{S} = 0$$

となって平均が 0 であることが確かめられる。分散についても同様に，定理 2.3 より，

$$S_z^2 = a^2S^2 = \frac{1}{S^2}S^2 = 1$$

が得られる。（証明終）◇

**▶ 問題 2.4**

1. 2000 年の公営賃貸住宅家賃のデータ（p.18，表 2–4）から，各都道府県の基準化変量の値を求めよ。2005 年のデータとの比較も行え。
2. 2005 年の民営賃貸住宅家賃のデータ（p.18，表 2–4）から各都道府県の基準化変量の値を求めよ。公営賃貸住宅との比較も行え。
3. データ $x_1, x_2, \cdots, x_n$ の基準化変量を $z_1, z_2, \cdots, z_n$ で表す。$y_i = ax_i + b$ と変換しても基準化変量は変わらないことを示せ。ただし $a > 0$。
4. データ $x_1, x_2, \cdots, x_n$ の基準化変量を $z_1, z_2, \cdots, z_n$ で表す。$d_i = 50 + 10z_i = 50 + 10(x_i - \bar{x})/S$ を $x_i$ の偏差値と言う。
   (1) 偏差値の平均が 50，標準偏差が 10 であることを示せ。
   (2) 問題 2.1 の 4 で扱った英語の成績データの各人の偏差値を計算せよ。
5. 基準化変量や偏差値が上限や下限を持たないことを確かめよう。0 と 1 のみからなるデータを考える。0 が $m$ 個，1 が 1 個であるとする。このときそれぞれの基準化変量はいくらか。$m$ が大きくなるに従って基準化変量はどのように変化するか。

# 2.5† データ分布の形状の指標

第2.1，2.2節で見た通り，データ分布が右または左に歪んでいる場合，平均の値はしばしばわれわれの直感とはずれたものとなり，代表値としての性質が弱くなる。また，「2シグマ区間に全データの約95%が含まれる」という目安は，データ分布が釣鐘型に近い場合には使えるが，そうでない場合，例えば尖り具合が大きい場合には必ずしも正確ではない。このように，データ分布の形状によって各種の数値の解釈が変わることがある。

本節ではデータ分布の歪みの指標である歪度，尖りの指標である尖度を紹介する。以下，$x_1, x_2, \cdots, x_n$ を与えられたデータとし，その平均を $\bar{x}$，分散を $S^2$，基準化変量を $z_1, z_2, \cdots, z_n$ で表す。

## 2.5.1 歪　度

次の量をデータ $x_1, x_2, \cdots, x_n$ の**歪度**（skewness）と言う。

$$b_1 = \frac{1}{n}\sum_{i=1}^{n} z_i^3 = \frac{1}{n}\sum_{i=1}^{n}\left(\frac{x_i - \bar{x}}{S}\right)^3 \tag{2.5.1}$$

歪度 $b_1$ は基準化変量の3乗の平均であるから，単位を持たない指標である。

データ分布の歪みと歪度の関係は次の通りである。

$$\begin{aligned} &\text{右に歪んでいる場合} && \Longleftrightarrow && b_1 > 0 \\ &\text{左右対称（歪みのない）の場合} && \Longleftrightarrow && b_1 \approx 0 \\ &\text{左に歪んでいる場合} && \Longleftrightarrow && b_1 < 0 \end{aligned} \tag{2.5.2}$$

歪みが強くなるに従って歪度の値（絶対値）は大きくなる（**図2-6**）。なお，≈ はおよそ等しいことを表す。

次の例を通して，データ分布が右に歪んでいるとなぜ歪度が正となるのかを理解しよう。

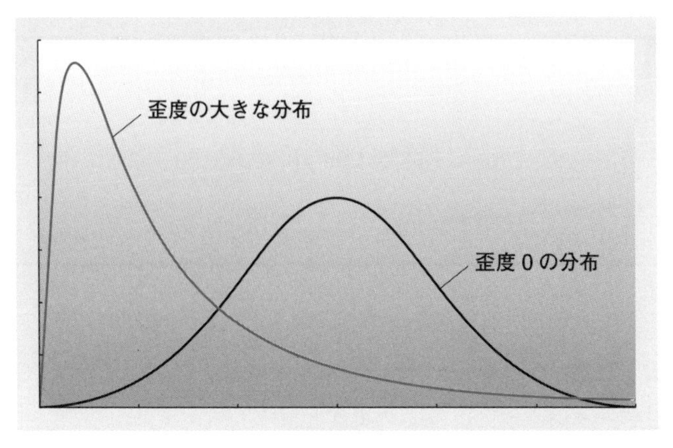


図 2-6

**例 2.19　公営賃貸住宅家賃（13）**

表 2-9（p.43）に各都道府県の基準化変量の 3 乗の値を示した。これらの平均を計算して

$$b_1 = \frac{1}{47}\{(-0.923)^3 + (-0.917)^3 + \cdots + (3.219)^3\} = 1.68\ (\ > 0) \tag{2.5.3}$$

を得る。右への歪みが示唆される。

右に歪んだ分布においては，基準化変量 $z_i$ の大半は $-1 < z_i < 1$ の範囲に入り（$z_i < 0$ のほうが多い），それらは 3 乗されることにより 0 に近い値となる。他方，ごく少数の大きな値を持つ $z_i$ が存在し，それらは 3 乗されることにより非常に大きな値（外れ値）となる。歪度はこれらの外れ値の影響を受けて正の値をとる。（p.48 に続く） ■

■**注 2.13　歪度を使う際の目安**　歪度の値 $b_1$ がどの程度であれば 0 に近いとみなせるのか，逆にどの程度の大きさであれば分布が歪んでいると言えるのかの判断はデータ数 $n$ に依存する。一つの判断基準として，

$$\begin{cases} |b_1| > 1.96\sqrt{6/n} & \Longrightarrow \quad \text{データ分布は歪んでいる} \\ |b_1| \leq 1.96\sqrt{6/n} & \Longrightarrow \quad \text{データ分布は左右対称である} \end{cases} \tag{2.5.4}$$

というものがある。その根拠については例えば中川 [13] を参照のこと。■

**例 2.20 公営賃貸住宅家賃（14）**

$n = 47$ であるから，

$$b_1 = 1.68 > 1.96\sqrt{6/47} = 0.70 \tag{2.5.5}$$

が成り立つ。データ分布は右に歪んでいると判断される。（p.49 に続く） ■

### 2.5.2 尖　度

次の量をデータ $x_1, x_2, \cdots, x_n$ の尖度と言う。

$$b_2 = \frac{1}{n}\sum_{i=1}^{n} z_i^4 = \frac{1}{n}\sum_{i=1}^{n}\left(\frac{x_i - \bar{x}}{S}\right)^4 \tag{2.5.6}$$

尖度 $b_2$ は基準化変量の 4 乗の平均であり，歪度と同様に単位を持たない指標である。

尖度はデータ分布が釣鐘型に近いか否かを計る指標である。その際，基準となるのは正規分布（第 4.5 節）であり，データ分布が正規分布のとき，尖度は 3 に近い値（$b_2 \approx 3$）となる *（図 2-7）。

$$\begin{array}{rcl} \text{正規分布よりも尖りが強い} & \cdots & b_2 > 3 \\ \text{正規分布と同程度} & \cdots & b_2 \approx 3 \\ \text{正規分布よりも尖りが弱い} & \cdots & b_2 < 3 \end{array} \tag{2.5.7}$$

正規分布よりも尖っている状態を急尖的（leptkurtic），逆の場合を緩尖的（platykurtic）という文献もあるが，必ずしも一般的ではない。

$y_i = z_i^2$ とおくと，尖度は $y_1, y_2, \cdots, y_n$ の散らばりの指標と見ることができる。なぜなら，

$$b_2 = \frac{1}{n}\sum_{i=1}^{n}(y_i - \bar{y})^2 + 1 \tag{2.5.8}$$

* このことを理解するためには第 5 章以降の知識が必要となる。$X \sim N(\mu, \sigma^2)$ とし，$Z = (X - \mu)/\sigma$ とおく。このとき，$\mathrm{E}(Z^4) = 3$ となる。したがって，$b_2 = \frac{1}{n}\sum_{i=1}^{n} z_i^4$ も 3 に近い値となる。

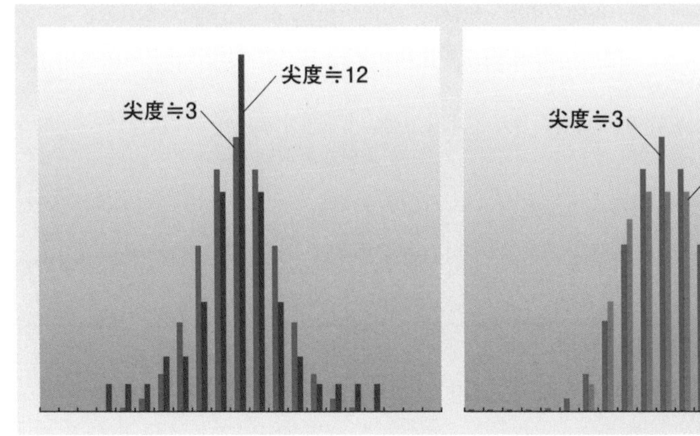


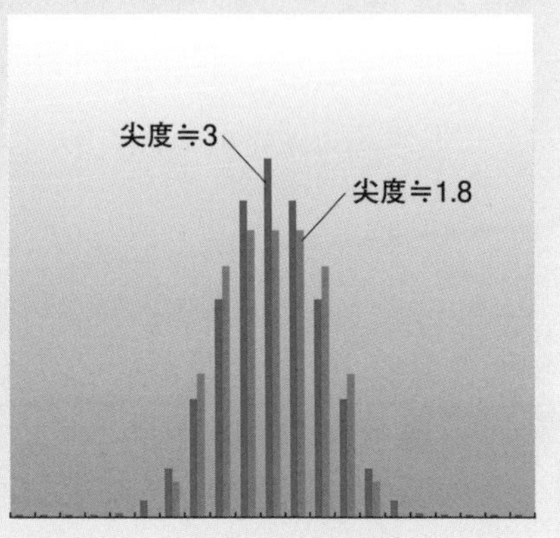


図 2-7

が成り立ち，基本的に $y_1, y_2, \cdots, y_n$ の分散を観測していることに等しいからである。したがって，例えば尖度が大であれば大きな値の $y_i = z_i^2$ が含まれていることになる。ところが，基準化変量の分散が 1 であることから，

$$y_1 + y_2 + \cdots + y_n = n \tag{2.5.9}$$

が成立していなければならないため，大きな値の $y_i = z_i^2$ が含まれているときは残りの多数の $y_i = z_i^2$ は 0 に近い値でなければならない。すなわち，少数の $x_i$ は $\bar{x}$ から大きく離れていて，残る多数の $x_i$ は $\bar{x}$ に近くなければならない。そのようなデータ分布は総じて尖りの強いものとなる。

**例 2.21　公営賃貸住宅家賃（15）**

表 2-9 (p.43) の基準化変量の 2 乗の値を読むと，47 個中 42 個の値が $0 < z_i^2 < 2$ の値であるが，残る 5 個は相対的にかなり大きな値である。

実際，尖度は次のように計算され

$$b_2 = \frac{1}{47}\{(-0.923)^4 + (-0.917)^4 + \cdots + (3.219)^4\} = 5.11\ (>3) \tag{2.5.10}$$

データ分布の尖りの強さが示唆される。(p.50 に続く) ■

**■注 2.14 尖度を使う際の目安** 歪度と同様に，尖度の値 $b_2$ がどの程度であれば正規分布に近いとみなせるのかは一般にデータ数 $n$ に依存する。一つの判断基準として，

$$\begin{cases} |b_2 - 3| > 1.96\sqrt{24/n} & \Longrightarrow \quad \text{正規分布より尖りが強いかまたは弱い} \\ |b_2 - 3| \leq 1.96\sqrt{24/n} & \Longrightarrow \quad \text{正規分布と同程度である} \end{cases} \tag{2.5.11}$$

というものがある。その根拠については中川 [13] を参照のこと。■

**例 2.22 公営賃貸住宅家賃（16）**

$n = 47$ として，$|b_2 - 3| = 3.11 > 1.96\sqrt{24/47} = 1.40$ を得るから，正規分布よりも尖りが強いと判断される。（終）■

**▶ 問題 2.5**

1. 表 2–4（p.18）より 2000 年の公営賃貸住宅家賃のデータ分布の形状について考察せよ。
2. 表 2–4（p.18）2005 年の民営賃貸住宅家賃のデータ分布の形状について考察せよ。
3. 問題 2.1 の 4 で扱った英語の成績のデータ分布の形状について考察せよ。
4. 問題 2.1 の 5 で扱った血糖値のデータ分布の形状について考察せよ。
5. 次の 3 種類のデータの歪度を比較せよ。

$$\{0,\ 0,\ 0,\ 0,\ 2\},\ \{-1,\ 0,\ 0,\ 0,\ 1\},\ \{-1,\ 0,\ 0,\ 1,\ 2\}$$

6. 次の 3 種類のデータの尖度を比較せよ。

$$\{-2,\ 0,\ 0,\ 0,\ 0,\ 2\},\ \{-1,\ -1,\ -1,\ 1,\ 1,\ 1\},\ \{-2,\ -1,\ 0,\ 0,\ 1,\ 2\}$$

## 2.6† ローレンツ曲線とジニ係数

本節では所得分配の平等・不平等を視覚的にとらえる分析道具としてローレンツ曲線，数値によって把握する指標としてジニ係数を紹介する。ローレンツ曲線の理論的基礎としてマジョライゼーションという順序の概念がある。

### 2.6.1　マジョライゼーション

**例 2.23　数値例（4）**

10 万円を A,B,C,D,E の 5 世帯で分けるとする。A が 2 万円，B が 5 万円，残りの 3 人に 1 万円ずつ分配するとき $(A, B, C, D, E) = (2, 5, 1, 1, 1)$ と表すことにすれば，最も不平等な分配（の一つ）は $(A, B, C, D, E) = (10, 0, 0, 0, 0)$ であり，最も平等な分配は $(A, B, C, D, E) = (2, 2, 2, 2, 2)$ である。では，

$$(A, B, C, D, E) = (5, 2, 1, 1, 1), \quad (A, B, C, D, E) = (2, 2, 3, 2, 1)$$

はどちらがより平等と言えるだろうか。（p.52 に続く） ■

分配の平等・不平等，より一般に数値のばらつきの程度を計るための基礎としてマジョライゼーション（majorization）という順序の概念がある。

$S$ 円を $n$ 世帯で分配するとし，2 つの分配

$$\mathbf{x} = (x_1, x_2, \cdots, x_n), \quad \mathbf{y} = (y_1, y_2, \cdots, y_n) \tag{2.6.1}$$

を比べるとする。$\displaystyle\sum_{i=1}^{n} x_i = \sum_{i=1}^{n} y_i = S$ が成り立っているとする。大きさの順（降順）に並べ直し，それぞれ

$$x_{[1]} \geq x_{[2]} \geq \cdots \geq x_{[n]}, \quad y_{[1]} \geq y_{[2]} \geq \cdots \geq y_{[n]}$$

と表すとする。各世帯の分配額を収入と呼べば，収入の大きい順に並べ直すことに等しい。分配 $\mathbf{x}$ において，$x_{[1]}$ は最も収入の高い世帯の収入，$x_{[2]}$ は 2 番目に収入の高い世帯の収入，$x_{[n]}$ は最も収入の低い世帯の収入である。$\boldsymbol{x}$ は $\boldsymbol{y}$ をマジョライズする（$\mathbf{x}$ majorizes $\mathbf{y}$）とは，

$$\left\{\begin{array}{c} x_{[1]} \geq y_{[1]} \\ x_{[1]} + x_{[2]} \geq y_{[1]} + y_{[2]} \\ \vdots \\ x_{[1]} + x_{[2]} + \cdots + x_{[n-1]} \geq y_{[1]} + y_{[2]} + \cdots + y_{[n-1]} \\ \displaystyle\sum_{i=1}^{n} x_{[i]} = \sum_{i=1}^{n} y_{[i]} \end{array}\right. \tag{2.6.2}$$

が成り立つことである。これを $\mathbf{x} \succeq \mathbf{y}$ と表す。***x* がyをマジョライズするとき，*x* のほうが *y* よりも不平等な分配であると解釈される。**実際，$\mathbf{x} \succeq \mathbf{y}$ ならば，上位 $k$ 世帯までの収入の総和（累積収入）は，$k$ をどのようにとっても常に $\mathbf{x}$ のほうが $\mathbf{y}$ を上回る。

収入を昇順に並べ直し，$x_{(1)} \leq x_{(2)} \leq \cdots \leq x_{(n)}$ と $y_{(1)} \leq y_{(2)} \leq \cdots \leq y_{(n)}$ と表したときは，(2.6.2) は

$$\begin{cases} x_{(1)} \leq y_{(1)} \\ x_{(1)} + x_{(2)} \leq y_{(1)} + y_{(2)} \\ \vdots \\ x_{(1)} + x_{(2)} + \cdots + x_{(n-1)} \leq y_{(1)} + y_{(2)} + \cdots + y_{(n-1)} \\ \displaystyle\sum_{i=1}^{n} x_{(i)} = \sum_{i=1}^{n} y_{(i)} \end{cases} \tag{2.6.3}$$

に等しいから，こちらを定義にしてもよい。この場合は，下位 $k$ 世帯までの累積収入は，常に $\mathbf{x}$ のほうが $\mathbf{y}$ よりも少ない。

**例 2.24 数値例（5）**

2つの分配 $\mathbf{x} = (2, 5, 1, 1, 1)$ と $\mathbf{y} = (2, 2, 3, 2, 1)$ を比較する。降順に並べ替え，改めて $\mathbf{x} = (5, 2, 1, 1, 1)$ と $\mathbf{y} = (3, 2, 2, 2, 1)$ とおくと，

$$5 > 3,\ 5 + 2 > 3 + 2,\ 5 + 2 + 1 > 3 + 2 + 2,$$
$$5 + 2 + 1 + 1 = 3 + 2 + 2 + 2,$$
$$5 + 2 + 1 + 1 + 1 = 3 + 2 + 2 + 2 + 1$$

であるから，$\mathbf{x} \succeq \mathbf{y}$ が成り立つ。昇順に並べ替え，$\mathbf{x} = (1, 1, 1, 2, 5)$ と $\mathbf{y} = (1, 2, 2, 2, 3)$ とおいても結論は同じである：

$$1 = 1,\ 1 + 1 < 1 + 2,\ 1 + 1 + 1 < 1 + 2 + 2,$$
$$1 + 1 + 1 + 2 < 1 + 2 + 2 + 2,$$
$$1 + 1 + 1 + 2 + 5 = 1 + 2 + 2 + 2 + 3$$

となり，$\mathbf{x} \succeq \mathbf{y}$ が確かめられる。（p.54 に続く） ■

■注 2.15 実数の場合，任意の 2 つの実数 $x, y$ に対して $x \geq y$ または $x \leq y$ のいずれかが必ず成り立つ。しかし，マジョライゼーションに関しては必ずしもそうではなく，分配 $\mathbf{x}, \mathbf{y}$ の選び方によっては $\mathbf{x} \succeq \mathbf{y}$ も $\mathbf{x} \preceq \mathbf{y}$ も成り立たない場合，すなわち順序がつけられない場合がある。

例えば，$\mathbf{z} = (3, 3, 3, 1, 0)$ としてみよう。このとき，$\mathbf{z} \succeq \mathbf{y}$ は成り立つが，$\mathbf{z} \succeq \mathbf{x}$ も $\mathbf{z} \preceq \mathbf{x}$ も成り立たない。■

**例 2.25 5 分位階級別年間収入（1）**

次表は 2001 年と 2006 年の 5 分位階級別の平均年間収入（万円）及びその比率である。ここに，5 分位階級別とは世帯を収入の低い順に並べ，各階級に属する世帯数が等しくなるように 5 つの階級に分けたことを意味する。例えば，2006 年の 181 万円とは第 I 階級に属する世帯の年収の平均値（平均年収），比率とはその総収入に占める割合である*。

| 年 | I | II | III | IV | V | 計（総収入） |
|---|---|---|---|---|---|---|
| 2006 年（平均年収） | 181 | 329 | 463 | 654 | 1130 | 2757 |
| 2001 年（平均年収） | 281 | 448 | 605 | 804 | 1314 | 3452 |
| 2006 年（比率） | 0.066 | 0.119 | 0.168 | 0.237 | 0.410 | 1.000 |
| 2001 年（比率） | 0.081 | 0.130 | 0.175 | 0.233 | 0.381 | 1.000 |

計算により，2006 年の比率は 2001 年の比率をマジョライズすることがわかる。したがってマジョライゼーションの意味では 2006 年のほうが 2001 年より不平等の度合いが大きい。（p.56 に続く）■

## 2.6.2 ローレンツ曲線

ローレンツ曲線は分配の状態を折れ線グラフで表したものであり，これによって，分配の平等・不平等を目で観察することができる。前項で導入したマジョライゼーションが成立しているか否かを判断することもできる。

* 参考までに，2006 年の場合，第 I 階級から第 V 階級はそれぞれ「～375 万円」「375～524 万円」「524～692 万円」「692～936 万円」「936 万円～」といった年間収入の世帯からなる。

**例 2.26 数値例 (6)**

引き続き，分配 $\mathbf{x} = (2,5,1,1,1)$ と $\mathbf{y} = (2,2,3,2,1)$ を比較する。昇順に並べ，

$$\mathbf{x} = (1,1,1,2,5),\quad \mathbf{y} = (1,2,2,2,3)$$

とおく。分配 $\mathbf{x}$ から，累積世帯数，累積世帯比率，累積収入，累積収入比率を次表のように求める：

| 累積世帯数 | 1 | 2 | 3 | 4 | 5 |
|---|---|---|---|---|---|
| 累積世帯比率 | $\frac{1}{5}$ | $\frac{2}{5}$ | $\frac{3}{5}$ | $\frac{4}{5}$ | $\frac{5}{5}$ |
| 累積収入 | 1 | 2 | 3 | 5 | 10 |
| 累積収入比率 | $\frac{1}{10}$ | $\frac{2}{10}$ | $\frac{3}{10}$ | $\frac{5}{10}$ | $\frac{10}{10}$ |

分配 $\mathbf{y}$ についても同様に作成すると次表の通りである：

| 累積世帯数 | 1 | 2 | 3 | 4 | 5 |
|---|---|---|---|---|---|
| 累積世帯比率 | $\frac{1}{5}$ | $\frac{2}{5}$ | $\frac{3}{5}$ | $\frac{4}{5}$ | $\frac{5}{5}$ |
| 累積収入 | 1 | 3 | 5 | 7 | 10 |
| 累積収入比率 | $\frac{1}{10}$ | $\frac{3}{10}$ | $\frac{5}{10}$ | $\frac{7}{10}$ | $\frac{10}{10}$ |

**ローレンツ曲線**（Lorenz curve）は平面に（累積世帯比率，累積収入比率）を打点しこれを折れ線グラフで表したものである（図 2-8）。例えば，分配 $\mathbf{x}$ については，$(1/5, 1/10), (2/5, 2/10), (3/5, 3/10), (4/5, 5/10), (5/5, 10/10)$ を結んで得られる折れ線グラフである。

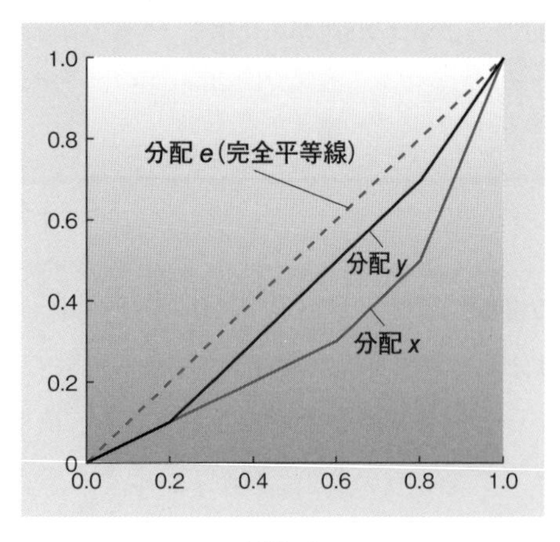


図 2-8

図 2-8 は分配 $\mathbf{x}$，分配 $\mathbf{y}$ のローレンツ曲線である。このグラフは，収入の低い世帯からの累積世帯数を増やすに従って，累積収入がどのように増えていくかを表している。

したがって，完全に平等な分配 $\mathbf{e} = (2, 2, 2, 2, 2)$ のローレンツ曲線は，累積世帯数の増え方と累積収入の増え方が同じであるから 45 度線に等しくなる。これを**完全平等線**と言う。また，最も不平等な分配の一つ $\mathbf{f} = (10, 0, 0, 0, 0)$ のローレンツ曲線は図の最も下方に位置する折れ線となる。一般にローレンツ曲線は完全平等線の下方に位置し，グラフが**下方に位置すればするほど不平等度が大きい**と解釈される。なぜなら，下方に位置することは，世帯の増え方に比して累積収入の増え方が少ないことを意味するからである。分配 $\mathbf{x}$ のローレンツ曲線は，分配 $\mathbf{y}$ のそれよりも一様に下方にあるから，$\mathbf{x}$ は $\mathbf{y}$ よりも不平等である。

図 2-9 は $\mathbf{x}$ と $\mathbf{z} = (3, 3, 3, 1, 0)$ のローレンツ曲線である。両者は交差しているため，ローレンツ曲線からはどちらが不平等であるかを決めることはできない。(p.58 に続く) ■

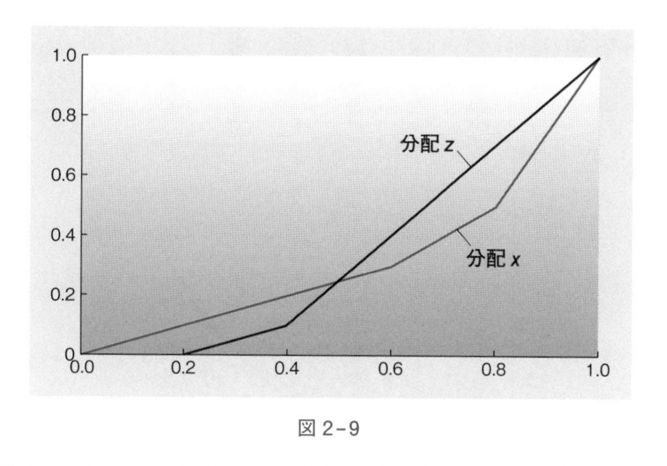


図 2-9

ローレンツ曲線の定義を一般的に述べると次の通りである。$S$ 円を $n$ 世帯に $\mathbf{x} = (x_1, x_2, \cdots, x_n)$ のように分配するものとする。収入を昇順に並べ直したものを $x_{(1)} \leq x_{(2)} \leq \cdots \leq x_{(n)}$ とおく。このとき，累積世帯比率と累積収入比率はそれぞれ

$$
\begin{aligned}
r_k &= \text{累積世帯比率} = \frac{k}{n}, \\
I_k &= \text{累積収入比率} = \frac{\text{下位 } k \text{ 世帯の収入の和}}{\text{全収入 } S} \\
&= \frac{x_{(1)} + x_{(2)} + \cdots + x_{(k)}}{S} \qquad (k = 1, 2, \cdots, n)
\end{aligned}
$$

と書けるから，ローレンツ曲線は

$$
(r_1, I_1), (r_2, I_2), \cdots, (r_n, I_n)
$$

を結んで得られる折れ線である。$r_k$ や $I_k$ の分母が一定であることに注意すると，**ローレンツ曲線を比較することとマジョライゼーションの意味で比較することとが同等であることがすぐわかる。**

**例 2.27 5分位階級別年間収入（2）**

例 2.25 の表に基づいてローレンツ曲線を求めると図 **2–10** の通りである。2006 年のほうが下方に位置している。（p.58 に続く） ■

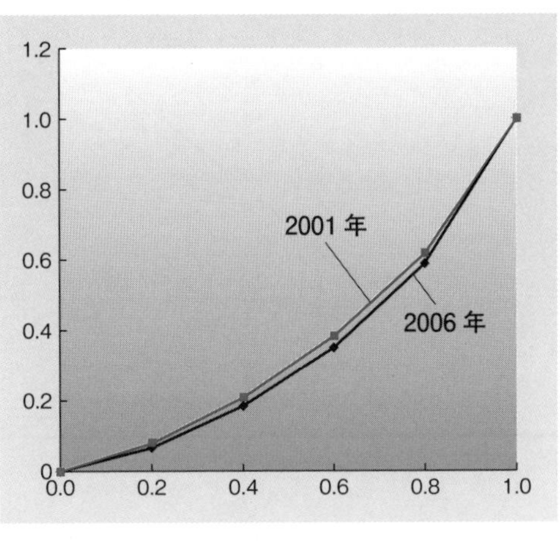


図 2–10

### 2.6.3　ジニ係数

ローレンツ曲線は分配の状態に関する詳細な情報を提供するが，多数の分配を同時に比較したい場合などはやや使いにくい。平等・不平等を1次元の数値で表現する指標と併用することが望ましい。そのようなものとしてジニ係数（Gini coefficient）が最も広く用いられている。ジニ係数 $G$ は図 **2-11** の青いアミの部分の面積の2倍すなわち

$$G = \text{完全平等線とローレンツ曲線ではさまれた部分の 2 倍} \tag{2.6.4}$$

と定義される。

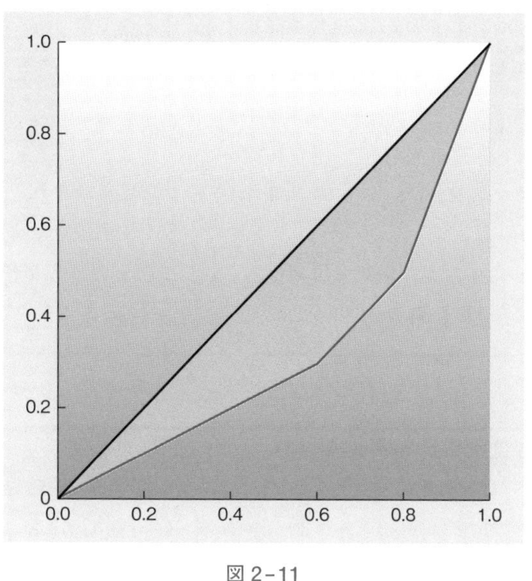


図 2-11

四角形の全面積は $1 \times 1 = 1$ であるから，もちろんのこと，

$$0 \leq G \leq 1 \tag{2.6.5}$$

であり，分配が完全に平等であれば $G = 0$ が成り立つ（逆も正しい）。分配が不平等になるほど $G$ は1に近づく。ジニ係数は1次元の数値であるため，マジョライゼーションやローレンツ曲線とは異なり，どのような分配であっても必ず順序付けすることができる。これは大きな長所である。

**定理 2.5 マジョライゼーションとジニ係数**

分配 $\mathbf{x}$ は分配 $\mathbf{y}$ をマジョライズするものとする。このとき，$\mathbf{x}$ のジニ係数は $\mathbf{y}$ のジニ係数より大きいかまたは等しい。

この定理と次の公式の証明は難しいので省略する。ジニ係数の計算には次の公式が便利である。

$$G = \frac{1}{2n^2\bar{x}} \sum_{i=1}^{n} \sum_{j=1}^{n} |x_i - x_j| \tag{2.6.6}$$

**例 2.28 数値例（7）**

分配 $\mathbf{x} = (2, 5, 1, 1, 1)$ のジニ係数を計算する。各要素の差の絶対値をすべての組合せについて足すと，36 であり，$\bar{x} = (2 + 5 + 1 + 1 + 1)/5 = 2$ であるから，

$$G_x = \frac{36}{2 \times 5^2 \times 2} = 0.36$$

同様に $\mathbf{y} = (2, 2, 3, 2, 1)$ と $\mathbf{z} = (3, 3, 3, 1, 0)$ のジニ係数はそれぞれ $G_y = 0.16$ $G_z = 0.32$ である。マジョライゼーションやローレンツ曲線では $\mathbf{x}$ と $\mathbf{z}$ の順序付けはできなかったが，ジニ係数を用いると，$\mathbf{z}$ よりも $\mathbf{x}$ のほうが若干不平等であることがわかる。（終）■

**例 2.29 5分位階級別年間収入（3）**

2006 年のジニ係数を求める。$\bar{x} = 0.20$ であり，各要素の差の絶対値の和は 3.22 である。これを $2n^2\bar{x} = 2 \times 5^2 \times 0.20$ で割れば，$G = 0.32$ が得られる。2001 年については同様にして $G = 0.20$ である。（終）■

■**注 2.16 シューア凸関数** 定理 2.5 は，$\mathbf{x} \succeq \mathbf{y}$ ならば $\mathbf{x}$ のジニ係数が $\mathbf{y}$ のジニ係数よりも大となることを述べている。このように $\mathbf{x} \succeq \mathbf{y}$ ならば $f(\mathbf{x}) \geq f(\mathbf{y})$ となる関数はシューア凸関数（Schur convex function）と呼ばれ，古くから数学，経済学などの分野で研究されている。実は次の 2 つはシューア凸関数である。

$$\frac{1}{n}\sum_{i=1}^{n} x_i^2, \quad \frac{1}{n}\sum_{i=1}^{n}(x_i - \bar{x})^2 \tag{2.6.7}$$

すなわち，2 つのデータ $\mathbf{x}$ と $\mathbf{y}$ の平均が等しく（$\bar{x} = \bar{y}$）かつ，$\mathbf{x} \succeq \mathbf{y}$ ならば，$S_x^2 \geq S_y^2$ が成り立つ。■

▶ **問題 2.6**

1. マジョライゼーションに関する以下の問に答えよ。
   (1) $\mathbf{x} = (x, y)$ が $(1, 0)$ にマジョライズされるための必要十分条件は $x + y = 1$ かつ $0 \le x, y \le 1$ となることである。このことを示せ。(0.9, 0.1) にマジョライズされるための必要十分条件も求めよ。
   (2) $\mathbf{x} = (x, y, z)$ が $(1, 0, 0)$ にマジョライズされるための必要十分条件は $x+y+z = 1$ かつ $0 \le x, y, z \le 1$ となることである。このことを示せ。(0.8, 0.1, 0.1) にマジョライズされるための必要十分条件も求めよ。
2. 次表は 2002 年から 2005 年までの 5 分位階級別年間収入である。本節と同様の分析を行え。

| 年 | I | II | III | IV | V |
|---|---|---|---|---|---|
| 2005 年 | 186 | 336 | 474 | 661 | 1111 |
| 2004 年 | 187 | 341 | 481 | 677 | 1129 |
| 2003 年 | 187 | 347 | 489 | 683 | 1142 |
| 2002 年 | 189 | 348 | 494 | 700 | 1202 |

3. ローレンツ曲線に基づく比較とマジョライゼーションに基づく比較が同等であることを示せ。
4. $(x_1, x_2, \cdots, x_n)$ を $n$ 世帯の相対所得とする（したがって総和は 1 である）。$E = -\sum_{i=1}^{n} x_i \log x_i$ という量をエントロピーと言う。エントロピーは熱力学や情報理論の文脈で用いられる概念であり，不規則性や不確定性，でたらめさを計る量である。これは分配の平等・不平等の指標としても用いることができる。次の各分配のエントロピーを求めよ。$\mathbf{e} = (0.2, 0.2, 0.2, 0.2, 0.2)$，$\mathbf{x} = (0.5, 0.2, 0.1, 0.1, 0.1)$，$\mathbf{y} = (0.8, 0.2, 0, 0, 0)$。ただし $0 \log 0 = 0$ と解釈する。

## 2.7† 時系列データと時間変化率

1990 年から 2008 年までの GNP の系列などのように時間の経過に従って観測されるデータ $\{x_1, x_2, \cdots, x_T\}$（$\{x_t \mid t = 1, 2, \cdots, T\}$ や $\{x_t\}$ と書くこともある）を**時系列データ** (time series data) と言う。各データ $x_t$ の添え字 $t$ は時点を表し，1 時点，2 時点，$\cdots$ と読む。時点の始まり（始点）や終わり（終点）が重要でない場合には単に $\{x_t\}$ とのみ表す。

## 例 2.30　日経平均株価（1）

表 2-10 は 2000 年から 2005 年までの日経平均株価の月次データである。

表 2-10

| 年 | 月 | 日経平均株価（円） | 株価収益率 | 年 | 月 | 日経平均株価（円） | 株価収益率 |
|---|---|---|---|---|---|---|---|
| 2000 年 | 1 月 | 19,539.70 | | 2003 年 | 1 月 | 8,339.94 | −0.028 |
| | 2 月 | 19,959.52 | 0.021 | | 2 月 | 8,363.04 | 0.003 |
| | 3 月 | 20,337.32 | 0.019 | | 3 月 | 7,972.71 | −0.047 |
| | 4 月 | 17,973.70 | −0.116 | | 4 月 | 7,831.42 | −0.018 |
| | 5 月 | 16,332.45 | −0.091 | | 5 月 | 8,424.51 | 0.076 |
| | 6 月 | 17,411.05 | 0.066 | | 6 月 | 9,083.11 | 0.078 |
| | 7 月 | 15,727.49 | −0.097 | | 7 月 | 9,563.21 | 0.053 |
| | 8 月 | 16,861.26 | 0.072 | | 8 月 | 10,343.55 | 0.082 |
| | 9 月 | 15,747.26 | −0.066 | | 9 月 | 10,219.05 | −0.012 |
| | 10 月 | 14,539.60 | −0.077 | | 10 月 | 10,559.59 | 0.033 |
| | 11 月 | 14,648.51 | 0.007 | | 11 月 | 10,100.57 | −0.043 |
| | 12 月 | 13,785.69 | −0.059 | | 12 月 | 10,676.64 | 0.057 |
| 2001 年 | 1 月 | 13,843.55 | 0.004 | 2004 年 | 1 月 | 10,783.61 | 0.010 |
| | 2 月 | 12,883.54 | −0.069 | | 2 月 | 11,041.92 | 0.024 |
| | 3 月 | 12,999.70 | 0.009 | | 3 月 | 11,715.39 | 0.061 |
| | 4 月 | 13,934.32 | 0.072 | | 4 月 | 11,761.79 | 0.004 |
| | 5 月 | 13,262.14 | −0.048 | | 5 月 | 11,236.37 | −0.045 |
| | 6 月 | 12,969.05 | −0.022 | | 6 月 | 11,858.87 | 0.055 |
| | 7 月 | 11,860.77 | −0.085 | | 7 月 | 11,325.78 | −0.045 |
| | 8 月 | 10,713.51 | −0.097 | | 8 月 | 11,081.79 | −0.022 |
| | 9 月 | 9,774.68 | −0.088 | | 9 月 | 10,823.57 | −0.023 |
| | 10 月 | 10,366.34 | 0.061 | | 10 月 | 10,771.42 | −0.005 |
| | 11 月 | 10,697.44 | 0.032 | | 11 月 | 10,899.25 | 0.012 |
| | 12 月 | 10,542.62 | −0.014 | | 12 月 | 11,488.76 | 0.054 |
| 2002 年 | 1 月 | 9,997.80 | −0.052 | 2005 年 | 1 月 | 11,387.59 | −0.009 |
| | 2 月 | 10,587.83 | 0.059 | | 2 月 | 11,740.60 | 0.031 |
| | 3 月 | 11,024.94 | 0.041 | | 3 月 | 11,668.95 | −0.006 |
| | 4 月 | 11,492.54 | 0.042 | | 4 月 | 11,008.90 | −0.057 |
| | 5 月 | 11,763.70 | 0.024 | | 5 月 | 11,276.59 | 0.024 |
| | 6 月 | 10,621.84 | −0.097 | | 6 月 | 11,584.01 | 0.027 |
| | 7 月 | 9,877.94 | −0.070 | | 7 月 | 11,899.60 | 0.027 |
| | 8 月 | 9,619.30 | −0.026 | | 8 月 | 12,413.60 | 0.043 |
| | 9 月 | 9,383.29 | −0.025 | | 9 月 | 13,574.30 | 0.094 |
| | 10 月 | 8,640.48 | −0.079 | | 10 月 | 13,606.50 | 0.002 |
| | 11 月 | 9,215.56 | 0.067 | | 11 月 | 14,872.15 | 0.093 |
| | 12 月 | 8,578.95 | −0.069 | | 12 月 | 16,111.43 | 0.083 |
| | | | | 平均 | | 12,012.85 | −0.0012 |
| | | | | 標準偏差 | | 2,802.22 | 0.055 |

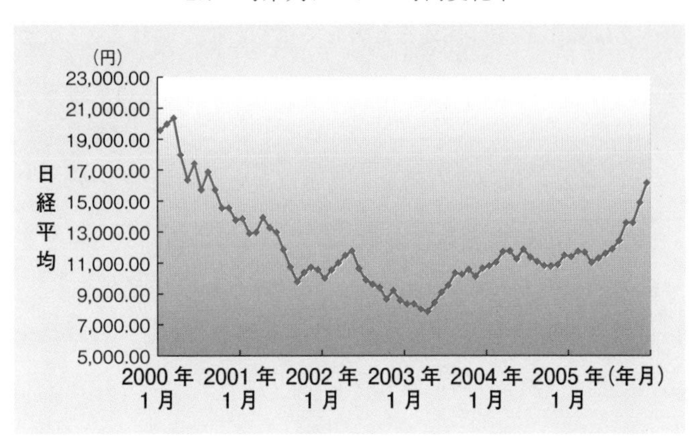


図 2-12

図 2-12 のように時系列データは時点順に並べたものを折れ線表示すると，その変化の様子を視覚的にとらえることができる。このようなグラフを時系列プロット（time series plot）と言う。2003 年くらいまで下降トレンドを持ち，その後上昇に転ずる様子が見られる。（p.63 に続く）■

## 例 2.31　正規乱数の時系列プロット

図 2-13 は正規分布（第 4.5 節で詳しく扱う）に従う乱数を時系列データとみなしたときの時系列プロットである。安定的な水準の回りを安定した散らばり具合で実現していることがわかる。トレンドや形状のパターンのようなものは見られない。■

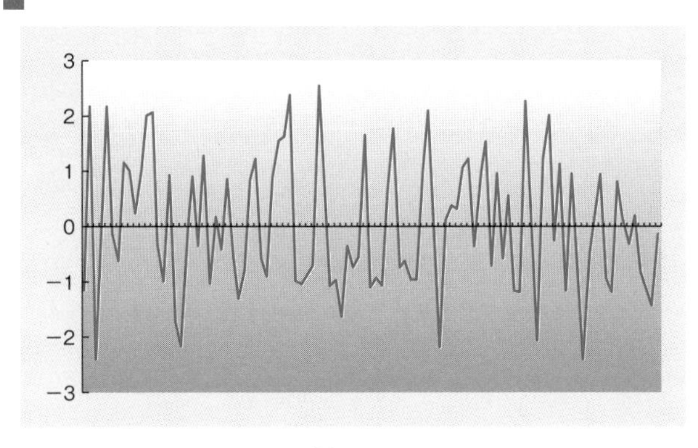


図 2-13

時系列データは順序を並べ替えると著しく情報が損なわれる。したがって，時系列データ $\{x_1, x_2, \cdots, x_T\}$ を分析する際，平均 $\bar{x} = \frac{1}{T}\sum_{t=1}^{T} x_t$ や分散 $S^2 = \frac{1}{T}\sum_{t=1}^{T}(x_t - \bar{x})^2$ などの指標は有効な道具とはならない場合が多い。なぜなら，平均や分散はデータの順序を考慮していないからである（データを並べ替えても平均や分散の値は変わらない）。歪度，尖度などもそうである。

代わりに主要な分析道具となるのが，**時間変化率**（あるいは単に**変化率**）である。時系列データ $\{x_t\}$ の時間変化率とは

$$y_t = \frac{x_t - x_{t-1}}{x_{t-1}} \tag{2.7.1}$$

で定義される時系列のことである。上式は

$$x_t = (1 + y_t)x_{t-1} \tag{2.7.2}$$

に等しい。この式では各時点の値 $x_t$ を「1時点前の値 $x_{t-1}$ に倍率 $1 + y_t$ をかけたもの」と見ている。

最もわかりやすい時間変化率の例は預金の利子率である。元金 $x_0$，利子率 $r$（$0 < r < 1$）の預金の時系列 $\{x_t\}$ を考えよう（$r = 0.02$ ならば%表示で 2%である。例えば，$x_0 = 100$（円），$r = 0.02$ ならば，$x_1 = 102$（円），$x_2 = (1.02)^2 \times 100 = 104.04$（円），$\cdots$ と増加していく）。このとき

$$x_t = x_{t-1}\,(1 + r) \qquad (t = 1, 2, \cdots)$$

が成り立つから，預金の時系列においては，時間変化率は利子率に等しく，しかもそれは一定である：$y_t = (x_t - x_{t-1})/x_{t-1} = r$。簡単にわかる通り，時間変化率が一定（$y_t = r$）の時系列データは一般に

$$x_t = x_0\,(1 + r)^t \qquad (t = 0, 1, 2, \cdots, T) \tag{2.7.3}$$

という構造を持つ。

預金と異なり，GNP や株価などの時間変化率は一定とはならない。なお，GNP の時間変化率は **GNP 成長率**，株価のそれは**株価収益率**と呼ばれる。

**例 2.32 日経平均株価 (2)**

図 2–14 は日経平均の株価収益率である。株価そのものの時系列とは異なり，安定的な水準のまわりを安定した散らばりで実現しているように見える。

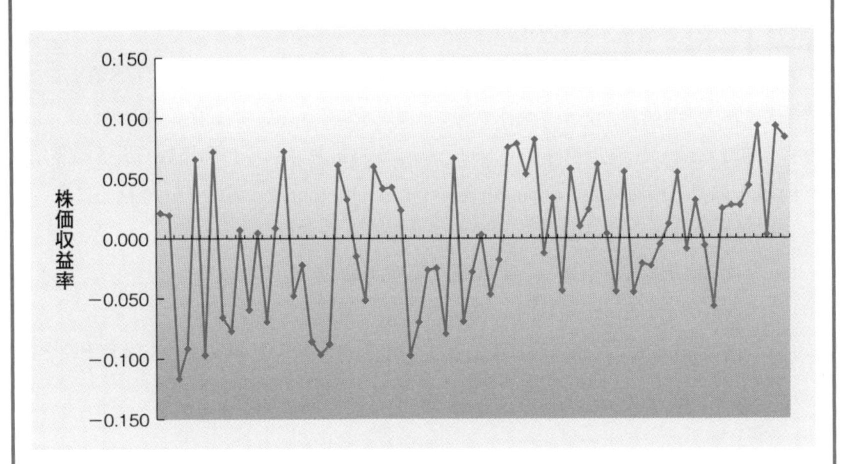


図 2–14

したがって，株価収益率データの平均や分散，標準偏差には意味があると考えられる。株価収益率の平均をリターン（return），標準偏差をリスク（risk）と言う。計算によって，リターンは −0.0012，リスクは 0.055 であることがわかる。株価分析などで用いられるモデルは，株価収益率が独立同一分布（第 5 章）に従うことを仮定したものが多い。（終）■

■注 2.17 **対数階差** 時系列 $\{x_t\}$ に対し，$x_t - x_{t-1}$ を階差と呼び，$\log x_t - \log x_{t-1}$ を対数階差と呼ぶ。時間変化率 $y_t$ はしばしば対数階差で近似される。実際，関数 $\log(1+y)$ に対して次の近似式

$$\log(1+y) \approx y \tag{2.7.4}$$

がよく用いられ＊（ただし $y$ が 0 に近いときしか使えない），この近似式から，

$$\log x_t - \log x_{t-1} = \log(x_t/x_{t-1}) = \log(1+y_t) \approx y_t \tag{2.7.5}$$

が得られる。日経平均の対数階差を作り，株価収益率と非常によく似ていることを確認されたい。■

＊ この近似式は，テイラー展開 $\log(1+y) = y - y^2/2 + y^3/3 - \cdots$ （$-1 < y < 1$）に基づいている。

**▶ 問題 2.7**

1. 例 2.32（p.63）において，期間を適当に2分割した上で，リターンとリスクの変化を観察せよ。
2. 次のそれぞれの構造を持った時系列データの幾何平均を計算せよ。
   (1) (2.7.3) の構造を持った時系列データ。
   (2) $x_t = x_0 e^{rt}$ （$t = 1, 2, \cdots, T$）なる構造を持つ時系列データ（$r > 0$）。
3. [†] 時系列データ $\{x_1, x_2, \cdots, x_T\}$ が与えられたとする。$x_t$ と1時点前のデータ $x_{t-1}$ との組 $(x_1, x_2), (x_2, x_3), \cdots, (x_{T-1}, x_T)$ から計算される相関係数（次章参照）を時差1の**自己相関係数**（auto-correlation coefficient）と言う。分析目的によっては時差を2以上とする。
   (1) 自己相関係数の指標としての意味を考えよ。
   (2) 日経平均株価（p.60，例 2.30）の自己相関係数を計算せよ。
   (3) 日経平均株価の株価収益率（p.60，例 2.30）の自己相関係数を計算せよ。

# 2次元データの整理

前章では1次元データを，図やグラフ，数値を用いて要約する方法を学んだ。本章では2次元データを扱い，変数間の関係の有無や強弱を議論するための方法を学ぶ。

## 3.1 散布図

以下では与えられたデータを

$$(x_1, y_1), (x_2, y_2), \cdots, (x_n, y_n) \tag{3.1.1}$$

と表す。2つの変数の関係を示すための最も自然な方法は，データを平面上にプロットすることであり，このような図を**散布図**（scatter diagram）と呼ぶ。

**例 3.1　大卒率と平均給与（1）**

20歳以上の男性について都道府県ごとに，大卒率（% 単位）を横軸，被雇用者の平均月額給与（千円単位）* を縦軸とした散布図は図 3-1 の通りである。

散布図から，大卒率が高い都道府県は総じて平均給与も高いことがわかる。また，両者が直線的関係（に近い関係）を持つことも観察できる。（p.68 に続く） ■

* 大卒率は2000年国勢調査，給与は2002年厚生労働省「賃金構造基本統計調査報告」。

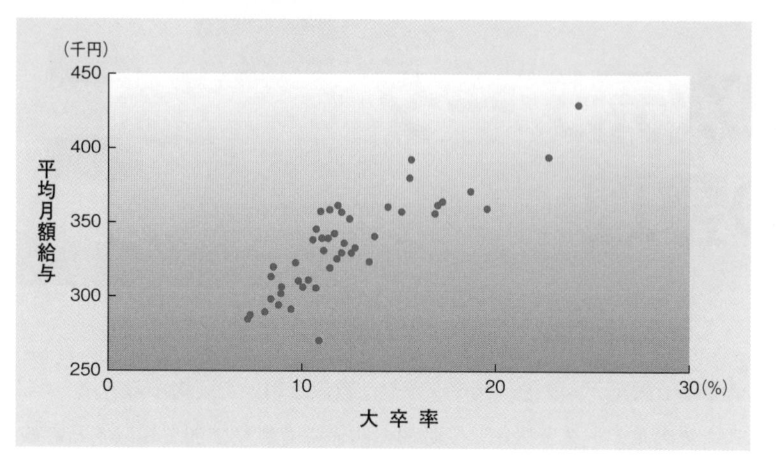


図 3-1

表 3-1

| 都道府県名 | 大卒率（%） | 平均給与 | 都道府県名 | 大卒率（%） | 平均給与 |
|---|---|---|---|---|---|
| 北海道 | 9.6 | 324.6 | 滋賀県 | 14.4 | 364.2 |
| 青森県 | 7.2 | 285.9 | 京都府 | 16.8 | 359.8 |
| 岩手県 | 8.1 | 290.5 | 大阪府 | 15.6 | 396.6 |
| 宮城県 | 12.0 | 332.0 | 兵庫県 | 17.2 | 368.3 |
| 秋田県 | 7.3 | 288.2 | 奈良県 | 19.5 | 363.2 |
| 山形県 | 8.4 | 299.8 | 和歌山県 | 10.5 | 341.2 |
| 福島県 | 8.5 | 321.6 | 鳥取県 | 10.7 | 307.5 |
| 茨城県 | 11.8 | 364.7 | 島根県 | 9.4 | 292.0 |
| 栃木県 | 10.9 | 360.6 | 岡山県 | 12.7 | 335.2 |
| 群馬県 | 10.7 | 348.0 | 広島県 | 15.1 | 360.5 |
| 埼玉県 | 17.0 | 365.4 | 山口県 | 11.1 | 333.6 |
| 千葉県 | 18.7 | 375.1 | 徳島県 | 11.4 | 321.6 |
| 東京都 | 24.2 | 434.9 | 香川県 | 13.4 | 325.9 |
| 神奈川県 | 22.7 | 399.0 | 愛媛県 | 11.8 | 327.7 |
| 新潟県 | 8.4 | 315.0 | 高知県 | 8.9 | 305.2 |
| 富山県 | 12.1 | 338.7 | 福岡県 | 13.7 | 343.4 |
| 石川県 | 12.5 | 332.3 | 佐賀県 | 9.8 | 311.9 |
| 福井県 | 11.3 | 341.6 | 長崎県 | 8.9 | 308.0 |
| 山梨県 | 12.4 | 355.0 | 熊本県 | 10.0 | 308.3 |
| 長野県 | 11.0 | 341.7 | 大分県 | 10.3 | 312.9 |
| 岐阜県 | 11.6 | 344.6 | 宮崎県 | 8.8 | 295.4 |
| 静岡県 | 12.0 | 359.7 | 鹿児島県 | 8.9 | 303.5 |
| 愛知県 | 15.5 | 384.2 | 沖縄県 | 10.9 | 271.0 |
| 三重県 | 11.4 | 361.4 | | | |

例 3.1 のように，データ $(x_i, y_i)$ $(i = 1, 2, \cdots, n)$ が正の傾きを持つ直線の回りに集まっているとき，変数 $x$ と $y$ は**正の相関**（positive correlation）を持つと言い，負の傾きを持つ直線の回りに集まっているとき**負の相関**（negative correlation）を持つと言う。正の相関を持つならば，一方の変数の値が大きいとき一方の変数の値も概して大きい。負の相関を持つときはこの逆となる。$x$ と $y$ が何ら直線的関係を持たないとき，**無相関**である（uncorrelated）と言う。

例 3.1 の散布図は，大卒率と平均給与の間に正の相関が存在することを示唆している。

## 3.2 共分散と相関係数

相関の有無や正負，強弱を量的に表す指標として共分散と相関係数とがある。

### 3.2.1 共 分 散

次式で定義される量を $x$ と $y$ の**共分散**（covariance）と言い，$S_{xy}$ で表す。

$$S_{xy} = \frac{1}{n}\sum_{i=1}^{n}(x_i - \bar{x})(y_i - \bar{y}) \tag{3.2.1}$$

共分散は $x$ と $y$ に関して対称である。すなわち，$x$ と $y$ の役割を入れ替えても値は変わらず，$S_{xy} = S_{yx}$ が成立する。共分散の読み方は次の通りである。

$$S_{xy} > 0 \iff \text{正の相関}$$

$$S_{xy} < 0 \iff \text{負の相関}$$

(3.2.1) 式からわかるように，共分散は偏差積，すなわち偏差 $x_i - \bar{x}$ と偏差 $y_i - \bar{y}$ の積 $(x_i - \bar{x})(y_i - \bar{y})$ を平均したものである。散布図を 2 つの変数の平均を中心として 4 つの象限に分けて考えると（図 **3-2** 参照），データ $(x_i, y_i)$ が第 1 象限または第 3 象限にあるとき偏差積 $(x_i - \bar{x})(y_i - \bar{y})$ は正となり，第 2 象限または第 4 象限にあるとき偏差積 $(x_i - \bar{x})(y_i - \bar{y})$ は負となる。正の相関がある場合には，第 1,3 象限に多くのデータが集まるため，偏差積が正となるデータのほうが多くなる。また，第1,3象限には$(\bar{x},\bar{y})$から離れたデータも含まれ，それらの$(x_i-\bar{x})(y_i-\bar{y})$の値（絶対値）は大きい。したがって，正の相関があるとき，偏差積の多くは正でかつ相対的に大きな値（絶対値）を持ち，その平均である共分散は正の値をとる。

負の相関がある場合には，この逆を考えればよい。また，無相関のときは$S_{xy}\approx 0$となるが，共分散は測定単位に依存するため0に近いか否かの判断は難しい。

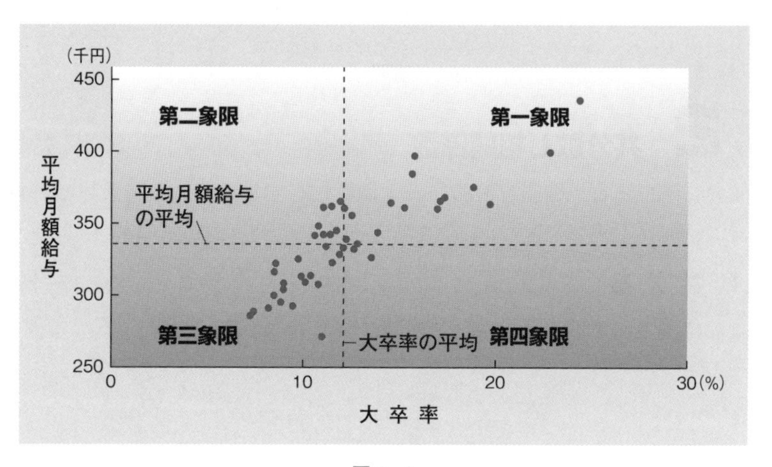


図3-2

## 例3.2 大卒率と平均給与(2)

大卒率$x$と平均給与$y$の共分散を計算しよう。

表3-2

| 都道府県名 | 平均からの偏差 大卒率 | 平均からの偏差 平均給与 | 偏差積 | 都道府県名 | 平均からの偏差 大卒率 | 平均からの偏差 平均給与 | 偏差積 |
|---|---|---|---|---|---|---|---|
| 北海道 | −2.6 | −12.0 | 31.70 | 栃木県 | −1.3 | 24.0 | −32.03 |
| 青森県 | −5.0 | −50.7 | 255.46 | 群馬県 | −1.5 | 11.4 | −17.47 |
| 岩手県 | −4.1 | −46.1 | 190.78 | 埼玉県 | 4.8 | 28.8 | 137.08 |
| 宮城県 | −0.2 | −4.6 | 1.09 | 千葉県 | 6.5 | 38.5 | 248.69 |
| 秋田県 | −4.9 | −48.4 | 239.04 | 東京都 | 12.0 | 98.3 | 1175.74 |
| 山形県 | −3.8 | −36.8 | 141.27 | 神奈川県 | 10.5 | 62.4 | 652.68 |
| 福島県 | −3.7 | −15.0 | 56.14 | 新潟県 | −3.8 | −21.6 | 82.96 |
| 茨城県 | −0.4 | 28.1 | −12.25 | 富山県 | −0.1 | 2.1 | −0.28 |

| | | | |
|---|---|---|---|
| 石川県 | 0.3 | −4.3 | −1.14 |
| 福井県 | −0.9 | 5.0 | −4.66 |
| 山梨県 | 0.2 | 18.4 | 3.01 |
| 長野県 | −1.2 | 5.1 | −6.27 |
| 岐阜県 | −0.6 | 8.0 | −5.07 |
| 静岡県 | −0.2 | 23.1 | −5.45 |
| 愛知県 | 3.3 | 47.6 | 155.27 |
| 三重県 | −0.8 | 24.8 | −20.72 |
| 滋賀県 | 2.2 | 27.6 | 59.67 |
| 京都府 | 4.6 | 23.2 | 105.76 |
| 大阪府 | 3.4 | 60.0 | 201.74 |
| 兵庫県 | 5.0 | 31.7 | 157.23 |
| 奈良県 | 7.3 | 26.6 | 193.03 |
| 和歌山県 | −1.7 | 4.6 | −7.94 |
| 鳥取県 | −1.5 | −29.1 | 44.74 |
| 島根県 | −2.8 | −44.6 | 126.57 |
| 岡山県 | 0.5 | −1.4 | −0.66 |
| 広島県 | 2.9 | 23.9 | 68.37 |
| 山口県 | −1.1 | −3.0 | 3.44 |
| 徳島県 | −0.8 | −15.0 | 12.56 |
| 香川県 | 1.2 | −10.7 | −12.48 |
| 愛媛県 | −0.4 | −8.9 | 3.89 |
| 高知県 | −3.3 | −31.4 | 104.84 |
| 福岡県 | 1.5 | 6.8 | 9.92 |
| 佐賀県 | −2.4 | −24.7 | 60.24 |
| 長崎県 | −3.3 | −28.6 | 95.50 |
| 熊本県 | −2.2 | −28.3 | 63.34 |
| 大分県 | −1.9 | −23.7 | 45.94 |
| 宮崎県 | −3.4 | −41.2 | 141.66 |
| 鹿児島県 | −3.3 | −33.1 | 110.51 |
| 沖縄県 | −1.3 | −65.6 | 87.69 |
| 平均 | 0.0 | 0.0 | 105.13 |

表 3-2 は各都道府県の大卒率と平均給与の平均からの偏差及び偏差積とそれらの平均である。偏差積の値をチェックすれば，上で述べた正の相関の特徴がすべて観察される。すなわち，正の値を持つ都道府県のほうがはるかに多く，また正の値は負の値に比べてその絶対値が大きい。実際，共分散の値は $S_{xy} = 105.13$ となり，正の相関が確認できる。

大卒率 $x$ や平均給与 $y$ の単位を変更しても，$x$ と $y$ の関係に本質的な変化はない。しかし，例えば平均給与を千円単位から 10 万円単位に変更すると，各 $y_i$ が (1/100) 倍されるため，共分散は $S_{xy} = 1.0513$ となって 0 に近い値となる（詳しくは下の定理 3.1）。共分散を読む際にこの点を注意する必要がある。（p.72 に続く） ■

**定理 3.1　変数や単位の変換**

変数 $x$ と $y$ の共分散を $S_{xy}$ で表す。$x$ を $z_i = ax_i + b$ と変換する。$z$ と $y$ の共分散を $S_{zy}$ で表せば，

$$S_{zy} = aS_{xy}$$

となる。

◇**証明**　定理 2.2（p.28）より $\bar{z} = a\bar{x} + b$ となるから，

$$\begin{aligned} S_{zy} &= \frac{1}{n}\sum_{i=1}^{n}(z_i-\bar{z})(y_i-\bar{y}) = \frac{1}{n}\sum_{i=1}^{n}[(ax_i+b)-(a\bar{x}+b)](y_i-\bar{y}) \\ &= a\frac{1}{n}\sum_{i=1}^{n}(x_i-\bar{x})(y_i-\bar{y}) = a\times S_{xy} \end{aligned}$$

となり，$S_{xy}$ を $a$ 倍したものになる。（証明終）◇

変数 $x$ だけでなく，$y$ も $w_i = cy_i + d$ と変換した場合，$z$ と $w$ の共分散は

$$S_{zw} = acS_{xy} \tag{3.2.2}$$

となる。

■**注 3.1 共分散に関する公式** 共分散が次のようにも表せることを知っておくと便利である。

$$S_{xy} = \frac{1}{n}\sum_{i=1}^{n}x_iy_i - \bar{x}\bar{y} \tag{3.2.3}$$

◇**証明**

$$\begin{aligned} S_{xy} &= \frac{1}{n}\sum_{i=1}^{n}(x_i-\bar{x})(y_i-\bar{y}) = \frac{1}{n}\sum_{i=1}^{n}(x_iy_i-\bar{x}y_i-\bar{y}x_i+\bar{x}\bar{y}) \\ &= \frac{1}{n}\sum_{i=1}^{n}x_iy_i - \bar{x}\frac{1}{n}\sum_{i=1}^{n}y_i - \bar{y}\frac{1}{n}\sum_{i=1}^{n}x_i + \bar{x}\bar{y} \\ &= \frac{1}{n}\sum_{i=1}^{n}x_iy_i - \bar{x}\bar{y} \end{aligned}$$

よって求めるものが得られた。（証明終）◇

$\bar{x}=0$ もしくは $\bar{y}=0$ が成り立てば，$S_{xy}=\frac{1}{n}\sum_{i=1}^{n}x_iy_i$ となる。■

### 3.2.2 相関係数

次に測定単位に依存しない相関の指標を定義する。第2.4節で紹介した基準化の考え方を応用する。次の量を変数 $x$ と $y$ の**相関係数**（correlation coefficient）と言い，$r_{xy}$ で表す。相関係数も共分散と同様に $x$ と $y$ に関して対称であり，$r_{xy} = r_{yx}$ を満たす。

$$r_{xy} = \frac{S_{xy}}{S_xS_y} \tag{3.2.4}$$

ここに $S_x$ と $S_y$ はそれぞれ $x$ と $y$ の標準偏差である。共分散と相関係数は正負をともにする（相関係数の分母は常に正であるから）。相関係数は次のようにも表せる。

$$r_{xy}=\frac{1}{n}\sum_{i=1}^{n}\left(\frac{x_i-\bar{x}}{S_x}\right)\left(\frac{y_i-\bar{y}}{S_y}\right) \tag{3.2.5}$$

すなわち，相関係数は基準化変量の共分散でもある。基準化変量は測定単位に依存しないので，相関係数も測定単位に依存しない。

相関係数の読み方は次の通りである。

$$\text{正の相関} \iff 0<r_{xy}\leq 1$$

$$\text{無相関} \iff r_{xy}\approx 0$$

$$\text{負の相関} \iff -1\leq r_{xy}<0$$

相関係数は $-1$ と 1 の間に値をとり，$\pm 1$ に近いほど相関の程度は強い。代表的な相関係数に対応する散布図を図 3-3 に示す。

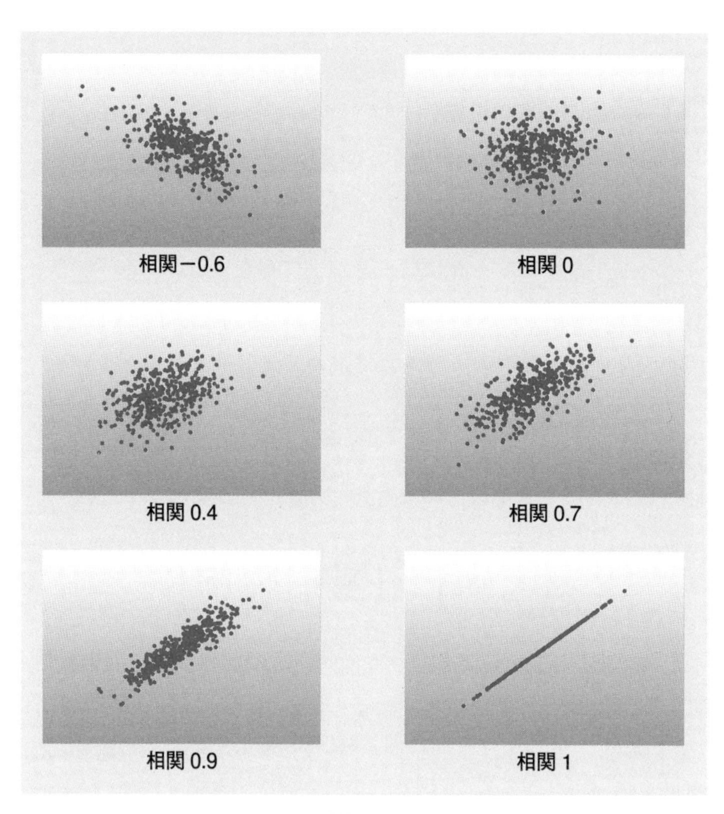


図 3-3

図 3-3 にあるように，相関係数が 1（または −1）のときの散布図はすべての観測値が一つの直線の上に乗っている状態になる。

**例 3.3　大卒率と平均給与 (3)**

大卒率 $x$ と平均給与 $y$ の標準偏差をそれぞれ $S_x$ と $S_y$ と表す。これらはそれぞれ $S = 3.74$（%），$S_y = 33.23$（千円）と計算される。例 3.2 の結果より，大卒率と平均給与の相関係数は

$$r_{xy} = \frac{S_{xy}}{S_x S_y} = \frac{105.13}{3.74 \times 33.23} = 0.8466$$

となり，やや強い正の相関がある。(p.77 に続く) ■

上記の相関係数の性質を定理の形でまとめておこう。

**定理 3.2　相関係数の性質**

相関係数に関して次の 2 つが成り立つ。

(1)　$-1 \leq r_{xy} \leq 1$

(2)　$r_{xy} = \pm 1$ ならばデータは同一直線上に存在する。

証明に関心のない読者は次の不等式だけ眺めて先に進まれるとよい。

**公式 3.1　コーシー・シュワルツの不等式**

任意の数列 $a_1, a_2, \cdots, a_n$ と $b_1, b_2, \cdots, b_n$ に対して次の不等式

$$\left(\sum_{i=1}^{n} a_i b_i\right)^2 \leq \left(\sum_{i=1}^{n} a_i^2\right)\left(\sum_{i=1}^{n} b_i^2\right) \tag{3.2.6}$$

が成り立つ。等号成立の必要十分条件は，一方の数列が他方の定数倍となっていること，すなわち，ある実数 $c$ によって $a_i = cb_i$（$i = 1, 2, \cdots, n$）と書けることである。(3.2.6) はコーシー・シュワルツの不等式（Cauchy-Schwarz inequality）と呼ばれるきわめて応用豊かな不等式である。

◇**証明**　コーシー・シュワルツの不等式が示されれば，$a_i = x_i - \bar{x}$ と $b_i = y_i - \bar{y}$ とおくことにより，$S_{xy}^2 \leq S_x^2 S_y^2$ が得られ，ここから $r_{xy}^2 \leq 1$ がわかる。

コーシー・シュワルツの不等式を示す。

$$f(t) = \sum_{i=1}^{n} (a_i + tb_i)^2 \tag{3.2.7}$$

とおくと，右辺は 2 乗和であるから，明らかにすべての実数 $t$ に対して $f(t) \geq 0$ が成り立つ。一方，関数 $f(t)$ は $t$ の 2 次関数である。実際，右辺を展開すれば

$$f(t) = t^2 \sum_{i=1}^{n} b_i^2 + 2t \sum_{i=1}^{n} a_i b_i + \sum_{i=1}^{n} a_i^2 = At^2 + 2Bt + C$$

ここで，$A = \sum_{i=1}^{n} b_i^2$，$B = \sum_{i=1}^{n} a_i b_i$，$C = \sum_{i=1}^{n} a_i^2$ とおいた。したがって，

$$\text{判別式}/4 = B^2 - AC \leq 0$$

が成り立つ。すなわち，$B^2 \leq AC$。これは (3.2.6) に等しい。等号成立の必要十分条件は各自で試みられたい。(証明終) ◇

■注 3.2　**Excel での計算法**　共分散と相関係数は Excel ではワークシート関数 `covar` と `correl` を用いて計算できる。具体的には，図のように身長と体重の 2 次元データが入力されているとする。

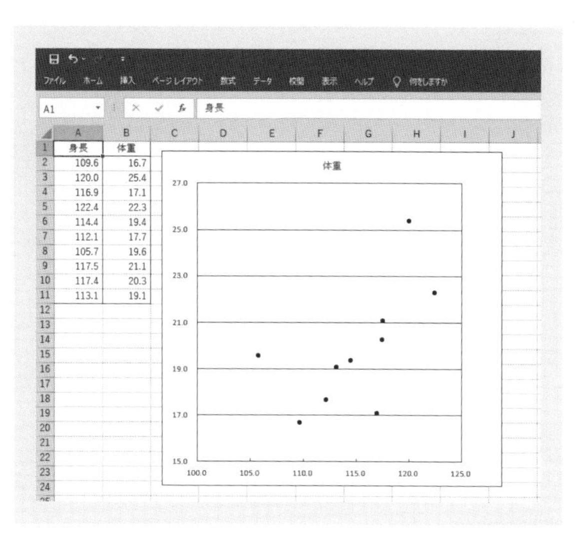


図 3-4

これは第 1.2.1 項で扱ったものである。身長と体重の共分散と相関係数はそれぞれ covar(A2:A11,B2:B11), correl(A2:A11,B2:B11) を計算することによって求められる。■

### ▶ 問題 3.2

1. (1.2.2) のデータの散布図を作成し，共分散と相関係数を計算せよ。
2. 下の 2 種類のデータの散布図，共分散と相関係数とを比較し，

(1) 共分散が測定単位に依存し，相関係数は依存しないこと

データ 1

| $x$ | $y$ |
|---|---|
| 1 | 2 |
| 2 | 4 |
| 3 | 6 |
| 4 | 8 |
| 5 | 10 |
| 6 | 12 |
| 7 | 14 |
| 8 | 16 |
| 9 | 18 |
| 10 | 20 |

データ 2

| $x'=0.01x$ | $y'=0.01y$ |
|---|---|
| 0.01 | 0.02 |
| 0.02 | 0.04 |
| 0.03 | 0.06 |
| 0.04 | 0.08 |
| 0.05 | 0.10 |
| 0.06 | 0.12 |
| 0.07 | 0.14 |
| 0.08 | 0.16 |
| 0.09 | 0.18 |
| 0.10 | 0.20 |

(2) 相関係数が直線的関係の指標であること

データ 1

| $x$ | $y=x^2$ |
|---|---|
| −1.00 | 1.00 |
| −0.75 | 0.56 |
| −0.50 | 0.25 |
| −0.25 | 0.06 |
| 0.00 | 0.00 |
| 0.25 | 0.06 |
| 0.50 | 0.25 |
| 0.75 | 0.56 |
| 1.00 | 1.00 |

データ 2

| $x$ | $y=x^2$ |
|---|---|
| −1.00 | 1.00 |
| −0.75 | 0.56 |
| −0.50 | 0.25 |
| −0.25 | 0.06 |
| 0.00 | 0.00 |
| 0.25 | 0.06 |
| 0.50 | 0.25 |
| 0.75 | 0.56 |
| 1.00 | 1.00 |
| 1.50 | 2.25 |

の 2 点を確認せよ。

3. $(x_1, y_1), (x_2, y_2), \cdots, (x_n, y_n)$ から $z_i = x_i + y_i$（$i = 1, 2, \cdots, n$）を計算するとき，$z$ の分散は $S_x^2 + 2S_{xy} + S_y^2$ となる。このことを示せ。
4. (3.2.5) を示すことを通じて，相関係数が基準化変量の共分散であることを示せ。
5. データを 1 次変換しても相関係数の値は変わらないことを示せ。すなわち，$x_1, x_2, \cdots, x_n$ と $y_1, y_2, \cdots, y_n$ の相関係数を $r_{xy}$ とする。$a, c > 0$ とし，$z_i = ax_i + b$，$w_i = cy_i + d$ と定義する。$z$ と $w$ の相関係数を $r_{zw}$ とすれば，$r_{xy} = r_{zw}$ が成り立つことを示せ。

# 3.3 回帰分析

散布図や共分散，相関係数は，2 つの変数 $x$ と $y$ の相関の有無，正負や強さの指標であり，例えば，身長と体重の関係はこれらの指標で分析することができる。しかし，共分散や相関係数は $x$ と $y$ に関して対称な指標であるため，$x$ と $y$ の役割が非対称であるような現象を分析するには不十分である。例えば，父親の身長を $x$ とし，その息子の身長を $y$ とすれば，$x$ と $y$ の関係は非対称である。実際，$x$ が $y$ に影響を与えることはあってもその逆は起こりえない。

一般に，2 変数 $x$ と $y$ の間に，$x$ が $y$ を決定するという関係（もしくはそれに近い関係）が見られるときは，それを適当な関数を用いて

$$y = f(x) \tag{3.3.1}$$

と表現し，関数 $f(x)$ がどのような性質を持っているのかを調べるのが一つの自然なアプローチであろう。データ $(x_1, y_1), (x_2, y_2), \cdots, (x_n, y_n)$ の情報を利用して，$f(x)$ を分析する手法を**回帰分析**と言う。本節では最も単純な場合，すなわち $y$ が $x$ の 1 次関数

$$y = \beta_0 + \beta_1 x \tag{3.3.2}$$

で与えられている場合を扱い，回帰分析の基本事項を概説する。

## 3.3.1 回帰モデル

2 次元データ $(x_1, y_1), (x_2, y_2), \cdots, (x_n, y_n)$ が与えられたとする。例えば，前項で分析した各都道府県の大卒率（$= x_i$）と平均給与（$= y_i$）を再び取り上げ

よう。このデータの背後に(3.3.2)のような1次関数の関係を想定する。と言っても，データが完全に直線上に乗っていること，すなわち

$$y_i = \beta_0 + \beta_1 x_i \quad (i = 1, 2, \cdots, n)$$

が正確に成り立つということはないため，直線からの乖離を表現する項 $\epsilon_i$ を追加して

$$y_i = \beta_0 + \beta_1 x_i + \epsilon_i \quad (i = 1, 2, \cdots, n) \tag{3.3.3}$$

と定式化しよう。この式は変数 $x$ と $y$ の関係を

$$y = (x\text{ の 1 次関数}) + [\text{それ以外の要因（誤差）}]$$

という形で表現したものであり，データ $(x_i, y_i)$ の発生メカニズムの一つのモデルである（図3-5）。(3.3.3)を**回帰モデル**（regression model）と言い，このモデルに基づいて2変数の関係を調べることを**回帰分析**（regression analysis）と言う。

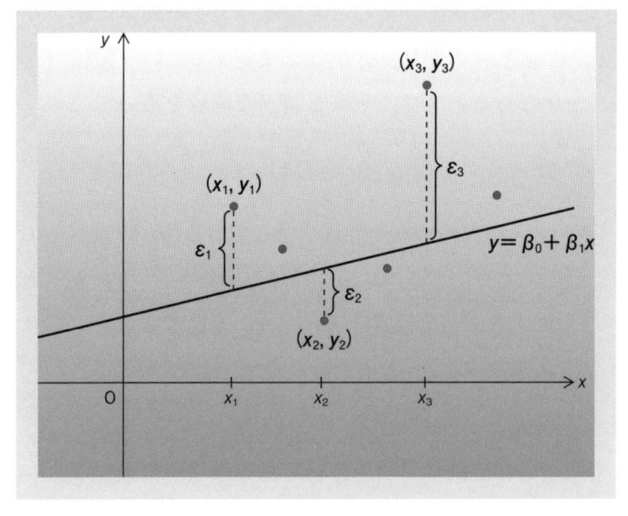


図3-5

変数 $x$ を**独立変数**（independent variable）と言い，$y$ を**従属変数**（dependent variable）と言う。$x$ と $y$ をそれぞれ**説明変数**，**被説明変数**と呼ぶこともある。

また，直線の切片 $\beta_0$ と傾き $\beta_1$ を**回帰係数**（regression coefficient）と言い，$\epsilon_1, \cdots, \epsilon_n$ を**誤差項**（error term）と呼ぶ。

以下では，次の仮定をおいて議論を進める。

(1) 回帰係数 $\beta_0$, $\beta_1$ は未知。

(2) 誤差項 $\epsilon_1, \epsilon_2, \cdots, \epsilon_n$ の値は未知。

したがって，われわれは直線 $y = \beta_0 + \beta_1 x$ を直接観測することはできず，また，データ点から逆算することもできない。われわれが持つ情報はデータ $(x_1, y_1)$, $(x_2, y_2), \cdots, (x_n, y_n)$ のみである。

**例 3.4　大卒率と平均給与（4）**

「高等教育への進学率の上昇が人的資本の蓄積を引き起こし，生産性（そして給与）が上昇する」とするベッカー（G. Becker）の人的資本理論の考え方に立てば，大卒率 $x$ を独立変数とし，平均給与 $y$ を従属変数とする回帰モデル

$$(\text{平均給与})_i = \beta_0 + \beta_1(\text{大卒率})_i + \epsilon_i \quad (i = 1, 2, \cdots, n) \tag{3.3.4}$$

を考えることができよう。ここで $n = 47$ である。$\beta_1$ は正であることが予想される。（p.80 に続く） ■

## 3.3.2 最小 2 乗法

2 次元データ $(x_1, y_1), (x_2, y_2), \cdots, (x_n, y_n)$ は回帰モデル (3.3.3) から得られたものとする。このデータを整理・要約する一つの自然な方法は，データから何らかの形で直線

$$y = b_0 + b_1 x \tag{3.3.5}$$

を求め，これを直線 $y = \beta_0 + \beta_1 x$ の近似値とみなすというものであろう。第 2 章でわれわれは，平均が最小 2 乗値であること，すなわちデータとの差の 2 乗和を最小にするのは平均であることを学んだ。本節でもこの最小 2 乗法の考え方を用いる。

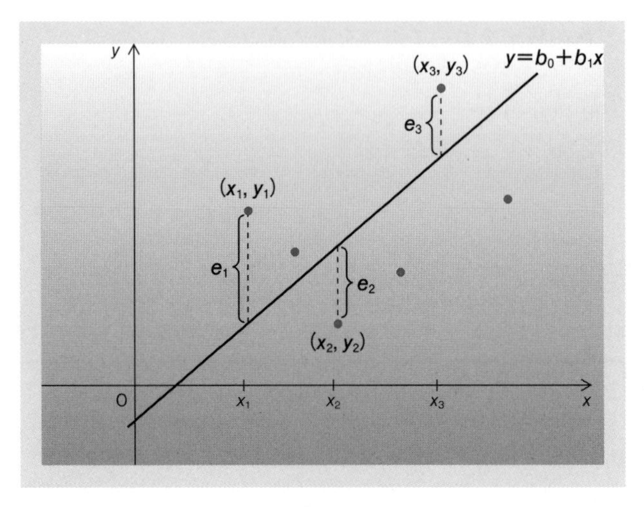


図 3-6

直線 $y = b_0 + b_1 x$ を1つ定めたとき，各データ点 $(x_i, y_i)$ とこの直線との乖離は

$$e_i = y_i - (b_0 + b_1 x_i) \quad (i = 1, 2, \cdots, n)$$

で表されるから，その2乗和

$$\sum_{i=1}^{n} e_i^2$$

をデータと直線の乖離の程度を表す指標として採用する（図 3-6)。すなわち，2変数関数

$$f(b_0, b_1) = \sum_{i=1}^{n} [y_i - (b_0 + b_1 x_i)]^2 \tag{3.3.6}$$

を最小とする $(b_0, b_1) = (\hat{\beta}_0, \hat{\beta}_1)$ によって定まる直線 $y = \hat{\beta}_0 + \hat{\beta}_1 x$ が最もよくデータを要約するものと考えるのである。これを**最小2乗法**（the method of least squares）と呼び，最小を与える $\hat{\beta}_0, \hat{\beta}_1$ を**最小2乗値**あるいは**最小2乗推定値**（least squares estimate）と言う。

**定理 3.3** **最小 2 乗推定値**

最小 2 乗推定値は

$$\hat{\beta}_1 = S_{xy}/S_x^2,\ \ \hat{\beta}_0 = \bar{y} - \hat{\beta}_1\bar{x}$$

で与えられる。

◇**証明** 次式が成り立つことを用いて

$$y_i - (b_0 + b_1 x_i) = (y_i - \bar{y}) + (\bar{y} - b_0 - b_1\bar{x}) - b_1(x_i - \bar{x})$$

関数 $f(b_0, b_1)$ を書き直すと，

$$f(b_0, b_1) \ \ = \ \ \sum_{i=1}^{n}[(y_i - \bar{y}) + (\bar{y} - b_0 - b_1\bar{x}) - b_1(x_i - \bar{x})]^2$$

右辺の 2 乗を計算すると 6 つの項が出るが，そのうち次の 2 つはゼロである。

$$(\bar{y} - b_0 - b_1\bar{x})\sum_{i=1}^{n}(y_i - \bar{y}) = 0,\ (\bar{y} - b_0 - b_1\bar{x})\sum_{i=1}^{n}(x_i - \bar{x}) = 0$$

したがって，右辺を展開して整理すれば

$$\begin{aligned} f(b_0, b_1) &= \sum_{i=1}^{n}(y_i - \bar{y})^2 + n(\bar{y} - b_0 - b_1\bar{x})^2 + b_1^2\sum_{i=1}^{n}(x_i - \bar{x})^2 \\ &\quad -2b_1\sum_{i=1}^{n}(x_i - \bar{x})(y_i - \bar{y}) \\ &= nS_y^2 + n(\bar{y} - b_0 - b_1\bar{x})^2 + b_1^2 nS_x^2 - 2b_1 nS_{xy} \\ &= nS_x^2\left[b_1 - \frac{S_{xy}}{S_x^2}\right]^2 + n(\bar{y} - b_0 - b_1\bar{x})^2 + n\left[S_y^2 - \frac{S_{xy}^2}{S_x^2}\right] \end{aligned}$$

が得られる。最右辺の第 3 項には $b_0$ と $b_1$ が含まれていないので，第 1 項と第 2 項を最小化すればよい。2 項とも非負であるから同時にゼロとなれば明らかに最小である。それは，$b_1 = S_{xy}/S_x^2$ と $b_0 = \bar{y} - b_1\bar{x}$ なるときである。(証明終)
◇

直線

$$y = \hat{\beta}_0 + \hat{\beta}_1 x$$

を**回帰直線**（regression line）または**推定回帰式**と言い，回帰直線を求めることを ***y* を *x* に回帰する**と言う。

**例 3.5　大卒率と平均給与（5）**

大卒率 $x$ と平均給与 $y$ の平均はそれぞれ $\bar{x} = 12.23$，$\bar{y} = 336.63$ であり，標準偏差は $S_x = 3.74$ と $S_y = 33.23$，共分散は $S_{xy} = 105.13$ である。したがって

$$\hat{\beta}_1 = \frac{S_{xy}}{S_x^2} = \frac{105.13}{(3.74)^2} = 7.5275$$

$$\hat{\beta}_0 = \bar{y} - \hat{\beta}_1 \bar{x} = 336.63 - 7.5275 \times 12.23 = 244.52$$

となる。よって回帰直線は $y = 244.52 + 7.5275x$ と求められる（グラフは図 3-7 に示す）。したがって，大卒率が 1%ポイント高くなると平均給与はおよそ 7528 円高くなると言える。表 3-3 は Excel の「分析ツール」の出力である。

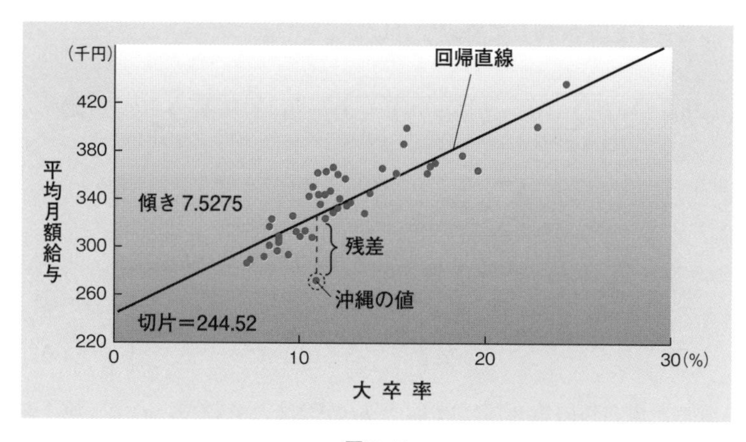


図 3-7

表 3-3

**概要**

| 回帰統計 | |
|---|---|
| 重相関 R | 0.8466 |
| 重決定 R2 | 0.7167 |
| 補正 R2 | 0.7104 |
| 標準誤差 | 18.07 |
| 観測数 | 47 |

**分散分析表**

| | 自由度 | 変動 | 分散 | 観測された分散比 | 有意 F |
|---|---|---|---|---|---|
| 回帰 | 1 | 37194.27 | 37194.27 | 113.8646 | 6.54378E−14 |
| 残差 | 45 | 14699.40 | 326.65 | | |
| 合計 | 46 | 51893.67 | | | |

| | 係数 | 標準誤差 | t | P-値 |
|---|---|---|---|---|
| 切片 | 244.52 | 9.03 | 27.09210811 | 1.67181E−29 |
| 大卒率（%） | 7.5275 | 0.7054 | 10.6707 | 0.0000 |

| | 下限 95% | 上限 95% | 下限 95.0% | 上限 95.0% |
|---|---|---|---|---|
| 切片 | 226.34 | 262.70 | 226.34 | 262.70 |
| 大卒率（%） | 6.1067 | 8.9483 | 6.1067 | 8.9483 |

**残差出力**

| 都道府県名 | 予測値：平均給与 | 残差 | 都道府県名 | 予測値：平均給与 | 残差 |
|---|---|---|---|---|---|
| 北海道 | 316.78 | 7.82 | 滋賀県 | 352.91 | 11.29 |
| 青森県 | 298.72 | −12.82 | 京都府 | 370.98 | −11.18 |
| 岩手県 | 305.49 | −14.99 | 大阪府 | 361.95 | −34.65 |
| 宮城県 | 334.85 | −2.85 | 兵庫県 | 373.99 | −5.69 |
| 秋田県 | 299.47 | −11.27 | 奈良県 | 391.30 | −28.10 |
| 山形県 | 307.75 | −7.95 | 和歌山県 | 323.56 | 17.64 |
| 福島県 | 308.50 | 13.10 | 鳥取県 | 325.06 | −17.56 |
| 茨城県 | 333.34 | 31.36 | 島根県 | 315.28 | −23.28 |
| 栃木県 | 326.57 | 34.03 | 岡山県 | 340.12 | −4.92 |
| 群馬県 | 325.06 | 22.94 | 広島県 | 358.18 | 2.32 |
| 埼玉県 | 372.49 | −7.09 | 山口県 | 328.07 | 5.53 |
| 千葉県 | 385.28 | −10.18 | 徳島県 | 330.33 | −8.73 |
| 東京都 | 426.68 | 8.22 | 香川県 | 345.39 | −19.49 |
| 神奈川県 | 415.39 | −16.39 | 愛媛県 | 333.34 | −5.64 |
| 新潟県 | 307.75 | 7.25 | 高知県 | 311.51 | −6.31 |
| 富山県 | 335.60 | 3.10 | 福岡県 | 347.64 | −4.24 |
| 石川県 | 338.61 | −6.31 | 佐賀県 | 318.29 | −6.39 |
| 福井県 | 329.58 | 12.02 | 長崎県 | 311.51 | −3.51 |
| 山梨県 | 337.86 | 17.14 | 熊本県 | 319.79 | −11.49 |
| 長野県 | 327.32 | 14.38 | 大分県 | 322.05 | −9.15 |
| 岐阜県 | 331.84 | 12.76 | 宮崎県 | 310.76 | −15.36 |
| 静岡県 | 334.85 | 24.85 | 鹿児島県 | 311.51 | −8.01 |
| 愛知県 | 361.19 | 23.01 | 沖縄県 | 326.57 | −55.57 |
| 三重県 | 330.33 | 31.07 | | | |

「係数」の項を読むことにより，回帰係数の推定値を得ることができる。（p.82 に続く）■

### 3.3.3　予測値と残差

回帰直線 $y = \hat{\beta}_0 + \hat{\beta}_1 x$ が得られれば，特定の $x$ の値に対応する $y$ の値を予測することができる。例えば，$x = 20$ (%) ならば $y = 244.52 + 7.5275 \times 20 = 395.07$（千円）という具合である。各 $x_i$ に対して

$$\hat{y}_i = \hat{\beta}_0 + \hat{\beta}_1 x_i \quad (i = 1, 2, \cdots, n) \tag{3.3.7}$$

を $y_i$ の予測値と呼ぶ。また，

$$\hat{\epsilon}_i = y_i - \hat{y}_i = y_i - (\hat{\beta}_0 + \hat{\beta}_1 x_i) \quad (i = 1, 2, \cdots, n) \tag{3.3.8}$$

とおき，**残差** (residual) と呼ぶ。容易にわかる通り，

$$y_i = \hat{\beta}_0 + \hat{\beta}_1 x_i + \hat{\epsilon}_i \quad (i = 1, 2, \cdots, n) \tag{3.3.9}$$

が成り立ち，この式と $y_i = \beta_0 + \beta_1 x_i + \epsilon_i$ とを比べれば，残差 $\hat{\epsilon}_i$ が誤差 $\epsilon_i$ の推定値と解釈しうることが納得できるであろう。また，文脈によっては $y_i$ を観測値，実績値，実際値などと言う。

**例 3.6　大卒率と平均給与 (6)**

「分析ツール」の出力にある「残差出力」の欄に予測値と残差の値が計算されている。例として，図 3-7 と表 3-3 で沖縄県の予測値と残差をチェックしよう。(p.85 に続く) ■

残差は直線の当てはまりに関する情報を持つため，その性質を知っておくことは大切である。特に次の事実は基本的である。

**定理 3.4　残差の性質**

残差は次の 2 つの制約を満たす。

$$\sum_{i=1}^{n} \hat{\epsilon}_i = 0, \quad \sum_{i=1}^{n} x_i \hat{\epsilon}_i = 0 \tag{3.3.10}$$

◇**証明** 前半のみ示す。後半は各自で試みて欲しい。$\hat{\beta}_0 = \bar{y} - \hat{\beta}_1\bar{x}$ を用いると，

$$\hat{\epsilon}_i = y_i - \hat{y}_i = y_i - (\hat{\beta}_0 + \hat{\beta}_1 x_i) = (y_i - \bar{y}) - \hat{\beta}_1(x_i - \bar{x})$$

であるから，

$$\sum_{i=1}^{n} \hat{\epsilon}_i = \sum_{i=1}^{n}(y_i - \bar{y}) - \hat{\beta}_1 \sum_{i=1}^{n}(x_i - \bar{x}) = 0 - \hat{\beta}_1 \times 0 = 0 \quad (3.3.11)$$

である。(証明終) ◇

■注 3.3 **自由度** 上の定理にあるように残差が 2 つの制約を満たすことを，残差の自由度は $n-2$ であると言う。やや数学的になるが，自由度とは残差を $n$ 次元ベクトル $(\hat{\epsilon}_1, \hat{\epsilon}_2, \cdots, \hat{\epsilon}_n)$ と見たときにこれが存在しうる部分空間の次元のことである。(3.3.10) は残差が 2 つのベクトル $(1, 1, \cdots, 1)$ と $(x_1, x_2, \cdots, x_n)$ に直交することを意味している。このことから，残差ベクトルの存在しうる空間の次元が $n-2$ であることがわかる。■

### 3.3.4 決定係数

回帰直線 $y = \hat{\beta}_0 + \hat{\beta}_1 x$ が得られたとき，その当てはまりの良し悪しを評価する指標があれば便利である。本節ではそのような指標として最も基本的な決定係数を導出する。

当てはまりがよいとは，回帰直線とデータが近い，すなわち残差が 0 に近いことであるから，**残差 2 乗和**

$$C = \hat{\epsilon}_1^2 + \hat{\epsilon}_2^2 + \cdots + \hat{\epsilon}_n^2 = \sum_{i=1}^{n} \hat{\epsilon}_i^2 \quad (3.3.12)$$

の大小をチェックすればよい。すなわち，$C \approx 0$ のとき当てはまりがよく，$C$ が大のとき当てはまりが悪いと考えるのである。しかし，この値は単位に依存するため，数値から大小の判断を下すことは必ずしも簡単ではない。実際，下で見る通り，大卒率と平均給与の例では $C = 14699.40$ となるが，これが大きいか小さいかを即座に判断するのは困難である。

そこで次の分解が成り立つことを利用する。

**定理 3.5 変動の分解**

次式が成立する。

$$\sum_{i=1}^{n}(y_i-\bar{y})^2=\sum_{i=1}^{n}(\hat{y}_i-\bar{y})^2+\sum_{i=1}^{n}\hat{\epsilon}_i^2 \tag{3.3.13}$$

◇**証明** 次式は恒等式である。

$$y_i-\bar{y}=(\hat{y}_i-\bar{y})+\hat{\epsilon}_i \quad (i=1,2,\cdots,n)$$

両辺を2乗して総和をとると,

$$\sum_{i=1}^{n}(y_i-\bar{y})^2=\sum_{i=1}^{n}(\hat{y}_i-\bar{y})^2+\sum_{i=1}^{n}\hat{\epsilon}_i^2+2\sum_{i=1}^{n}(\hat{y}_i-\bar{y})\hat{\epsilon}_i \tag{3.3.14}$$

上式右辺の第3項がゼロとなることを見よう。$\hat{y}_i-\bar{y}=\hat{\beta}_1(x_i-\bar{x})$ となるから,定理3.4とあわせて,

$$\sum_{i=1}^{n}(\hat{y}_i-\bar{y})\hat{\epsilon}_i=\hat{\beta}_1\sum_{i=1}^{n}(x_i-\bar{x})\hat{\epsilon}_i=\hat{\beta}_1\sum_{i=1}^{n}x_i\hat{\epsilon}_i-\hat{\beta}_1\bar{x}\sum_{i=1}^{n}\hat{\epsilon}_i=0$$

この結果を (3.3.14) に代入すれば定理3.5が得られる。(証明終) ◇

ここで,左辺の $\sum_{i=1}^{n}(y_i-\bar{y})^2\equiv A$ は観測値 $y$ の変動の大きさであるから,**全変動**と呼ばれる。また,右辺の $\sum_{i=1}^{n}(\hat{y}_i-\bar{y})^2\equiv B$ は予測値 $\hat{y}=\hat{\beta}_0+\hat{\beta}_1x_i$ の変動の大きさであり,**回帰変動**と呼ばれる。当てはまりのよいときは予測値と観測値の値は近くなり,$A$ と $B$ の値も近くなるであろう。また,$\sum_{i=1}^{n}\hat{\epsilon}_i^2\equiv C$ を**残差変動**と言う。上定理は全変動が回帰変動と残差変動に分解できること

全変動 = 回帰変動 + 残差変動

を表している。この分解を $A=B+C$ と書けば,$A,B,C\geq 0$ であり,当てはまりがよいとは $C\approx 0$ が成り立つことである。あるいは同じことだが $A\approx B$ が成り立つことである。したがって,単位に依存しない当てはまりの指標とし

て，$A$ に占める $B$ の割合

$$R^2 = \frac{B}{A} = 1 - \frac{C}{A} \tag{3.3.15}$$

が導かれる。これを**決定係数**と言う。決定係数は，$y$ の変動のうち変数 $x$ によって説明できる割合と解釈されることが多い。定義から明らかに次の事実が成り立つ。

$$0 \leq R^2 \leq 1 \tag{3.3.16}$$

が成り立ち，1 に近いほど（$C$ が 0 に近づくから）当てはまりがよく，0 に近いほど（$C$ の $A$ に占める割合が大となるから）当てはまりが悪い。また，

$$R^2 = 1 \quad \Longleftrightarrow \quad (x_1, y_1), (x_2, y_2), \cdots, (x_n, y_n) \text{ は同一直線上にある} \tag{3.3.17}$$

という関係が成り立つ。なぜなら，$R^2 = 1$ は $C = 0$ と同値であり，$C = 0$ は $\hat{\epsilon}_1 = \cdots = \hat{\epsilon}_n = 0$ に等しいからである。

**例 3.7　大卒率と平均給与（7）**

「分析ツール」の出力から，上記の各種の値を読み取ることができる。「分散分析表」の「変動」の項から，全変動 $A = 51893.67$，回帰変動 $B = 37194.27$，残差変動 $C = 14699.40$ が読み取れる。また決定係数は「重決定 R2」の項に出力されており，$R^2 = 0.7167$ である。これより，平均給与の変動のおよそ 72%は大卒率の変動で説明されることがわかる。（終）■

■**注 3.4　決定係数と相関係数**　決定係数 $R^2$ と相関係数 $r_{xy}$ の 2 乗が等しいことを憶えておこう。すなわち，

$$R^2 = r_{xy}^2 \tag{3.3.18}$$

が成り立つ。相関係数は $x$ と $y$ の直線的関係の強さの指標であることがこの式からもわかる。証明は次の通りである。$\hat{y}_i - \bar{y} = \hat{\beta}_1(x_i - \bar{x})$ であるから，$\sum_{i=1}^{n}(\hat{y}_i - \bar{y})^2 = \hat{\beta}_1^2 \sum_{i=1}^{n}(x_i - \bar{x})^2$ となる。これを用いて，

$$R^2 = \frac{\sum_{i=1}^{n}(\hat{y}_i - \bar{y})^2}{\sum_{i=1}^{n}(y_i - \bar{y})^2} = \frac{\hat{\beta}_1^2 S_x^2}{S_y^2} = \frac{(S_{xy}/S_x^2)^2 \times S_x^2}{S_y^2} = \frac{S_{xy}^2}{S_x^2 S_y^2}$$

が得られる。途中で $\hat{\beta}_1 = S_{xy}/S_x^2$ も使っている。■

**▶ 問題 3.3**

1. 50 組の父子の身長を計測したところ，$(x_1, y_1), \cdots, (x_{50}, y_{50})$ なるデータが得られたものとする。$x$ は父の身長，$y$ は子の身長とする。単位は cm とする。$\bar{x} = 168.0$，$\bar{y} = 172.0$，$S_x^2 = 39.0$，$S_y^2 = 32.0$，$S_{xy} = 12.0$ であったとする。
   (1) 回帰直線を計算せよ。
   (2) 回帰係数 $\hat{\beta}_1$ の値からどのようなことがわかるか。
   (3) 決定係数を計算せよ。
   (4) $(x_1, y_1) = (165, 172)$ であったとする。予測値と残差をそれぞれ求めよ。
2. 次表は 20 人の男児の妊娠期間（週）と出生時体重である。回帰分析の手法を用いてこのデータを解析せよ。

| 妊娠期間（週） | 出生時体重（g） |
|---:|---:|
| 38 | 3080 |
| 38 | 3288 |
| 37 | 3092 |
| 43 | 3528 |
| 34 | 2540 |
| 37 | 2708 |
| 37 | 3104 |
| 42 | 3057 |
| 36 | 2439 |
| 38 | 2726 |
| 39 | 2924 |
| 37 | 2986 |
| 39 | 3542 |
| 37 | 2594 |
| 38 | 3064 |
| 41 | 3420 |
| 37 | 2491 |
| 39 | 3167 |
| 38 | 3182 |
| 39 | 2712 |

3. 原点を通る回帰モデル $y_i = \beta x_i + \epsilon_i$ $(i = 1, 2, \cdots, n)$ を考える。回帰直線 $y = \hat{\beta}x$ を求める。回帰係数 $\beta$ の最小 2 乗推定値を $\sum_{i=1}^{n}(y_i - \hat{\beta}x_i)^2$ を最小にする $\hat{\beta}$ と定義する。
(1) $\hat{\beta} = \sum_{i=1}^{n} x_i y_i / \sum_{i=1}^{n} x_i^2$ であることを示せ。
(2) $\hat{\epsilon}_i = y_i - \hat{\beta}x_i$ とおくと，$\sum_{i=1}^{n} x_i \hat{\epsilon}_i = 0$ が成り立つことを示せ。
4. 次表のデータの散布図を観察した上で，$x = X^2$ や $x = \log X$ などと変換し，データによく適合すると思われる回帰直線の当てはめを行え。

(1)

| $x$ | $y$ |
|---|---|
| 1 | 4 |
| 2 | 13 |
| 3 | 22 |
| 4 | 34 |
| 5 | 56 |
| 6 | 74 |
| 7 | 101 |
| 8 | 120 |
| 9 | 168 |
| 10 | 206 |
| 11 | 241 |
| 12 | 286 |
| 13 | 338 |
| 14 | 394 |
| 15 | 449 |

(2)

| $x$ | $y$ |
|---|---|
| 1 | 2.0 |
| 2 | 3.2 |
| 3 | 4.3 |
| 4 | 4.8 |
| 5 | 5.2 |
| 6 | 5.6 |
| 7 | 5.7 |
| 8 | 6.3 |
| 9 | 6.4 |
| 10 | 6.6 |
| 11 | 7.0 |
| 12 | 6.9 |
| 13 | 7.1 |
| 14 | 7.1 |
| 15 | 7.3 |

5. 一般に，$(\bar{x}, \bar{y})$ は常に回帰直線上にあることを示せ。

# 3.4† 偏相関係数

2つの変数の関係を見る方法として相関係数と回帰分析を紹介したが，実際には2つの変数のどちらにも影響を与える「第三の変数」を考慮する必要がある場合が多い。例えば，小学生に限って考えれば，「足のサイズ」と「知っている漢字の数」には正の相関が見られるであろう。つまり，足のサイズが大きい児童ほど知っている漢字の数は多いであろう。これは，「学年（年齢）」という第三の変数によってもたらされる**見かけ上の相関**（spurious correlation）である。足のサイズが大きい児童は総じて高学年であり，高学年になるほど漢字の知識が多くなるため，「足のサイズが大きくなれば知っている漢字の数が増える」ように見えるのである。相関係数による分析を行う際は，第三の変数の影響を常に意識する必要がある。

第三の変数 $z$ の影響を除去した後の $x$ と $y$ の相関係数として次の**偏相関係数**（partial correlation coefficient）$r_{xy \cdot z}$ がある（図3-8）。偏相関係数 $r_{xy \cdot z}$ は「$x$ を $z$ に回帰したときの残差」と「$y$ を $z$ に回帰したときの残差」の相関係数と定義される。

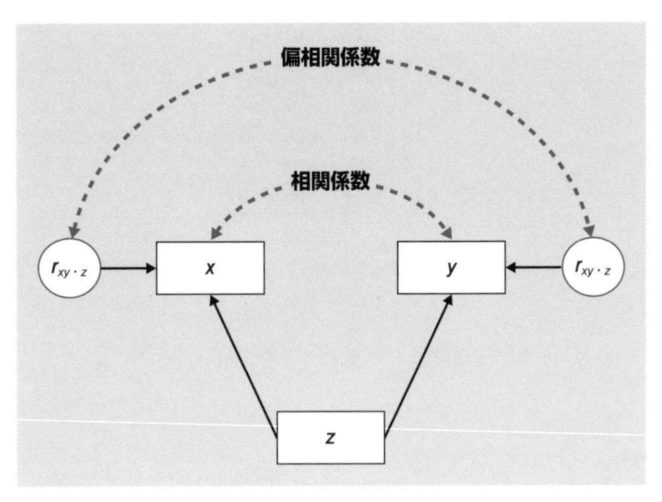


図3-8

証明は省略するが，偏相関係数は，$x$ と $y$，$x$ と $z$，$y$ と $z$ の相関係数をそれぞれ $r_{xy}$，$r_{xz}$，$r_{yz}$ とすると，以下のように表される。

$$r_{xy\cdot z} = \frac{r_{xy} - r_{xz}r_{yz}}{\sqrt{1-r_{xz}^2}\sqrt{1-r_{yz}^2}} \tag{3.4.1}$$

**例 3.8 出生率と女性の就業率**

各都道府県の女性の就業率 $x$ と合計特殊出生率 $y$ の相関係数は $r_{xy} = 0.4136$ であり，中程度の相関がある。これをもって，「男女共同参画が進展すれば出生率は回復する」と言えるだろうか？ 実際には，出生率が高い県は農村地域が多く，三世代で同居している場合が多い。そこで都市化度の代理変数として考えることができる，第三次産業の就業者構成比を第三の変数 $z$ として考え，出生率及び女性の就業率から $z$ の影響を除去する。合計特殊出生率と第三次産業の就業者構成比*，女性の就業率と第三次産業の就業者構成比の相関係数はそれぞれ $r_{yz} = -0.4411$，$r_{xz} = -0.6812$ である。したがって第三次産業の就業者構成比を固定した後の偏相関係数 $r_{xy.z}$ は

$$r_{xy.z} = \frac{0.4134 - (-0.6812)(-0.4411)}{\sqrt{1-(-0.6812)^2}\sqrt{1-(-0.4411)^2}} = 0.1721$$

と低下する。■

▶ **問題 3.4**

1. 次表のデータを用いて，第三次産業の就業者構成比の影響を除去した後の出生率と女性の就業率との偏相関係数を，出生率と女性の就業率をそれぞれ第三次産業の就業者構成比に回帰したときの残差から求めよ。

* 2000 年国勢調査。

| 都道府県 | 合計特殊出生率（%） | 第三次産業就業者比率 | 15歳以上女性人口 | 女性就業者数 | 女性就業率 |
|---|---|---|---|---|---|
| 北海道 | 1.22 | 68.9 | 2,571,763 | 1,132,056 | 0.4402 |
| 青森県 | 1.44 | 59.9 | 665,466 | 315,474 | 0.4741 |
| 岩手県 | 1.50 | 56.2 | 634,148 | 317,737 | 0.5010 |
| 宮城県 | 1.31 | 65.8 | 1,036,217 | 470,726 | 0.4543 |
| 秋田県 | 1.37 | 58.0 | 546,492 | 251,817 | 0.4608 |
| 山形県 | 1.54 | 54.1 | 552,089 | 275,493 | 0.4990 |
| 福島県 | 1.57 | 55.2 | 927,642 | 447,051 | 0.4819 |
| 茨城県 | 1.38 | 57.6 | 1,278,112 | 594,143 | 0.4649 |
| 栃木県 | 1.40 | 56.1 | 860,086 | 421,306 | 0.4898 |
| 群馬県 | 1.41 | 56.2 | 875,730 | 422,046 | 0.4819 |
| 埼玉県 | 1.23 | 65.3 | 2,941,397 | 1,350,623 | 0.4592 |
| 千葉県 | 1.24 | 69.6 | 2,536,190 | 1,148,175 | 0.4527 |
| 東京都 | 1.02 | 74.2 | 5,350,022 | 2,480,581 | 0.4637 |
| 神奈川県 | 1.22 | 69.6 | 3,608,634 | 1,581,782 | 0.4383 |
| 新潟県 | 1.38 | 57.9 | 1,096,423 | 537,239 | 0.4900 |
| 富山県 | 1.41 | 57.4 | 506,995 | 259,596 | 0.5120 |
| 石川県 | 1.37 | 62.9 | 526,519 | 267,374 | 0.5078 |
| 福井県 | 1.51 | 57.7 | 363,845 | 190,919 | 0.5247 |
| 山梨県 | 1.39 | 56.8 | 384,978 | 188,050 | 0.4885 |
| 長野県 | 1.47 | 53.3 | 973,105 | 510,351 | 0.5245 |
| 岐阜県 | 1.38 | 57.4 | 928,310 | 460,296 | 0.4958 |
| 静岡県 | 1.41 | 56.6 | 1,640,166 | 838,743 | 0.5114 |
| 愛知県 | 1.34 | 59.5 | 2,995,311 | 1,468,860 | 0.4904 |
| 三重県 | 1.40 | 58.5 | 821,213 | 385,529 | 0.4695 |
| 滋賀県 | 1.44 | 56.5 | 572,772 | 266,842 | 0.4659 |
| 京都府 | 1.17 | 66.6 | 1,191,020 | 525,007 | 0.4408 |
| 大阪府 | 1.22 | 67.6 | 3,892,993 | 1,630,264 | 0.4188 |
| 兵庫県 | 1.29 | 65.3 | 2,477,531 | 1,036,488 | 0.4184 |
| 奈良県 | 1.21 | 65.9 | 649,230 | 252,031 | 0.3882 |
| 和歌山県 | 1.35 | 62.2 | 485,593 | 207,299 | 0.4269 |
| 鳥取県 | 1.51 | 58.3 | 274,962 | 142,254 | 0.5174 |
| 島根県 | 1.52 | 60.2 | 342,837 | 169,241 | 0.4936 |
| 岡山県 | 1.44 | 60.4 | 875,965 | 404,746 | 0.4621 |
| 広島県 | 1.34 | 64.7 | 1,282,838 | 598,255 | 0.4664 |
| 山口県 | 1.41 | 62.6 | 703,690 | 321,648 | 0.4571 |
| 徳島県 | 1.36 | 59.4 | 375,155 | 169,195 | 0.4510 |
| 香川県 | 1.46 | 63.1 | 458,342 | 218,375 | 0.4764 |
| 愛媛県 | 1.35 | 60.8 | 682,938 | 304,126 | 0.4453 |
| 高知県 | 1.38 | 64.3 | 375,941 | 178,783 | 0.4756 |
| 福岡県 | 1.29 | 70.6 | 2,267,264 | 995,333 | 0.4390 |
| 佐賀県 | 1.56 | 60.8 | 391,120 | 191,848 | 0.4905 |
| 長崎県 | 1.48 | 66.4 | 688,572 | 305,287 | 0.4434 |
| 熊本県 | 1.50 | 62.6 | 842,501 | 396,461 | 0.4706 |
| 大分県 | 1.42 | 62.9 | 556,714 | 253,103 | 0.4546 |
| 宮崎県 | 1.56 | 61.3 | 527,275 | 255,489 | 0.4845 |
| 鹿児島県 | 1.52 | 63.5 | 813,336 | 361,727 | 0.4447 |
| 沖縄県 | 1.76 | 74.2 | 537,762 | 229,421 | 0.4266 |

2. 次表のデータから偏相関係数 $r_{xy\cdot z}$ を求めよ。

| データ番号 | $X$ | $Y$ | $Z$ |
|---|---|---|---|
| 1 | 1 | 2 | 1 |
| 2 | 1 | 1 | 1 |
| 3 | 2 | 2 | 1 |
| 4 | 2 | 1 | 1 |
| 5 | 3 | 4 | 3 |
| 6 | 3 | 3 | 3 |
| 7 | 4 | 4 | 3 |
| 8 | 4 | 3 | 3 |
| 9 | 5 | 5 | 5 |
| 10 | 5 | 4 | 5 |
| 11 | 6 | 5 | 5 |
| 12 | 6 | 4 | 5 |

3. 偏相関係数の定義から公式 (3.4.1) を導け。

# 3.5 質的データの関連性

## 3.5.1 分 割 表

前節までの議論は $x$ と $y$ がともに量的変数の場合のものであった。本節では $x$ と $y$ が質的変数，つまりそれらがとる値が数値ではなく，カテゴリーや属性である場合を議論する。例えば，$x$ と $y$ がそれぞれ社会学と統計学の 4 段階評価（優・良・可・不可）の成績であるとし，ある大学のある学科に所属する学生 100 人分の 2 次元データ

$$(優, 良), (良, 良), (可, 不可), \ldots, (不可, 良), (可, 優)$$

が与えられたとする。このようなデータは次頁の表のような形に整理するのが合理的であろう。これを**分割表**（contingency table）と言う。カテゴリー数が $m$ の変数と $n$ の変数からなる分割表を $m \times n$ **分割表**と言う。したがって次の分割表は $4 \times 4$ 分割表である。

この表から，例えば，{ 社会学が優 } でかつ { 統計学が優 }，つまり $(x, y) =$ (優, 優) なる学生が 9 人いること，すなわち $(x, y) =$ (優, 優) の度数が 9 であ

| | | 統計学 | | | | 計 |
|---|---|---|---|---|---|---|
| | | 優 | 良 | 可 | 不可 | |
| 社会学 | 優 | 9 | 5 | 3 | 2 | 19 |
| | 良 | 8 | 14 | 16 | 4 | 42 |
| | 可 | 4 | 5 | 10 | 10 | 29 |
| | 不可 | 1 | 2 | 3 | 4 | 10 |
| 計 | | 22 | 26 | 32 | 20 | 100 |

ることがわかる。同様に，$(x, y) = (\text{優}, \text{良})$ の度数が5であること，$(x, y) = (\text{不可}, \text{不可})$ の度数が4であることなどもわかる。

各度数を総度数100（その学科の所属学生100人）で割った値は，$(x, y)$ の各値の相対度数を意味する。表にすれば次の通りである。

| | | 統計学 | | | | 計 |
|---|---|---|---|---|---|---|
| | | 優 | 良 | 可 | 不可 | |
| 社会学 | 優 | 0.09 | 0.05 | 0.03 | 0.02 | 0.19 |
| | 良 | 0.08 | 0.14 | 0.16 | 0.04 | 0.42 |
| | 可 | 0.04 | 0.05 | 0.10 | 0.10 | 0.29 |
| | 不可 | 0.01 | 0.02 | 0.03 | 0.04 | 0.10 |
| 計 | | 0.22 | 0.26 | 0.32 | 0.20 | 1.00 |

各行と各列の和からそれぞれ変量 $x$ と $y$ の値の分布を知ることができる。実際，社会学の成績と統計学の成績の分布はそれぞれ次の通りである。

| 社会学 | 優 | 良 | 可 | 不可 | 計 |
|---|---|---|---|---|---|
| | 0.19 | 0.42 | 0.29 | 0.10 | 1.00 |

| 統計学 | 優 | 良 | 可 | 不可 | 計 |
|---|---|---|---|---|---|
| | 0.22 | 0.26 | 0.32 | 0.20 | 1.00 |

さて，ここでの関心は $x$ と $y$ に**関連性**があるのか，あるとすればどの程度なのか，という点であろう。前節まで用いた「相関」ではなく，「関連性」という

言葉を用いる理由は，相関関係が直線的関係である一方，質的変数には直線という概念は一般に適用できないことによる。

$x$ と $y$ に関連性がないのであれば，各値の相対度数はそれぞれの変数の相対度数の積となることが期待される。例えば，社会学が優でかつ統計学が優である学生の割合は $0.19 \times 0.22 = 0.0418$ となり，社会学が優でかつ統計学が良である学生の割合は，$100 \times 0.0418 = 4.184 \approx 4$（人）となることが期待される。これを表にすると次の通りである。

| | | 統計学 | | | | 計 |
|---|---|---|---|---|---|---|
| | | 優 | 良 | 可 | 不可 | |
| 社会学 | 優 | 4.18 | 4.94 | 6.08 | 3.80 | 19.00 |
| | 良 | 9.24 | 10.92 | 13.44 | 8.40 | 42.00 |
| | 可 | 6.38 | 7.54 | 9.28 | 5.80 | 29.00 |
| | 不可 | 2.20 | 2.60 | 3.20 | 2.00 | 10.00 |
| 計 | | 22.00 | 26.00 | 32.00 | 20.00 | 100.00 |

2 つの分割表を比較することで，$x$ と $y$ の関連性の程度を見ることができる。その詳細は次項や第 8.5.3 項を参照されたい。特に第 8.5.3 項では独立性の検定について議論している。

別の例として，次のような分割表を考える。新知事に最も期待する政策として，景気対策，子育て支援，福祉・医療，治安の 4 つの選択肢から選ぶことを有権者に求めた調査結果を男女別にまとめたものである。

| | | 期待する政策 | | | | 計 |
|---|---|---|---|---|---|---|
| | | 景気対策 | 子育て支援 | 福祉・医療 | 治安 | |
| 性別 | 男性 | 60 | 30 | 45 | 15 | 150 |
| | 女性 | 30 | 40 | 20 | 10 | 100 |

形式的に言えば，$x =$ 性別であり，そのとりうる値は $\{$ 男性, 女性 $\}$，$y =$ 最も期待する政策であり，そのとりうる値は $\{$ 景気対策, 子育て支援, 福祉・医療, 治安 $\}$ である。この調査において，男性と女性の人数（それぞれ 150 人と 100

人）は調査する側で調整できる値（あるいは所与の値）であるとする。つまり，$y$ の値を見る前に確定できる値であるとする。この場合，男性と女性の結果をそれぞれの総数で割ることによって，男性と女性それぞれにおける期待する政策の比率を求めることができて，それは次の通りとなる。

| | | 期待する政策 | | | | 計 |
|---|---|---|---|---|---|---|
| | | 景気対策 | 子育て支援 | 福祉・医療 | 治安 | |
| 性別 | 男性 | 0.40 | 0.20 | 0.30 | 0.10 | 1.00 |
| | 女性 | 0.30 | 0.40 | 0.20 | 0.10 | 1.00 |

ここでの関心は，男性が期待する政策と女性が期待する政策の分布が同一と見なしてよいのか否かであろう。それは $x$ と $y$ が関連を持つのか否かを問うことに等しい。$x$ と $y$ が関連を持たないということは，性別によって期待する政策に違いはないということになり，両者の分布は同じものとなるであろう。逆に，$x$ と $y$ が関連を持つならば，性別によって期待する政策に違いが表れることになり，両者の分布は異なるものとなるはずである。次節でその調べ方について，$2 \times 2$ 分割表に基づいて議論する。

### 3.5.2 オッズとオッズ比

本節では分割表を分析する上で最も基本的な道具である**オッズ**（odds）と**オッズ比**（odds ratio）について解説する。例として，次のような $2 \times 2$ 分割表を取り上げる。

| $x \backslash y$ | 該当 ($B$) | 非該当 ($\bar{B}$) | 計 |
|---|---|---|---|
| 該当 ($A$) | $a$ | $b$ | $a+b$ |
| 非該当 ($\bar{A}$) | $c$ | $d$ | $c+d$ |
| 計 | $a+c$ | $b+d$ | 1 |

簡単のため，$a, b, c, d > 0$ とする。また，前項の「期待する政策」の例の分割表のように行ごとに比をとることに意味のある分割表であるとする。よって，以

下では次の形の分割表を中心に議論する。

| $x \backslash y$ | 該当 $(B)$ | 非該当 $(\bar{B})$ | 計 |
|---|---|---|---|
| 該当 $(A)$ | $p = \frac{a}{a+b}$ | $1 - p = \frac{b}{a+b}$ | 1 |
| 非該当 $(\bar{A})$ | $q = \frac{c}{c+d}$ | $1 - q = \frac{d}{c+d}$ | 1 |

例としては次のようなものがあろう：

| 喫煙習慣 \ 病気発症 | 病気発症 $(B)$ | 発症せず $(\bar{B})$ | 計 |
|---|---|---|---|
| 喫煙 $(A)$ | 30 | 70 | 100 |
| 非喫煙 $(\bar{A})$ | 20 | 180 | 200 |

比率に直せば次の通りである。

| 喫煙習慣 \ 病気発症 | 病気発症 $(B)$ | 発症せず $(\bar{B})$ | 計 |
|---|---|---|---|
| 喫煙 $A$ | 0.3 | 0.7 | 1 |
| 非喫煙 $\bar{A}$ | 0.1 | 0.9 | 1 |

この例における主たる関心は，喫煙習慣が病気の発症に関連するか否かということであろう。それは $p$ と $q$ の言葉で表せば次の通りとなろう：

$$p = q \iff \text{喫煙習慣は病気の発症に関連しない}$$

実際，$p$ と $q$ はそれぞれ喫煙者における病気の発症者の割合と非喫煙者における病気の発症者の割合を表しているから，これらが等しいということは，喫煙習慣の有無は病気の発症に関連がないことと解釈しうるだろう。この考えを延長すれば，$p$ と $q$ の値が近ければ両者の関連は弱く，$p$ と $q$ の値が大きく異なれば両者の関連は強いという可能性が示唆されるだろう。したがって，喫煙と病気の発症の間の関連性について調べることは，$p = q$ の成立・不成立の程度を評価することであると言い換えることができる。

病気発症の例では $p = 0.3$，$q = 0.1$ であるからもちろん $p \neq q$ である。ではこの不成立の程度はどのように評価されるか。そのため，まずオッズという量を定義する。ある事象が起こる確率 $P$ とする。この確率 $P$ をその事象が起こらないという確率 $1-P$ に対する比で評価した値，すなわち

$$O = \frac{P}{1-P} \quad (0 < P < 1)$$

をその事象のオッズという。

喫煙習慣と発症の例で計算すると，

$$\begin{aligned} O_1 &= \frac{0.3}{0.7} \approx 0.43 = \text{喫煙者群における発症オッズ} \\ O_0 &= \frac{0.1}{0.9} \approx 0.11 = \text{非喫煙者群における発症オッズ} \end{aligned}$$

である。

オッズは，これを $P$ の関数と見れば図 3-9 にある通り，単調増加で $1:1$ の関数であるから，確率 $P$ とオッズ $O$ は一方の値から他方の値も計算できる関係にあり，それらの情報は等価である。実際，次のような対応関係が成り立つ：

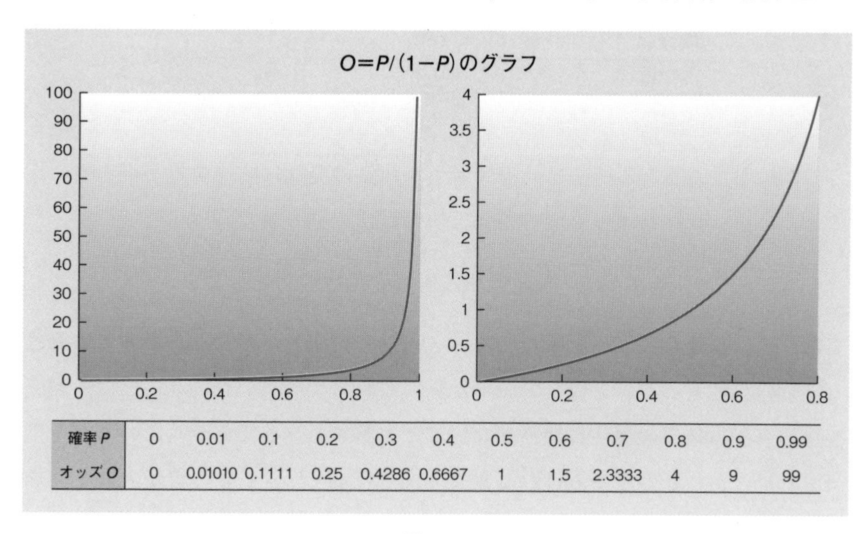


| 確率 $P$ | 0 | 0.01 | 0.1 | 0.2 | 0.3 | 0.4 | 0.5 | 0.6 | 0.7 | 0.8 | 0.9 | 0.99 |
|---|---|---|---|---|---|---|---|---|---|---|---|---|
| オッズ $O$ | 0 | 0.01010 | 0.1111 | 0.25 | 0.4286 | 0.6667 | 1 | 1.5 | 2.3333 | 4 | 9 | 99 |

図 3-9

$P = 1/2$ に対応するオッズの値は $O = 1$ であり，$0 < P < 1/2$ ならば $O < 1$，$1/2 < P < 1$ ならば $1 < O$ となる。例えば，$P = 1/4$ のとき $O = 1/3$ であり，$P = 3/4$ のとき $O = 3$ である。

この例では喫煙者群の発症オッズ $O_1$ のほうが非喫煙者群の発症オッズ $O_0$ よりも大であるから，喫煙者群の危険の度合のほうが大であることがわかる。オッズ比は 2 つのオッズを比によって評価する。その定義は次の通りである。

$$R = \frac{O_1}{O_0} = \frac{p/(1-p)}{q/(1-q)}.$$

$R$ を分割表の度数 $a, b, c, d$ で表せば，$R = ad/bc$ である。容易にわかる通り，$0 < R$ であり，

$$R = 1 \iff O_1 = O_0 \iff p = q$$

が成り立つ。また，$R < 1 \iff O_1 < O_0 \iff p < q$ であり，$1 < R \iff O_1 > O_0 \iff p > q$ である。

この例における値は，

$$R = \frac{0.43}{0.11} \approx 3.9$$

である。この結果は，喫煙者群の病気発症の危険の度合は非喫煙者群のそれの約 3.9 倍であると解釈される。

確率 $P$ そのものではなく，オッズ $O$ やオッズ比 $R$ を用いることのメリットは，分析の基準となるカテゴリーを入れ替えても分析の本質が変わらない点にある。例えば，上の例では，「喫煙することによって病気発症の危険の度合がどれほど増大するか」という観点から分析しているが，この観点から分析することと，「喫煙しないことが病気発症の危険の度合をどれほど減じるか」という観点から分析することの間に本質的な差異はないと考えてよいだろう。したがって，どちらの観点から分析しても結果に本質的な差異の生じない指標を用いることが合理的である。オッズやオッズ比はこの要請にかなうものである。オッズは，関心の対象となる事象（発症）の確率を分子に，比較の基準となる事象（発症せず）の確率を分母において危険の度合を評価し，オッズ比も関心のある喫煙者群のオッズ $O_1$ を分子におき，基準となる非喫煙者群のオッズ $O_0$ を分母において両者を比較する。しかし，見方を逆転して，関心の対象となる事象と比較の基準となる事象を入れ替えても，オッズは逆数になるだけであるし，オッズ比も（どちらの群を基準にとるかによって）逆数または変わらないかの

いずれかである。実際，次の結果が成り立つ。

$$\begin{aligned} O_1 &= \frac{0.7}{0.3} \approx 2.33 = \text{喫煙者群における非発症オッズ} \\ O_0 &= \frac{0.9}{0.1} = 9.0 = \text{非喫煙者群における非発症オッズ} \\ R &= \frac{O_0}{O_1} = \frac{9}{2.333} \approx 3.9. \end{aligned}$$

オッズは逆数になり，オッズ比は（喫煙者群を基準となるカテゴリーとして分母に置いているから）不変に保たれる。

# 4 確率モデル

第1章で述べたように，統計解析とは標本（データ）の情報から母集団の性質について推論することである。精密な推論を行うためには，母集団と標本の概念を数学の言葉で整理し，再定義する必要がある。本章と次章はそのための章であり，ポイントを先取りすれば，母集団とは**確率分布**（probability distribution）であり，標本とはその確率分布に従う（複数の）**確率変数**（random variable）である。そして，データとは確率変数の**実現値**である。

確率分布は母集団を数学的にモデル化したものである。例えば，工場で製造される製品の不良品率を抜き取り検査によって調査する場合，母集団は，1（＝不良品）と0（＝良品）の2値にそれぞれ確率 $p$ と $1-p$ を対応させるような確率分布でモデル化される。このモデルにおいては，$p$ は工場の不良品率であり，統計解析における推測の対象である。確率分布を**確率モデル**（probability model）と呼ぶことも多い。

## 4.1 標本空間と事象

### 4.1.1 標本空間

実験や観測などを試行（trial）と呼ぶ。試行の結果として起こりうるものの全体，すなわち試行の結果を要素とする集合を**標本空間**（sample space）と言い，$\Omega$ で表す（$\Omega$ はオメガと読む）。次の2つの例でこれらの用語の理解を確かめよう。

**例 4.1 コイン投げ (1)**

コインを1回投げ，表か裏かを観測するという試行を考える。このとき標本空間は

$$\Omega = \{\,裏,\ 表\,\} \tag{4.1.1}$$

で与えられる。表を1，裏を0で表せば，$\Omega = \{0, 1\}$ となる。(下に続く) ■

**例 4.2 サイコロ投げ (1)**

サイコロを1回投げ，出る目を観測するという試行を考える。このとき標本空間は

$$\Omega = \{1, 2, 3, 4, 5, 6\}$$

となる。(p.106 に続く) ■

標本空間 $\Omega$ は数学的には集合である。したがって，部分集合や和，積などの概念や演算が意味を持つ。

### 4.1.2 事　象

標本空間 $\Omega$ の部分集合を**事象** (event) と呼ぶ。**事象 $A$ が起こる** (**起こった**) とは，試行の結果として $A$ に含まれる要素の一つが起こる (起こった) ことである。

**例 4.3 コイン投げ (2)**

コインを2回投げて，表 $(=1)$ が出るか裏 $(=0)$ が出るかを観測するという試行を考えると，標本空間 $\Omega$ は

$$\Omega = \Big\{(0, 0),\ (0, 1),\ (1, 0),\ (1, 1)\Big\}$$

となる。例えば，

$$A = \{(1, 0),\ (1, 1)\}$$

は，$\Omega$ の部分集合であるから一つの事象である。誤解の恐れがない場合は，

$$A = \{\,1\text{ 回目に表が出る}\,\}$$

のように文章で表すこともできる。以下のものもすべて事象である。

$$B = \{\,2\text{ 回目に表が出る}\,\} = \{(0,1),\ (1,1)\}$$
$$C = \{\,\text{少なくとも 1 回表が出る}\,\} = \{(0,1),\ (1,0),\ (1,1)\}$$
$$D = \{\,\text{ちょうど 1 回表が出る}\,\} = \{(0,1),\ (1,0)\}$$

（p.103 に続く） ■

■注 4.1　**全事象と空事象**　標本空間 $\Omega$ 自身も $\Omega$ の一つの部分集合であるから，一つの事象である。これを特に**全事象**（whole event）と呼ぶ。要素が何もない事象 $\{\}$ も $\Omega$ の部分集合である。これを $\emptyset$ と書き，**空事象**（empty event）と呼ぶ。全事象 $\Omega$ は必ず起こる事象であり，空事象 $\emptyset$ は決して起こらない事象である。■

■注 4.2　**根元事象**　ただ 1 つの要素 $\omega$ のみからなる事象 $\{\omega\}$ を**根元**（こんげん）**事象**と言う。例えば例 4.1 において，「裏」という要素のみからなる事象 $\{$ 裏 $\}$ は一つの根元事象である。この例では根元事象は $\{$ 裏 $\}$ と $\{$ 表 $\}$ の 2 つである。■

### 4.1.3　事象の演算

事象に対して和や積などの演算を定義し，いくつかの基本公式を確認しよう。ここで取り上げる公式のほとんどは，われわれが日常用いている論理とほぼ同じであり，それらを集合や事象の言葉で表現したものである。

事象 $A$ に対し，$A$ に含まれない要素からなる事象を $A$ の**余事象**（complementary event）または**補事象**と言い，$A^c$ と書く（図 4-1）。すなわち，

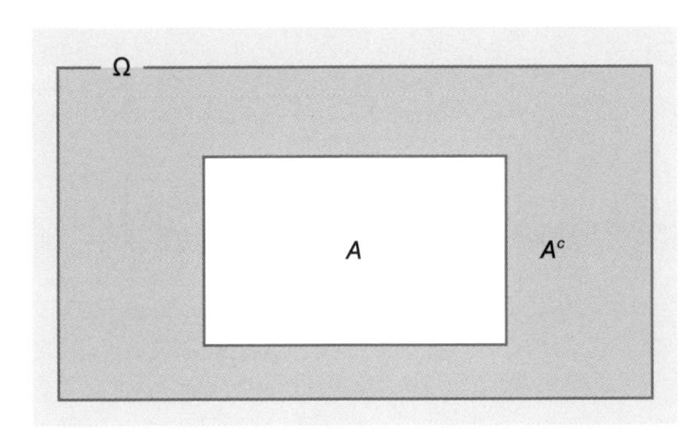


図 4-1

$$A^c = \{\, A \text{に含まれない要素} \,\} = \{\, A \text{が起こらない} \,\} \tag{4.1.2}$$

事象 $A$ と $B$ に対して，$A$ または $B$ の少なくとも一方に含まれる要素の全体を $A$ と $B$ の**和事象**（union of events）と言い，$A \cup B$ と書く（図 4-2）。すなわち，

$$A \cup B = \{\, A \text{または} B \text{の少なくとも一方に含まれる要素} \,\}$$
$$= \{\, A \text{または} B \text{が起こる} \,\} \tag{4.1.3}$$

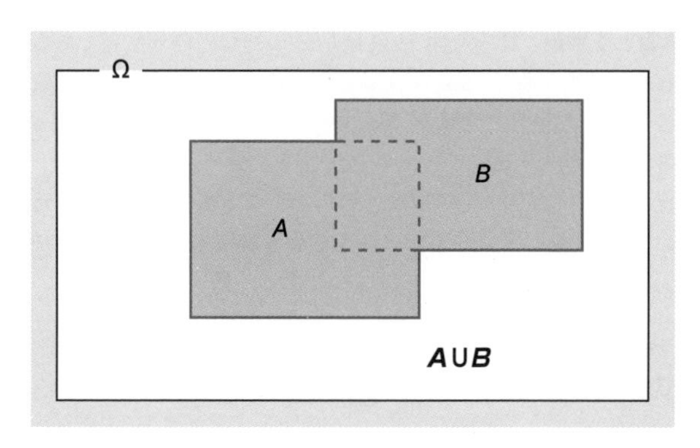


図 4-2

定義により，任意の $A$ に対して，$A \cup A^c = \Omega$ が成立する。

事象 $A$ と $B$ に対して，$A$ と $B$ の両方に含まれる要素からなる事象を $A$ と $B$ の**積事象**（intersection of events）と言い，$A \cap B$ と書く（図 4-3）。

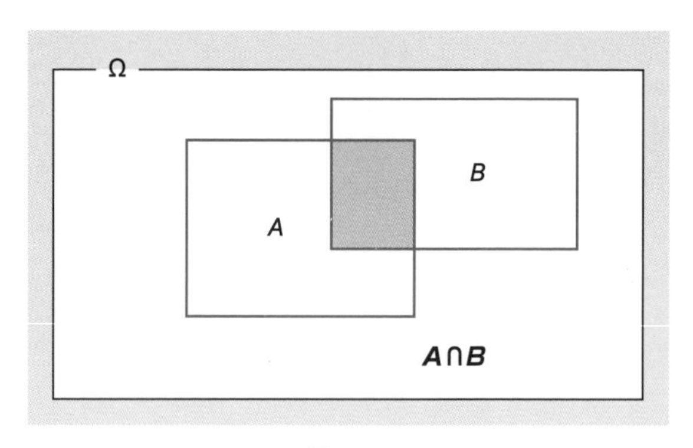


図 4-3

$$A \cap B = \{ A と B の両方に含まれる要素 \}$$
$$= \{ A と B の両方が起こる \} \tag{4.1.4}$$

2つの事象 $A$ と $B$ が $A \cap B = \emptyset$ を満たすとき，$A$ と $B$ は**互いに排反である** (mutually exclusive) と言う（図4-4）。$A$ と $B$ が同時に起こりえないことを表している。

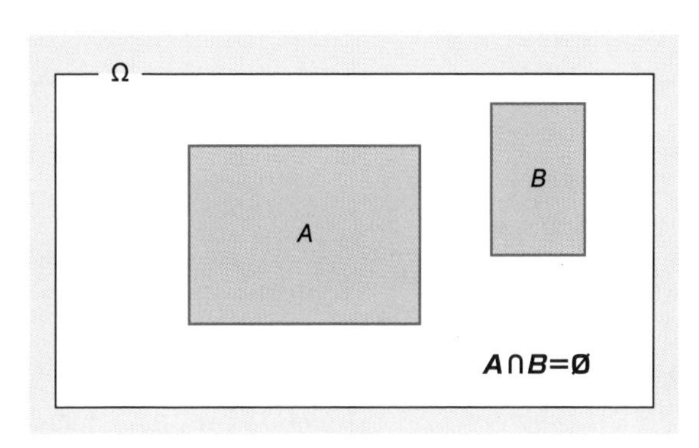


図4-4

次の例で理解を確かめよう。

**例4.4　コイン投げ (3)**

例4.3において，$A$ と $B$ の和事象は

$$A \cup B = \Big\{(0,1),\ (1,0),\ (1,1)\Big\} = \{ 少なくとも 1 回表が出る \}$$

である。これは $C$ に等しい。すなわち，$A \cup B = C$。また，

$$C^c = \{(0,0)\} = \{ 1 回も表が出ない \}$$

や

$$A \cap B = \{(1,1)\} = \{ 2 回とも表が出る \}$$

も納得しておこう。(p.121に続く) ■

■**注4.3**　3つ以上の事象の和事象

$$A_1 \cup A_2 \cup \cdots \cup A_n = \{ A_1, A_2, \cdots, A_n のいずれかが起こる \} \tag{4.1.5}$$

や積事象

$$A_1 \cap A_2 \cap \cdots \cap A_n = \{\, A_1, A_2, \cdots, A_n \text{ のすべてが起こる} \,\} \tag{4.1.6}$$

もしばしば必要となるのでここで覚えておこう。簡単な例として，2つのサイコロを同時に投げて目の和を観測するという試行を考え，$A_1 = \{\text{ 奇数 }\}$，$A_2 = \{\text{ 偶数 }\}$，$A_3 = \{\text{ 3の倍数 }\}$，$A_4 = \{\text{ 4の倍数 }\}$ とすれば，

$$A_1 \cup A_3 \cup A_4 = \{3, 4, 5, 6, 7, 8, 9, 11, 12\}, \quad A_2 \cap A_3 \cap A_4 = \{12\}$$

無限個の事象の和事象や積事象についても同様である。■

### ▶ 問題4.1

1. AとBがじゃんけんを3回し，その勝敗を記録する。
   (1) 標本空間 $\Omega$ を書け。
   (2) Aが2回勝つ事象を書け。
   (3) 引き分けが2回以上となる事象を書け。
   (4) Bが続けて2回以上勝つ事象を書け。
   (5) AとBが1回ずつ勝つ事象を書け。
2. ある市立図書館では利用者の年齢と性別を記録している。$A_1 = \{\text{ 20歳未満 }\}$，$A_2 = \{\text{ 20歳以上40歳未満 }\}$，$A_3 = \{\text{ 40歳以上60歳未満 }\}$，$A_4 = \{\text{ 60歳以上 }\}$，$B_1 = \{\text{ 男性 }\}$，$B_2 = \{\text{ 女性 }\}$ とおく。
   (1) $A_2 \cup A_3 \cup A_4$，$(A_2 \cup A_3 \cup A_4) \cap B_1$ とはどのような事象か。
   (2) $A_1 \cap B_2$，$A_2 \cap B_1$ とはどのような事象か。
   (3) 2つの事象 $(A_1 \cap B_2) \cup (A_2 \cap B_2)$ と $(A_1 \cup A_2) \cap B_2$ とをそれぞれ説明し，両者が等しいものであることを説明せよ。

   ■注4.4　一般に事象 $A$，$B$，$C$ に対して，

   $$(A \cup B) \cap C = (A \cap C) \cup (B \cap C), \quad (A \cap B) \cup C = (A \cup C) \cap (B \cup C) \tag{4.1.7}$$

   を**分配法則**と言う。大切な法則であるが，本書では定理4.2の証明に現れるだけであるからこれ以上の説明はしない。■
3. サイコロを2回続けて投げる。
   (1) 1回目より2回目のほうが大きな目である事象を書け。
   (2) 1回目と2回目が連続した数である事象を書け。
   (3) 1回目と2回目が等しい目である事象を書け。
   (4) 目の差の絶対値が3以上である事象を書け。

# 4.2 確　率

## 4.2.1 定　義

確率は各事象 $A$ の起こりやすさの度合いを 0 以上 1 以下の実数 $P(A)$ で表したものである。$P(A)$ の値が 1 に近いほど $A$ は起こりやすく，逆に 0 に近いほど $A$ は起こりにくいと解釈される。どのような値をとるかは事象によって異なるから，$P(A)$ は事象 $A$ を変数とする関数と見てよい。

**定義 4.1**

標本空間 $\Omega$ の任意の事象 $A$ に対して，実数 $P(A)$ が定まっていて，次の 3 つの条件を満たすとき，$P(A)$ を**事象 $A$ の確率**（probability）と言う：

(P1) 確率は非負である。すなわち，任意の事象 $A$ に対して，

$$0 \leq P(A) \leq 1$$

(P2) 全事象 $\Omega$ の確率は 1，空事象 $\emptyset$ の確率は 0。すなわち，

$$P(\Omega) = 1,\ P(\emptyset) = 0$$

(P3) 事象 $A_1, A_2, \cdots$ が互いに排反ならば，これらのうち少なくとも 1 つが起こるという事象 $A_1 \cup A_2 \cup \cdots$ は，各事象の確率の和に等しい。すなわち

$$P(A_1 \cup A_2 \cup \cdots) = P(A_1) + P(A_2) + \cdots$$

が成り立つ。

いずれも日常生活でなじみのあるものであろう。ここで，(P1) の条件を**非負性**，(P3) の条件を**シグマ加法性**と呼ぶ。シグマ加法性は，**排反な事象の和事象の確率は各事象の確率の和に等しい**ことを意味する。無限個の事象の和事象になじみのない読者は，下の例 4.6 が参考になるだろう。あるいは，条件 (P3) を次の

(P3*) または (P3**) に置き換えても本書の範囲では特に差し支えない。

(P3*) 2つの事象 $A$ と $B$ が互いに排反ならば,

$$P(A \cup B) = P(A) + P(B) \tag{4.2.1}$$

(P3**) $n$ 個の事象 $A_1, A_2, \cdots, A_n$ が互いに排反ならば,

$$P(A_1 \cup A_2 \cup \cdots \cup A_n) = P(A_1) + P(A_2) + \cdots + P(A_n) \tag{4.2.2}$$

■注 4.5† 数学的には, (P3*) と (P3**) は同値である。また, (P1) (P2) (P3) から (P1) (P2) (P3*) を導くことはできるが, 逆はできない。問題 4.2 の 1 を参照のこと。■

**例 4.5 サイコロ投げ (2)**

サイコロを1回投げ, 出る目を観測するとき, 標本空間は $\Omega = \{1, 2, 3, 4, 5, 6\}$ である。ここで, 1から6までの各々の目の出る確率は等しく 1/6 であるとする。すなわち,

$$P(\{1\}) = P(\{2\}) = \cdots = P(\{6\}) = \frac{1}{6} \tag{4.2.3}$$

と定義する。このとき, (P1), (P2), (P3) すべてが満たされる。

例として, $\{1, 2, 3\}$ = { 1, 2, 3 のいずれかの目が出る } という事象の確率は, (P3) もしくは (P3**) を使って

$$P(\{1, 2, 3\}) = P(\{1\}) + P(\{2\}) + P(\{3\}) = \frac{1}{6} + \frac{1}{6} + \frac{1}{6} = \frac{1}{2}$$

となる。(p.110 に続く) ■

**例 4.6† 無限個の事象の和事象**

無限個の事象の和事象の扱いを練習する。コインを表が出るまで投げ続け, 何回目に表が初めて出るかを観測するという試行を考える。このとき, 標本空間は 1 以上のすべての整数からなる集合となる：

$$\Omega = \{1, 2, \cdots\} \tag{4.2.4}$$

ここで

$$A_1 = \{1\},\ A_2 = \{2\}, \cdots$$

とおくと，これらの意味はそれぞれ｛1 回目に初めて表が出る｝，｛2 回目に初めて表が出る｝，$\cdots$ である。各 $A_1, A_2, \cdots$ の確率を次のように定める：

$$P(A_1) = \frac{1}{2},\ P(A_2) = \frac{1}{4} = \frac{1}{2^2},\ \cdots,\ P(A_k) = \frac{1}{2^k},\ \cdots \tag{4.2.5}$$

各 $A_k$ に付与される確率の大きさが幾何数列となっていることに注意しよう。

例えば和事象 $A_1 \cup A_2$ は｛1 回目か 2 回目に初めて表が出る｝，$A_1 \cup A_2 \cup \cdots \cup A_n$ は｛$n$ 回目までに初めて表が出る｝という意味の事象である。ここでは，

$$A_2 \cup A_4 \cup \cdots = \{\text{偶数回目に初めて表が出る}\} \tag{4.2.6}$$

の確率を求めてみよう。シグマ加法性より，

$$P(A_2 \cup A_4 \cup \cdots) = P(A_2) + P(A_4) + \cdots = \frac{1}{2^2} + \frac{1}{2^4} + \cdots \tag{4.2.7}$$

が成り立つ。右辺の値は，幾何級数 $\{c, cr, cr^2, \cdots\}$ の和の公式 (1.3.8)

$$c + cr + cr^2 + \cdots = c(1 + r + r^2 + \cdots) = c\frac{1}{1-r}$$

において，$c = 1/2^2 = 1/4,\ r = 1/2^2$ とすればよく，求める確率の値は

$$\frac{c}{1-r} = \frac{\frac{1}{4}}{\frac{3}{4}} = \frac{1}{3}$$

である。■

### 4.2.2 確率の基本的性質

確率の基本公式をまとめておく。証明はスキップしてもよい。われわれが日常生活の中で応用しているものがほとんどであるから，意味を理解するのは容易であろう。

**公式 4.1　基本公式**

次の各式が成り立つ。

(1)　事象 $E$ に対して余事象 $E^c$ の確率は，$P(E^c) = 1 - P(E)$

(2)　2つの事象 $A$ と $B$ が $A \subset B$（$A$ は $B$ に含まれるかまたは等しい）を満足するなら，

$$P(A) \leq P(B)$$

(3)　必ずしも排反ではない2つの事象 $A$ と $B$ に対して，

$$P(A \cup B) = P(A) + P(B) - P(A \cap B)$$

◇**証明**　(1)　$\Omega = E \cup E^c$ であるから，(P3*) より

$$P(\Omega) = P(E) + P(E^c)$$

である。(P2) より，左辺は1だから求めるものが得られる。

(2)　図4-5のように $B$ を $B = A \cup C$ のように排反な事象の和で表す。ここで，$C = B \cap A^c$ である。このとき，(P1) と (P3*) より

$$P(B) = P(A) + P(C) \geq P(A)$$

が得られる。

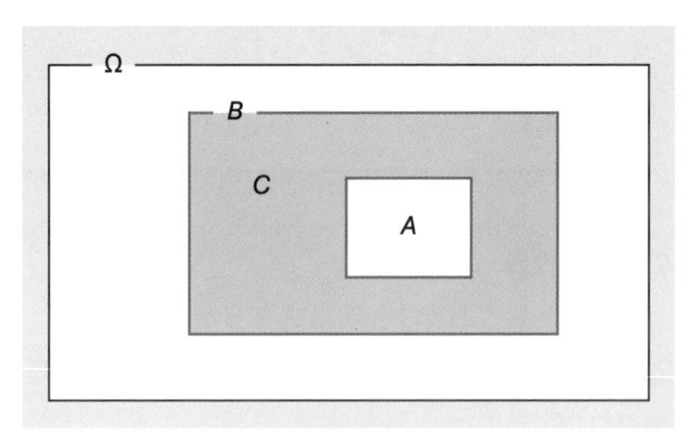


図4-5

(3) 図 4-6 のように $A \cup B$ を $A \cup B = A_1 \cup A_2 \cup A_3$ のように排反な事象の和で表す。ここで，$A_1 = A \cap B^c$，$A_2 = A \cap B$，$A_3 = A^c \cap B$ である。このとき (P3**) より次が得られる。

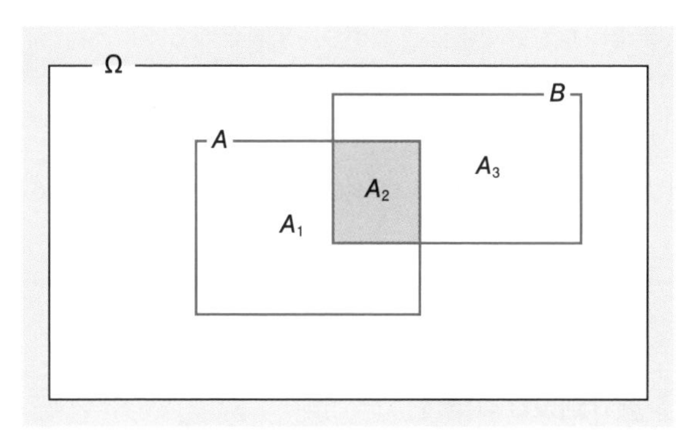


図 4-6

$$P(A \cup B) = P(A_1) + P(A_2) + P(A_3),$$
$$P(A) = P(A_1) + P(A_2),\quad P(B) = P(A_2) + P(A_3) \tag{4.2.8}$$

これより，$P(A \cup B) = P(A) + P(B) - P(A_2)$ が得られ，これは求めるものに等しい。(証明終) ◇

また，次の公式はきわめて重要である。

**公式 4.2　基本公式，各根元事象が等確率の場合**

標本空間が有限集合 $\Omega = \{x_1, x_2, \cdots, x_N\}$ でかつ，各根元事象の確率が等しい場合，すなわち

$$P(\{x_1\}) = P(\{x_2\}) = \cdots = P(\{x_N\}) = \frac{1}{N}$$

となる場合，任意の事象 $A$ の確率は

$$P(A) = \frac{A \text{ に含まれる要素の数}}{N}$$

となる。

**例 4.7 サイコロ投げ (3)**

この例では各根元事象の確率はすべて等しく 1/6 である。したがって，公式 4.2 が使える。例えば，{ 偶数の目が出る } $= \{2, 4, 6\}$ という事象の確率は，この事象に含まれる要素の数が 3 であることから，3/6 となる：

$$P(\{\text{ 偶数の目が出る }\}) = P(\{2, 4, 6\}) = \frac{3}{6} = \frac{1}{2}$$

同様に，$P(\{\text{ 4 以下の目が出る }\}) = P(\{1, 2, 3, 4\}) = 4/6 = 2/3$。（p.113 に続く） ■

### 4.2.3 コインを $n$ 回投げる試行

第 4.4 節で学ぶ 2 項分布やポアソン分布，幾何分布などの代表的な離散型分布はコイン投げの試行を基礎にしている。例えば 2 項分布は，表が出る確率が $p$ であるような（歪んだ）コインを $n$ 回投げたときに表の出る回数が従う分布である。ここでは，それらの分布を学ぶための準備として，次の公式を導こう。

**公式 4.3 コイン投げ**

歪みのないコインを $n$ 回投げたとき表が $k$ 回出る事象の確率は

$$P\Big(\{k\text{ 回表が出る }\}\Big) = \frac{{}_nC_k}{2^n} \quad (k = 0, 1, \cdots, n)$$

である。

公式 4.3 を導こう。ここでは $n = 3$ の場合を示す（一般の場合への拡張は全く容易である）。表を 1，裏を 0 で表せば標本空間 $\Omega$ は，

$$\begin{aligned}\Omega \;=\; &\{(0,0,0),\ (0,0,1),\ (0,1,0),\ (0,1,1),\\ &(1,0,0),\ (1,0,1),\ (1,1,0),\ (1,1,1)\}\end{aligned}$$

となる。標本空間には $2^3 = 8$ 個の要素が含まれる（第 1.3.2 項の定理 1.1）。すべての根元事象の確率は等しく $1/2^3 = 1/8$ である。

さて，事象 $A_0, A_1, A_2, A_3$ を次のように定義する。各事象に含まれる要素の数を求めればよい。

$$A_0 = \left\{0\text{ 回表が出る}\right\} = \left\{(0,0,0)\right\}\ (1\text{ つの要素})$$
$$A_1 = \left\{1\text{ 回表が出る}\right\} = \left\{(1,0,0),\ (0,1,0),\ (0,0,1)\right\}\ (3\text{ つの要素})$$
$$A_2 = \left\{2\text{ 回表が出る}\right\} = \left\{(1,1,0),\ (1,0,1),\ (0,1,1)\right\}\ (3\text{ つの要素})$$
$$A_3 = \left\{3\text{ 回表が出る}\right\} = \left\{(1,1,1)\right\}\ (1\text{ つの要素})$$

したがって，公式 4.2 より，

$$P(A_0) = \frac{1}{8},\quad P(A_1) = \frac{3}{8},\quad P(A_2) = \frac{3}{8},\quad P(A_3) = \frac{1}{8}$$

各 $A_k$ に含まれる要素の数は ${}_3C_k$ であるから，上式は

$$P(A_k) = \frac{{}_3C_k}{2^3}\quad (k = 0, 1, 2, 3)$$

と書き直すことができる。よって，$n = 3$ のときに公式 4.3 を示すことができた。

### 4.2.4 条件付確率

**例 4.8　くじ引き（1）**

10 本中 3 本の当たり，7 本のはずれというくじを考える。B 君が先に引き，次に A 君が引くとする。B 君が当たりを引くという事象を $B$ とおくと，明らかに

$$P(B) = \frac{3}{10},\quad P(B^c) = \frac{7}{10}$$

である。そして，2 番目にくじを引く A 君については次が成り立つ：

$$\text{A 君が当たりを引く確率} = \begin{cases} \dfrac{2}{9} & (\text{B 君が当たりを引いたとき}) \\ \dfrac{3}{9} & (\text{B 君がはずれを引いたとき}) \end{cases} \tag{4.2.9}$$

この「確率」は，ある事象が起こったか否かに関する情報を利用している点で通常の確率とは異なる。そこで，条件付確率の概念を導入する。（p.113 に続く） ■

**定義 4.2　条件付確率**

事象 $B$ が起きたことがわかっているという条件の下で事象 $A$ の起こる確率を事象 $B$ が与えられたときの事象 $A$ の**条件付確率**（conditional probability）と言い，これを $P(A|B)$ と書き，

$$P(A|B) = \frac{P(A \cap B)}{P(B)} \tag{4.2.10}$$

と定義する。ただし，$P(B) > 0$ が成り立っているものとする。

条件付確率は，事象 $B$ の確率に対する事象 $A \cap B$ の確率の比で表される。その理由は図 4-7 からも了解されるだろう。事象 $B$ が起きたことがわかっているという条件の下では，全事象は $B$ としてよい。その場合，$A$ が起こることと $A \cap B$ が起こることとは同じである。したがって，事象 $B$ が起きたという条件の下での $A \cap B$ の起こりやすさの度合いは，$B$ の確率に対する $A \cap B$ の確率の比で表すのが自然であろう。

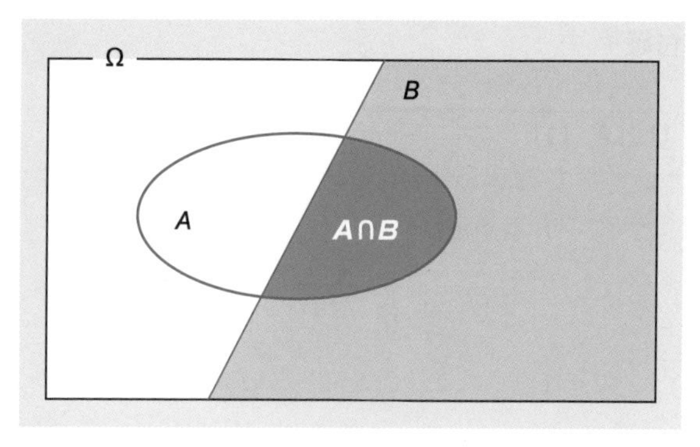


図 4-7

条件付確率 $P(A|B)$ を（$B$ を固定して）事象 $A$ を変数とする関数と見れば，確率の条件 (P1)–(P3) が満たされる。したがって，前節の結果は条件付確率に対しても成り立つ。

**例 4.9 サイコロ投げ（4）**

2 つのサイコロを投げ，出る目を観測する。このとき，標本空間 $\Omega$ は 36 個の要素からなる。事象 $A$ と $B$ をそれぞれ，$A = \{$ 少なくとも一方が 4 以上である $\}$，$B = \{$ 目の和が 6 である $\}$ と定義すれば，$B = \{(1,5),(2,4),(3,3),(4,2),(5,1)\}$ であるから，

$$P(B) = \frac{5}{36} \tag{4.2.11}$$

となる。また，$A \cap B = \{(1,5),(2,4),(4,2),(5,1)\}$ であるから，

$$P(A \cap B) = \frac{4}{36} \tag{4.2.12}$$

$B$ が起こったという条件の下での $A$ の条件付確率は

$$P(A|B) = \frac{P(A \cap B)}{P(B)} = \frac{4}{5} \tag{4.2.13}$$

となる。（p.144 に続く） ■

次の定理は，条件付確率の定義からただちに得られる。

**定理 4.1 乗法公式**

事象 $B$ が $P(B) > 0$ を満たせば

$$P(A \cap B) = P(A|B)P(B) \tag{4.2.14}$$

が成立する。

**例 4.10 くじ引き（2）**

くじ引きの順番とくじに当たる確率とは無関係である。このことを示そう。A 君と B 君がともに当たりを引く確率 $P(A \cap B)$ は乗法公式より，

$$P(A \cap B) = P(A|B)P(B) = \frac{2}{9} \times \frac{3}{10} = \frac{1}{15} \tag{4.2.15}$$

同様に，

$$P(A \cap B^c) = P(A|B^c)P(B^c) = \frac{3}{9} \times \frac{7}{10} = \frac{7}{30} \tag{4.2.16}$$

事象 $A$ は

$$\begin{aligned} A &= \{\text{ A と B がともに当たる }\} \cup \{\text{ A が当たり，B がはずれる }\} \\ &= (A \cap B) \cup (A \cap B^c) \quad \text{（排反）} \end{aligned}$$

であるから，

$$P(A) = P(A \cap B) + P(A \cap B^c)$$

右辺の 2 つの項に (4.2.15) と (4.2.16) の結果を代入して

$$P(A) = \frac{1}{15} + \frac{7}{30} = \frac{3}{10}$$

が得られ，$P(A) = P(B)$ がわかった。（終）■

この例で用いた確率の計算法は，色々な場面で用いることができるので憶えておくとよい。一般的に述べると次のようになる。

**定理 4.2 全確率公式**

標本空間 $\Omega$ が互いに排反な $n$ 個の事象の和で書けるとする（図 4-8）。

$$\Omega = H_1 \cup H_2 \cup \cdots \cup H_n \tag{4.2.17}$$

このとき，任意の事象 $A$ の確率は次式で与えられる。

$$P(A) = \sum_{i=1}^{n} P(A|H_i)P(H_i) \tag{4.2.18}$$

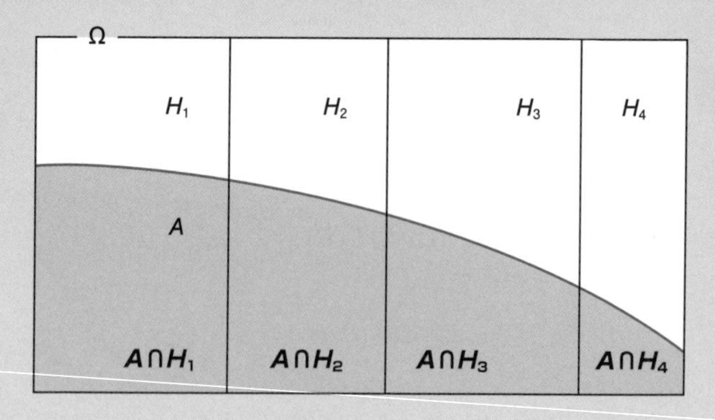


図 4-8

◇**証明**　$A = A \cap \Omega$ であるから，(4.2.17) を用いて

$$\begin{aligned} A &= A \cap (H_1 \cup H_2 \cup \cdots \cup H_n) \\ &= (A \cap H_1) \cup (A \cap H_2) \cup \cdots \cup (A \cap H_n) \quad \text{（分配法則 (4.1.7)）} \end{aligned}$$

となる。右辺の $n$ 個の事象は排反であるから，

$$P(A) = \sum_{i=1}^{n} P(A \cap H_i) = \sum_{i=1}^{n} P(A|H_i)P(H_i)$$

が得られ，右辺の各項に乗法公式を適用すると (4.2.18) が従う。（証明終）◇

### 4.2.5　ベイズの定理

**例 4.11　受験と模試**

模擬試験を受け，続いて大学を受験するものとする。事象として

$$E = \{\text{大学合格}\},\ E^c = \{\text{大学不合格}\}$$

を考えると，$\Omega = E \cup E^c$ である。また，模試の成績が A,B,C の 3 段階の評定であるとして

$$A = \{\text{A 評定}\},\ B = \{\text{B 評定}\},\ C = \{\text{C 評定}\}$$

とおくと，やはり $\Omega = A \cup B \cup C$ である（図 4-9）。

例えば，過去のデータから次のことがわかっているとしよう。

$$P(A) = 0.1,\ P(B) = 0.2,\ P(C) = 0.7,$$

$$P(E|A) = 0.9,\ P(E|B) = 0.7,\ P(E|C) = 0.3$$

ここで，$P(E|A)$ は模試の成績が A 評定であるという条件の下で合格する確率（A 評定をとった人に占める合格者の割合）である。$P(E|B)$ と $P(E|C)$ についても同様である。

受験生が興味を持つのは，$P(E|A)$ や $P(E|B)$，$P(E|C)$ であるが，ひとたび合格者の仲間入りをしてしまえば $P(A|E)$ や $P(B|E)$，$P(C|E)$ の値のほうが関心事となる。ここで，例えば $P(A|E)$ は大学に合格したという条件の下で模試で A 評定をとる確率（大学合格者に占める A 評定の人の割合）であり，$P(B|E)$ と $P(C|E)$ についても同様である。

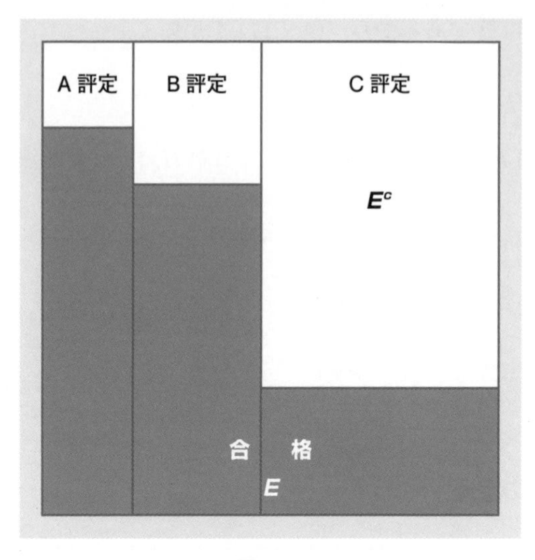


図 4–9

確率 $P(A|E)$ を求めよう。

$$P(A|E) = \frac{P(E \cap A)}{P(E)}$$

であり，分子は乗法公式より

$$P(E \cap A) = P(E|A)P(A) = 0.9 \times 0.1 = 0.09$$

分母は全確率公式より

$$\begin{aligned} P(E) &= P(E|A)P(A) + P(E|B)P(B) + P(E|C)P(C) \\ &= 0.9 \times 0.1 + 0.7 \times 0.2 + 0.3 \times 0.7 = 0.44 \end{aligned}$$

これより $P(A|E) = 0.09/0.44 = 0.205$ を得る。同様にして $P(B|E) = (0.7 \times 0.2)/0.44 = 0.318$ と $P(C|E) = (0.3 \times 0.7)/0.44 = 0.477$ も得られる。■

このことをより一般的な形で述べたものが，ベイズ（T. Bayes）によるベイズの定理（Bayes' theorem）である。全確率公式よりただちに得られる。

**定理 4.3　ベイズの定理**

標本空間 $\Omega$ が互いに排反な $n$ 個の事象の和で書けるとする。

$$\Omega = H_1 \cup H_2 \cup \cdots \cup H_n \tag{4.2.19}$$

$E$ を事象とし，$P(E), P(H_k) > 0$（$k = 1, 2, \cdots, n$）ならば

$$P(H_k|E) = \frac{P(E|H_k)P(H_k)}{\sum_{i=1}^{n} P(E|H_i)P(H_i)} \tag{4.2.20}$$

が成り立つ。

ベイズの定理は，事象に関する情報を得る前後での不確実性の変化を計る上で重要な役割を果たす。例えば，上の受験の例において，あなたはあるライバル受験生に関心があるとしよう。ライバル氏の模試の成績を知らないとすれば，ライバル氏が A 評定をとった確率は $P(A) = 0.1$ と考えるのが自然だろう。しかし，もしライバル氏が大学に合格したという情報が得られたのであれば，ライバル氏が A 評定をとったという確率は $P(A|E) = 0.205$ に更新されるであろう。BC 評定についても同様である。図式で表せば次のようである。

<事前確率>　$(P(A), P(B), P(C)) = (0.1,\ 0.2,\ 0.7)$

　$\Downarrow \leftarrow$ 情報

<事後確率>　$(P(A|E), P(B|E), P(C|E)) = (0.205,\ 0.318,\ 0.477)$

ここで，情報を得る以前の確率を**事前確率**（prior probability），情報を得た後の確率を**事後確率**（posterior probability）と言う。

### 4.2.6　事象の独立性

複数の事象があるとき，それらの起こり方が互いに無関係という場合がしばしばある。例えば，コインを 2 回投げるとして，1 回目に表が出たからといって 2 回目に表が出やすくなるということはない。すなわち，{ 1 回目に表が出る } という事象と { 2 回目に表が出る } という事象の起こり方は互いに無関係である。

このことを数学的に定式化したものが**事象の独立性**（independence of events）である。

**定義 4.3 事象の独立性**

事象 $A$ と $B$ が独立であるとは，

$$P(A \cap B) = P(A)P(B) \tag{4.2.21}$$

が成立することである。

■**注 4.6 独立性の直感的意味** 独立性の定義はやや直感的意味がとらえにくいため，ここで補足しておく。次式

$$P(A|B) = P(A) \tag{4.2.22}$$

が成り立つとしよう。この式は，「$B$ が起きたという情報は $A$ の起こりやすさの評価に無関係である」ことを意味していて，$A$ と $B$ が無関係であることをよく表現している。したがって，こちらのほうを独立性の定義とすることも考えられるが，①条件付確率が使われているため，$P(B) > 0$ が成り立つ場合しか定義式が意味を持たない，②独立性は本来 $A$ と $B$ に関して対称な概念であるにもかかわらず，(4.2.22) では $A$ と $B$ の役割が対称ではない，という問題点がある。(4.2.22) 式を

$$\frac{P(A \cap B)}{P(B)} = P(A)$$

と書き直し，左辺の分母を払えば，(4.2.21) 式が得られる。(4.2.21) 式は，確率がゼロであっても意味を持ち，さらに $A$ と $B$ に関して対称であるから，独立性の定義としてより適切であると言える。なお，$P(B) > 0$ ならば，(4.2.22) と (4.2.21) は同値である。問題 4.2 の 5 を参照されたい。■

$A$ と $B$ が独立ならば，$A$ と $B^c$ は独立となる。同様に，$A^c$ と $B$，$A^c$ と $B^c$ も独立となる（詳細は問題 4.2 の 7）。次の定理も応用でよく用いられる。

**定理 4.4**

$P(B) > 0$，$P(B^c) > 0$ とする。このとき，$A$ と $B$ が独立であることと

$$P(A|B) = P(A|B^c) \tag{4.2.23}$$

が成立することとは同値である。

**例 4.12　食中毒の原因**

ビュッフェ形式の食事会などで，ある食品Bを食べたという事象を $B$，食中毒症状を示したという事象を $A$ で表す。このとき，$P(A|B)$ は食品Bを食べたという条件の下で食中毒症状を示す条件付確率，$P(A|B^c)$ は食べなかったという条件の下で食中毒症状を示す条件付確率である。この2つの条件付確率が等しければ，$A$ と $B$ が独立であり，食品Bは食中毒の原因ではないと考えられる。

例えば，100人が参加したとして次表のように

| | $A$（食中毒症状を示す） | $A^c$（示さない） | 計 |
|---|---|---|---|
| $B$（食べている） | 12人 | 48人 | 60人 |
| $B^c$（食べていない） | 10人 | 30人 | 40人 |
| 計 | 22人 | 78人 | 100人 |

であったとする。上表より，$P(A \cap B) = 12/100$，$P(B) = 60/100$ が読み取れるから，

$$P(A|B) = \frac{12/100}{60/100} = \frac{12}{60} = 0.20 \tag{4.2.24}$$

同様に，$P(A \cap B^c) = 10/100$，$P(B^c) = 40/100$ より，$P(A|B^c) = 10/40 = 0.25$ が得られる。両者の値に大きな違いはなく，食品Bが原因とは考えにくい（問題8.5の5へ続く）。■

### 4.2.7　$n$ 個の事象の独立性

2つの事象の独立性の定義を拡張して，$n$ 個の事象 $E_1, E_2, \cdots, E_n$ が独立であることを次のように定義する。$n$ 以下の数 $m$（$= 2, \cdots, n$）を任意に選び，$m$ 個の事象を（$E_1, E_2, \cdots, E_n$ の中から）任意に選んで $F_1, F_2, \cdots, F_m$ とおくと

$$P(F_1 \cap F_2 \cap \cdots \cap F_m) = P(F_1)P(F_2)\cdots P(F_m) \tag{4.2.25}$$

が成り立つとき，事象 $E_1, E_2, \cdots, E_n$ は**独立**であると言う。

**▶ 問題 4.2**

1. 確率の条件 (P1) (P2) (P3)（p.105，定義 4.1）から (P1) (P2) (P3*) を導け。(P1) (P2) (P3*) と (P1) (P2) (P3**) が同値であることを示せ。
2. サイコロを2回振るという試行を考える。
   (1) 標本空間 $\Omega$ を書け。

(2) $B = \{$ 少なくとも 1 回 6 が出る $\}$ という条件の下で $A = \{$ 目の和が 10 以上である $\}$ の起こる条件付確率 $P(A|B)$ を求めよ。

(3) $C = \{$ 1 回目に 6 が出る $\}$ という条件の下で $A = \{$ 目の和が 10 以上である $\}$ の起こる条件付確率 $P(A|C)$ を求めよ。

**3.** 男の子が生まれる確率を 1/2 とするとき，子供 5 人の家庭で次の事象が起こる確率を求めよ。(1) 上 2 人が男で下 3 人が女，(2) 男 3 人女 2 人，(3) 全員同性。

**4.** ある打者がヒットを打つ確率は 0.2 であるとする。この打者が連続して試合に出場するとして，(1) 3 回目の打席で初めてヒットを打つ確率を求めよ。(2) 10 回目までに初ヒットを打つ確率を求めよ。(3) 10 回目までに初ヒットを打ったという条件の下でそれが 5 回目までの打席である条件付確率を求めよ。(4) 3 回目以降のいずれかの回で初ヒットを打つ確率を求めよ。

**5.** $P(B) > 0$ ならば，$P(A \cap B) = P(A)P(B)$ と $P(A|B) = P(A)$ とは同値である。このことを示せ。

**6.** 定理 4.4（p.118）を示せ。

**7.** 事象 $A$ と $B$ が独立ならば，$A$ と $B^c$ も独立である。このことを示せ（これより，「$A$ と $B$ は独立」，「$A$ と $B^c$ は独立」，「$A^c$ と $B$ は独立」，「$A^c$ と $B^c$ は独立」なる 4 つの命題がすべて同値であることがわかる）。

**8.** $P(A) = 0.4$，$P(A \cup B) = 0.6$ とする。以下のそれぞれの場合について $P(B)$ を求めよ。(1) $A$ と $B$ が独立である場合，(2) $A$ と $B$ が排反である場合，(3) $P(B|A) = 0.2$ である場合。

**9.** 3 つの袋 A，B，C がある。A には白球 3 個と赤球 7 個，B には白球と赤球 5 個ずつ，C には白球 7 個と赤球 3 個が入っている。袋を 1 つ無作為に選び，そこから球を 1 つ取り出したところ白球であった。この球が A からのものである確率を求めよ。

**10.** 4 人に 1 人が正解を知っているという程度の難しさの問題をクイズで出題するものとする。この問題を 3 択問題で出題するものとする。解答者が正解を知っているという事象を $A$，解答者が正答するという事象を $B$ とする（$B$ にはまぐれ当たりも含まれる）。

(1) $P(A)$，$P(B|A)$ および $P(B|A^c)$ はいくらか。

(2) 解答者が正答したという条件の下で，その人がまぐれではなく本当に正解を知っている確率を求めよ。

(3) 100 人に 1 人しか正解を知らないという難しい問題を 100 択問題で出題したとする。解答者が正答したという条件の下で，その人がまぐれではなく本当に正解を知っている確率を求めよ。

11. ある都市において全体の0.04%があるウイルスに感染しているものとする。ある検査法は感染者の99.8%を正確に検出するが，非感染者の0.2%を誤って陽性と判定する。この検査法により陽性となった人が感染者である確率を求めよ。

# 4.3 確率変数

データは**確率変数**（random variable）の実現値と定義される。したがって，まず確率変数とは何かを議論することから始める。

## 4.3.1 確率変数

**例 4.13 コイン投げ (4)**

歪みのないコインを1回投げ，表（= 1）か裏（= 0）かを観測する。結果を $X$ で表すと，$X$ のとりうる値の全体は

$$\Omega = \{0,\ 1\}$$

であり，表が出るという事象 $\{X = 1\}$ の確率も裏が出るという事象 $\{X = 0\}$ の確率も等しく 1/2 である。すなわち，

$$P(\{X = 0\}) = 1/2, \qquad P(\{X = 1\}) = 1/2 \tag{4.3.1}$$

が成り立つ。（p.122 に続く） ■

**定義 4.4 確率変数**

（例 4.13 のように）ある変数 $X$ があって，次の2条件

(1) $X$ のとりうる値の全体 $\Omega$ がわかっている。

(2) $\Omega$ の各値に確率が与えられている。

が満たされているとき，$X$ を**確率変数**と言う。観測された $X$ の値を **$X$ の実現値**と言う。また，$\Omega$ のことを **$X$ の値域**（range）という。

**例 4.14　コイン投げ (5)**

コインを1回投げて表 $(=1)$ が出たとする。すなわち，$X=1$ が観測されたとする。このとき **$X$ の実現値は 1** である。データとは確率変数の実現値のことであるから，この例では1というデータが得られたことになる。(下に続く) ■

### 4.3.2　離散型確率変数

確率変数 $X$ が飛び飛びの値しかとらない場合，$X$ を**離散型確率変数** (discrete random variable) と言う。「飛び飛びの値しかとらない」とはより正確に言えば，$X$ の値域が

$$\Omega = \{x_1, x_2, \cdots, x_k\} \quad (\text{あるいは}\ \{x_1, x_2, \cdots\})$$

という形の集合となることである。離散型確率変数 $X$ の性質は，

$$P(\{X = x_i\}) = p_i \quad (i = 1, 2, \cdots, k) \tag{4.3.2}$$

によって定まる。これを $X$ の**確率分布** (probability distribution)，もしくは **$X$ の従う確率分布**と言う。確率分布とは，全確率1が各 $x_i$ にどのように分布しているかを表すものである。

以後，$P(\{X = x_i\})$ を単に $P(X = x_i)$ と表し，特に混乱の恐れのないときは確率分布を単に**分布**と呼ぶ。

**例 4.15　コイン投げ (6)**

コインを10回投げ，何回表が出るかを観測する。表の回数を $X$ とおくと，$X$ は離散型確率変数である。実際，$X$ の値域は

$$\Omega = \{0, 1, \cdots, 10\}$$

である。$X$ の分布は，

$$P(X = x) = {}_{10}C_x / 2^{10} \quad (x = 0, 1, \cdots, 10) \tag{4.3.3}$$

である。

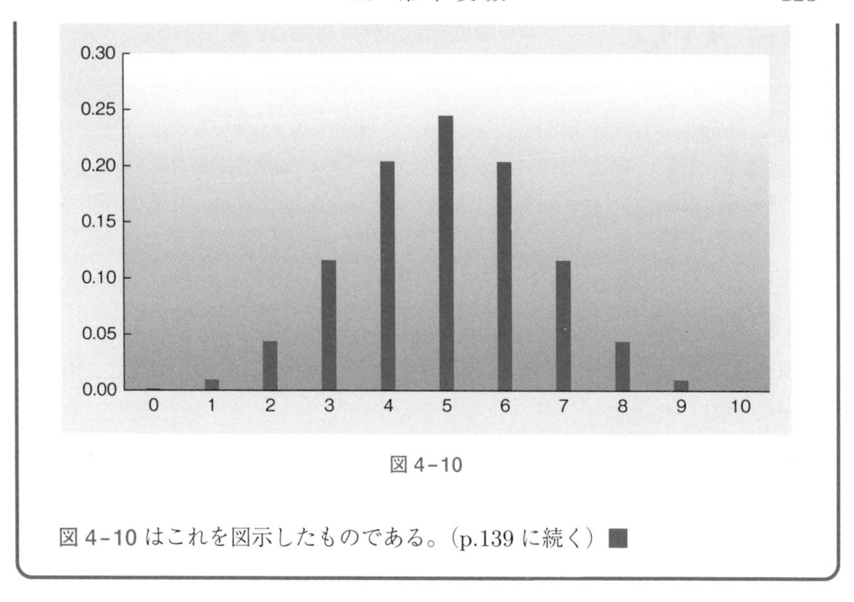


図 4-10

図 4-10 はこれを図示したものである。(p.139 に続く) ■

**定理 4.5**

$X$ を離散型確率変数とすると次の 2 つが成り立つ。

(1) $P(X = x_i) \geq 0 \ (i = 1, 2, \cdots, k)$

(2) $\displaystyle\sum_{i=1}^{k} P(X = x_i) = 1$

◇**証明** (1) は確率の非負性より明らか。(2) を示す。$X$ は $x_1, \cdots, x_k$ のいずれかの値をとるから，次式は明らかである。

$$P\left(\{X = x_1\} \cup \{X = x_2\} \cup \cdots \cup \{X = x_k\}\right) = 1$$

ここで，左辺の和事象は互いに排反であるから，

$$P\left(\{X = x_1\} \cup \{X = x_2\} \cup \cdots \cup \{X = x_k\}\right) = \sum_{i=1}^{k} P(X = x_i)$$

となり，(2) が得られる。(証明終) ◇

■注 4.7 **確 率 関 数** (4.3.3) 式は $x$ の関数と見ることもできる。このとき

$$f(x) = {}_{10}C_x/2^{10} \quad (x = 0, 1, \cdots, 10) \tag{4.3.4}$$

を $X$ の確率関数（probability function）と言う。確率分布と確率関数の持っている情報は等価である。実際，確率分布から確率関数を求めることも，確率関数から確率分布を求めることも可能である。したがって両者を区別する必要はなく，文脈に応じて使いやすいほうを用いればよい。■

### 4.3.3 期 待 値

確率変数の性質を調べるため，データの記述・要約に用いた諸概念，すなわち平均，分散，標準偏差，基準化変量などの考え方を確率変数に適用する。以下，$X$ は分布

$$P(X = x_i) = p_i \quad (i = 1, 2, \cdots, k) \tag{4.3.5}$$

に従う離散型確率変数とする。

**定義 4.5 確率変数の平均**

離散型確率変数 $X$ に対して，

$$\mathrm{E}(X) = \sum_{i=1}^{k} x_i P(X = x_i) = \sum_{i=1}^{k} x_i p_i \tag{4.3.6}$$

を $X$ の**平均**（mean）または**期待値**（expectation）という。

記号 E は expectation に由来する。以後，**文脈に応じて** * **しばしば E($X$) を $\mu$（ミュー）とも表す**。$\mu$ は m に対応するギリシャ文字であり，m は mean の頭文字である。

平均 $\mathrm{E}(X)$ の定義が，第2章で扱った度数分布表に基づく平均 (2.2.7) と基本的に同じであることに注意しよう。すなわち，$X$ のとりうる値 $x_1, x_2, \cdots, x_k$ を度数分布表の階級値と読み替え，各 $x_i$ をとる確率 $p_i$ を相対度数と思えば，両者は同じ値となる。

---

* 平均や期待値の演算としての側面を強調するときは $\mathrm{E}(X)$ なる記号を用い，他方，平均や期待値の値そのものに関心のある場合は $\mu$ で表す。

次の例は応用例として最も基本的かつ重要なものである。

**例 4.16 宝くじ (1)**

次表のような宝くじを考える。発行枚数は 1 万枚とする。

| 当選金（円） | 0 | 100 | 1000 | 10000 |
|---|---|---|---|---|
| 枚数 | 9000 | 800 | 150 | 50 |

この宝くじを 1 枚購入したときの当選金を $X$ とおけば，抽選前の $X$ は次表のような分布を持つ離散型確率変数とみなせる。

| $x_i$ | 0 | 100 | 1000 | 10000 |
|---|---|---|---|---|
| $P(X=x_i)$ | 0.9 | 0.08 | 0.015 | 0.005 |

$X$ の期待値 $\mathrm{E}(X)$ は定義により，

$$\mathrm{E}(X) = 0 \times 0.9 + 100 \times 0.08 + 1000 \times 0.015 + 10000 \times 0.005 = 73 \text{（円）} \tag{4.3.7}$$

となる。（p.126 に続く） ■

非負の値のみをとる離散型確率変数は，宝くじと同一視できることに注意しよう。また，次の例のように結果が 2 通りしかない偶然現象はコイン投げと同一視できる。もちろん，当たりとはずれしかない宝くじと見てもよい。

**例 4.17 打　率**

打率 3 割の打者が 1 回打席に立つときのヒットの回数を $X$ とすれば，$X$ は，

$$P(X=0)=0.7,\ P(X=1)=0.3$$

を確率分布に持つ離散型確率変数である。$X$ の期待値 $\mathrm{E}(X)$ は

$$\mathrm{E}(X) = 0 \times 0.7 + 1 \times 0.3 = 0.3 \tag{4.3.8}$$

である。

10 回打席に立つときのヒットの回数を $X$ とすれば，$X$ の分布は

$$P(X=x) = {}_{10}C_x (0.3)^x (0.7)^{10-x} \quad (x = 0, 1, \cdots, 10) \tag{4.3.9}$$

となる（証明は定理 4.11 で行う）。一般に打率 $p$ 割の打者が $n$ 回打席に立つときのヒット数を $X$ とすれば $\mathrm{E}(X)=np$ となる（定理 4.12）。したがってこの場合は $\mathrm{E}(X)=10\times 0.3=3$ となる。この計算法は日常生活でもなじみのあるものである。数学的には

$$\mathrm{E}(X)=\sum_{x=0}^{10} x\times {}_{10}C_x(0.3)^x(0.7)^{10-x}=3 \tag{4.3.10}$$

を示せばよい。■

例 4.16 において，当選金の 10%を献金することが義務付けられているならば，手取り額は $0.9X$ となる。この場合，$X$ の期待値よりも $0.9X$ の期待値 $\mathrm{E}(0.9X)$ のほうが重要な量であろう。そのため，関数 $g(x)$ によって，$X$ を変換して得られる量 $g(X)$ に対して期待値の定義を拡張する。

**定義 4.6　期 待 値**

関数 $g(x)$ に対して，$\mathrm{E}[g(X)]$ を

$$\mathrm{E}\left[g(X)\right]=\sum_{i=1}^{k} g(x_i)P(X=x_i)=\sum_{i=1}^{k} g(x_i)p_i \tag{4.3.11}$$

で定義し，$g(X)$ の期待値と言う。

**例 4.18　宝くじ (2)**

上の定義に基づいて，$\mathrm{E}[0.9X]$ を求める。$g(X)=0.9X$ とおくと，定義より

$$\begin{aligned}\mathrm{E}[0.9X] &= \mathrm{E}[g(X)]\\ &= g(0)\times P(X=0)+g(100)\times P(X=100)\\ &\quad +g(1000)\times P(X=1000)+g(10000)\times P(X=10000)\\ &= 0\times 0.9+90\times 0.08+900\times 0.015+9000\times 0.005=65.7\end{aligned}$$

となる。（p.128 に続く）■

**例 4.19 数値例 (8)**

確率変数 $X$ の分布を次の通りとする。

$$P(X=0)=0.3,\ P(X=1)=0.5,\ P(X=2)=0.2$$

このとき，

$$\mathrm{E}(X) = 0\times 0.3+1\times 0.5+2\times 0.2=0.9 \tag{4.3.12}$$

$$\mathrm{E}(X^2) = 0^2\times 0.3+1^2\times 0.5+2^2\times 0.2=1.3 \tag{4.3.13}$$

である。試験答案などでしばしば $\mathrm{E}(X^2)=[\mathrm{E}(X)]^2$ という計算を見かけるがこれは正しくない。実際，$[\mathrm{E}(X)]^2=(0.9)^2=0.81\neq 1.3=\mathrm{E}(X^2)$ であり，この場合は一致しない。（p.131 に続く）■

次の定理に見る通り，期待値は**線形性**（linearity）という性質を持つ。

**定理 4.6 期待値の線形性**

$a,b$ を定数とすると，

(1) $\mathrm{E}[aX+b]=a\mathrm{E}(X)+b$

(2) $\mathrm{E}[aX]=a\mathrm{E}(X)$

(3) $\mathrm{E}[X+b]=\mathrm{E}(X)+b$

(4) $\mathrm{E}[b]=b$

(5) 任意の関数 $g(x)$ と $h(x)$ に対して，

$$\mathrm{E}[g(X)+h(X)]=\mathrm{E}[g(X)]+\mathrm{E}[h(X)]$$

が成り立つ。したがって，例えば次のような式変形ができる:

$$\mathrm{E}[X^2+X]=\mathrm{E}[X^2]+\mathrm{E}[X]$$

◇**証明** (1) を示す。$g(x) = ax + b$ とおくと，$g(X) = aX + b$ であるから，

$$\begin{aligned}
\mathrm{E}[aX+b] &= \mathrm{E}[g(X)] = \sum_{i=1}^{k} g(x_i)p_i \quad \text{（期待値の定義）} \\
&= \sum_{i=1}^{k} (ax_i + b)\ p_i \quad \text{（関数 } g(x) \text{ の定義）} \\
&= a\sum_{i=1}^{k} x_i p_i + b\sum_{i=1}^{k} p_i \quad \text{（和の性質）} \\
&= a\mathrm{E}(X) + b \quad \left(\sum_{i=1}^{k} p_i = 1 \text{ を使った}\right)
\end{aligned}$$

(2) は (1) において，$b = 0$ としたものである。同様に，(3) と (4) は (1) において，それぞれ $a = 1$，$a = 0$ としたものである。(5) の証明も (1) のそれと同様であるから略す。（証明終）◇

**例 4.20 宝くじ (3)**

定理 4.6 を用いることにより，期待値 $\mathrm{E}[0.9X]$ の計算はずっと簡単になる。

$$\mathrm{E}[0.9X] = 0.9\mathrm{E}(X) = 0.9 \times 73 = 65.7$$

と求めればよい。（p.130 に続く） ■

### 4.3.4 最小 2 乗値

定理 2.1（p.26）でわれわれはデータ $x_1, x_2, \cdots, x_n$ に対して，その平均 $\bar{x}$ が最小 2 乗値であることを見た。同様に，確率変数の平均 $\mathrm{E}(X)$ も最小 2 乗値と解釈することができる。

**定理 4.7 平均は最小 2 乗値**

実数 $c$ の関数 $h(c)$ を

$$h(c) = \mathrm{E}\left[(X-c)^2\right]$$

と定義すると，これは $c = \mathrm{E}(X)$ において最小となる。

◇**証明**　期待値の線形性を利用すれば，関数 $h(c)$ が $c$ の 2 次関数であることがわかる。$A = \mathrm{E}(X)$，$B = \mathrm{E}(X^2)$ とおく。

$$\begin{aligned} h(c) &= c^2 - 2c\mathrm{E}(X) + \mathrm{E}(X^2) \\ &= c^2 - 2Ac + B \\ &= (c - A)^2 + B - A^2 \end{aligned} \tag{4.3.14}$$

したがって，$c = A$ で最小となる。（証明終）◇

### 4.3.5 分散と標準偏差

2 つの確率変数 $X$，$Y$ がそれぞれ次表のような確率分布に従うとする（グラフは図 4-11 に示す）。

| $i$ | 0 | 1 | 2 | 3 | 4 | 5 | 6 |
|---|---|---|---|---|---|---|---|
| $P(X=i)$ | 0.1 | 0.1 | 0.2 | 0.2 | 0.2 | 0.1 | 0.1 |
| $P(Y=i)$ | 0 | 0.1 | 0.2 | 0.4 | 0.2 | 0.1 | 0 |

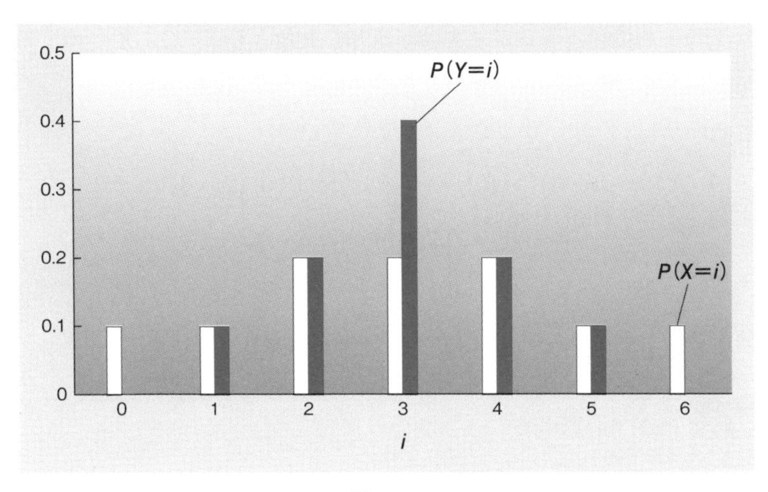


図 4-11

このとき，$\mathrm{E}(X) = \mathrm{E}(Y) = 3$ であり，両者は同一の平均を持つが，$X$ のほうが $Y$ に比べて散らばりが大きいと言えるだろう。そこで，確率変数の散らばりを表現する量として，確率変数の分散と標準偏差を定義する。データ

$x_1, x_2, \cdots, x_n$ の分散 $\frac{1}{n}\sum_{i=1}^{n}(x_i - \bar{x})^2$ は，平均からの偏差 $x_i - \bar{x}$ の 2 乗 $(x_i - \bar{x})^2$ を平均したものである。この考え方を確率変数に当てはめることにより，次の定義が得られる。

**定義 4.7 確率変数の分散**

$X$ の分散を $\mathrm{V}(X)$ で表し，次式で定義する。

$$\mathrm{V}(X) = \sum_{i=1}^{k}(x_i - \mu)^2 P(X = x_i) = \sum_{i=1}^{k}(x_i - \mu)^2 p_i \qquad (4.3.15)$$

ここに，$\mu = \mathrm{E}(X)$ である。また，分散の正の平方根を $X$ の**標準偏差**と言い，$\mathrm{D}(X)$ で表す：

$$\mathrm{D}(X) = \sqrt{\mathrm{V}(X)} \qquad (4.3.16)$$

**以後しばしば，分散 $\mathrm{V}(X)$ を $\sigma^2$，標準偏差 $\mathrm{D}(X)$ を $\sigma$ で表す。**分散と標準偏差は 1 対 1 の関係（一方が求まれば他方も求まる関係）にあるため，両者の持つ情報は同じである。

上の表の $X$ と $Y$ の分散と標準偏差を計算する。

$$\begin{aligned}\mathrm{V}(X) &= (0-3)^2 \times 0.1 + (1-3)^2 \times 0.1 + (2-3)^2 \times 0.2 \\ &\quad +(3-3)^2 \times 0.2 + (4-3)^2 \times 0.2 + (5-3)^2 \times 0.1 \\ &\quad +(6-3)^2 \times 0.1 = 3 \qquad (4.3.17)\end{aligned}$$

同様に $\mathrm{V}(Y) = 1.2$ であり，$\mathrm{V}(X) > \mathrm{V}(Y)$ が成り立っている。

**例 4.21 宝くじ (4)**

$\mathrm{E}(X) = 73$ であったから，定義により，

$$\begin{aligned}\mathrm{V}(X) &= (0-73)^2 \times 0.9 + (100-73)^2 \times 0.08 + (1000-73)^2 \times 0.015 \\ &\quad +(10000-73)^2 \times 0.005 = 510471.0\end{aligned}$$

となる。$\mathrm{D}(X) = \sqrt{510471.0} = 714.5$ である。（終）■

分散や標準偏差の数値を解釈する際は，$X$ が「平均 $\pm 2\times$ 標準偏差」の範囲に入る確率が 3/4 以上であることを目安にするとよい。上の例では $\mathrm{E}(X)=\mu=73$, $\mathrm{D}(X)=\sigma=714.5$ であるから，区間 $[\mu-2\sigma,\ \mu+2\sigma]=[-1355.9, 1501.9]$ に入る確率は 3/4 以上である。より正確には，次のチェビシェフの不等式の通りである：**正の数 $k$ に対して**

$$\boldsymbol{P(\mu - k\sigma \leq X \leq \mu + k\sigma) \geq 1 - \frac{1}{k^2}} \tag{4.3.18}$$

**が成り立つ**（証明略）。

分散は，期待値の記号を用いて

$$\mathrm{V}(X) = \mathrm{E}[(X-\mu)^2] \tag{4.3.19}$$

とも表現できる。これは，(2.3.2) の確率変数版である。

**定理 4.8　公　式**

次の等式が成り立つ。

$$\mathrm{V}(X) = \mathrm{E}(X^2) - \mu^2$$

◇**証明**　(4.3.19) の右辺を展開し，定理 4.6 の (5) を用いると，

$$\begin{aligned}\mathrm{V}(X) &= \mathrm{E}[X^2 - 2\mu X + \mu^2] = \mathrm{E}(X^2) - 2\mu\mathrm{E}(X) + \mu^2 \\ &= \mathrm{E}(X^2) - 2\mu \times \mu + \mu^2 = \mathrm{E}(X^2) - \mu^2\end{aligned}$$

最終行で，$\mathrm{E}(X)=\mu$ を使った。（証明終）◇

**例 4.22　数値例 (9)**

(4.3.12) と (4.3.13) を利用すると，

$$\mathrm{V}(X) = \mathrm{E}(X^2) - [\mathrm{E}(X)]^2 = 1.3 - 0.9^2 = 0.49 \tag{4.3.20}$$

と求められる。（終）■

**定理 4.9 変数と単位の変換**

$a$, $b$ を定数とし, $a > 0$ とすると, 次式が成り立つ。

(1) $\mathrm{V}(aX + b) = a^2\mathrm{V}(X)$

(2) $\mathrm{D}(aX + b) = a\mathrm{D}(X)$

◇**証明** $Y = aX + b$ とおくと, 分散の定義より,

$$\mathrm{V}(Y) = \mathrm{E}[(Y - \mu_Y)^2] \quad (\mu_Y = \mathrm{E}(Y)) \tag{4.3.21}$$

となる。定理 4.6 より, $\mu_Y = \mathrm{E}(aX + b) = a\mu + b$ であるから, $Y$ と $\mu_Y$ をそれぞれ書き換えて,

$$\begin{aligned}\mathrm{V}(Y) &= \mathrm{E}\left\{[(aX + b) - (a\mu + b)]^2\right\} = \mathrm{E}\left[a^2(X - \mu)^2\right] \\ &= a^2\mathrm{E}\left[(X - \mu)^2\right] = a^2\mathrm{V}(X)\end{aligned}$$

となり求める結果が得られる。(証明終) ◇

特別な場合として, $\mathrm{V}(X + b) = \mathrm{V}(X)$, $\mathrm{D}(X + b) = \mathrm{D}(X)$ が成り立つことに注意しよう。これは, $X$ の位置を $X + b$ と変換しても $X$ の散らばり方は変わらないことを意味しており, 自然な結果である。また, $\mathrm{V}(aX) = a^2\mathrm{V}(X)$, $\mathrm{D}(aX) = a\mathrm{D}(X)$ ($a > 0$) も成り立つ。すなわち, $X$ を $a$ 倍して尺度変換すれば, 分散は $a^2$ 倍, 標準偏差は $a$ 倍となる。

■注 4.8† **モーメント** データのモーメントと同様に,

$$\mu_k = \mathrm{E}(X^k) \quad (k = 1, 2, \cdots) \tag{4.3.22}$$

を $X$ の(原点回りの)$k$ 次モーメントという。1 次モーメントは平均である。すなわち, $\mu_1 = \mu$ である。また,

$$\mu'_k = \mathrm{E}[(X - \mu)^k] \quad (k = 1, 2, \cdots) \tag{4.3.23}$$

を $X$ の平均回りの $k$ 次モーメントという。平均回りの 2 次モーメントは分散である。すなわち, $\mu'_2 = \sigma^2$ である。定理 4.8 では, 平均回りの 2 次モーメントが原点回りのモーメントで表現されている。すなわち, $\mu'_2 = \mu_2 - \mu_1^2$。■

### 4.3.6 基準化変量

データ $x_1, x_2, \cdots, x_n$ が与えられたとき，$x_i$ の基準化変量 $z_i$ は，

$$x_i = \bar{x} + z_i S, \text{ すなわち } z_i = \frac{x_i - \bar{x}}{S}$$

で定義された。この考え方を確率変数に対して適用する。

**定義 4.8　基準化変量**

確率変数 $X$ の基準化変量 $Z$ を次式で定義する。

$$Z = \frac{X - \mu}{\sigma} \tag{4.3.24}$$

ここに，$\mu = \mathrm{E}(X)$, $\sigma^2 = \mathrm{V}(X)$。

定義より，

$$X = \mu + Z\sigma$$

が成り立つ。データの基準化変量と同様，上式は，標準偏差 $\sigma$ を 1 目盛としたとき $X$ が平均 $\mu$ から $Z$ 目盛分だけ隔たっていることを示している。

**定理 4.10　基準化変量の平均と分散**

確率変数 $X$ の基準化変量を $Z$ とおけば，

(1)　$\mathrm{E}(Z) = 0$

(2)　$\mathrm{V}(Z) = 1$

◇**証明**　$a = 1/\sigma$，$b = -\mu/\sigma$ とおけば

$$Z = \frac{X - \mu}{\sigma} = aX + b$$

であるから，

$$\mathrm{E}(Z) = a\mathrm{E}(X) + b = \frac{1}{\sigma}\mu - \frac{\mu}{\sigma} = 0 \tag{4.3.25}$$

が成り立つ。同様に，$\mathrm{V}(Z) = a^2\mathrm{V}(X) = \sigma^2/\sigma^2 = 1$。（証明終）◇

▶ **問題 4.3**

1. $X$ は $\Omega = \{1, 2, \ldots, N\}$ の各値を等しい確率でとるとする。$P(X = x) = 1/N$ $(X = 1, 2, \cdots, N)$。このような分布を**離散一様分布**という。$\mathrm{E}(X)$，$\mathrm{E}(X^2)$，$\mathrm{V}(X)$ を求めよ（$N = 6$ のときサイコロ投げとなり，$N = 2$ のとき $X - 1$ がコイン投げとなる）。
2. 現在の所持金額を 300 万円とする。この金額を A と B いずれかの方法で投資するものとする。方法 A で投資したとき，確率 0.5 で 100 万円，確率 0.5 で 500 万円が得られる。他方，方法 B で投資したときは 100 万，200 万，300 万，400 万，500 万をそれぞれ確率 $p, p, 1 - 4p, p, p$ で得られるものとする。ただし，$0 \leq p \leq 1/4$ である。方法 A,B で投資したときの取得金額をそれぞれ $X, Y$ とする
   (1) $\mathrm{E}(X)$，$\mathrm{E}(Y)$ を計算し，期待値の意味ではどちらが有利か求めよ。
   (2) $\mathrm{V}(X)$，$\mathrm{V}(Y)$ を計算し，分散が大きいのはどちらか（分散が大きいほうがハイリスクと考えられる）求めよ。
3. $X$ は次表の分布に従うとする。

| $k$ | −3 | −2 | −1 | 0 | 1 | 2 | 3 |
|---|---|---|---|---|---|---|---|
| $P(X{=}i)$ | 0.1 | 0.1 | 0.2 | 0.2 | 0.2 | 0.1 | 0.1 |

   $Y = X^2$ とおく。$\mathrm{E}(Y)$ と $\mathrm{V}(Y)$ を求めよ。
4. 確率変数は定数（非確率変数）を含む一般的な概念である。なぜなら，確率変数 $X$ を $P(X = x) = 1$ なるものと定義すれば $X$ は定数 $x$ に等しいからである。このとき $\mathrm{V}(X) = 0$ であることを示せ。逆に，$\mathrm{E}(X) = \mu$ かつ $\mathrm{V}(X) = 0$ ならば，$P(X = \mu) = 1$ であることを示せ（この事実の応用として，本書では例えば (10.4.3) がある）。
5. $\mathrm{E}(X) = 3$，$\mathrm{E}(X^2) = 13$ とする。チェビシェフの不等式を用いて $P(-2 \leq X \leq 8)$ の下限を求めよ。

## 4.4 離散型確率分布の代表例

本節では離散型確率分布の中で最も基本的な，2 項分布，ポアソン分布，幾何分布の 3 つを紹介する。いずれもコイン投げを基礎に持つ確率分布である。

### 4.4.1 コイン投げ，ベルヌーイ試行

表が出る確率が $p$ であるようなコインを独立に $n$ 回投げるという試行は

$$E_i = \{\, i \text{ 回目に表が出る} \,\} \quad (i = 1, 2, \cdots, n) \tag{4.4.1}$$

とおけば，次の 2 つの条件を満たす。

(C1) $P(E_1) = P(E_2) = \cdots = P(E_n) = p$（各回に表が出る確率は $p$）

(C2) $E_1, E_2, \cdots, E_n$ は独立（各回は独立）

**例 4.23　数値例（10）**

コインを 3 回投げて 1 回表が出る確率を求めよう。まず，{ 1 回目のみ表が出る } という事象の確率を求める。

$$\begin{aligned} P(\{\, 1 \text{ 回目のみ表が出る} \,\}) &= P(E_1 \cap E_2^c \cap E_3^c) = P(E_1)P(E_2^c)P(E_3^c) \\ &= p(1-p)^2 \end{aligned}$$

ここで 2 つ目の等号は事象 $E_1, E_2, E_3$ の独立性による。同様に考えて

$$P(\{\, 2 \text{ 回目のみ表が出る} \,\}) = P(\{\, 3 \text{ 回目のみ表が出る} \,\}) = p(1-p)^2$$

が得られる。さて，{ 3 回のうち 1 回表が出る } という事象は { $i$ 回目のみ表 }（$i = 1, 2, 3$）の排反な和事象だから，

$$\begin{aligned} P(\{\, 3 \text{ 回のうち 1 回表が出る} \,\}) &= \sum_{i=1}^{3} P(\{\, i \text{ 回目のみ表が出る} \,\}) \\ &= 3 \times p\,(1-p)^2 \end{aligned}$$

となる。■

既に述べた通り，結果が 2 通りしかないような試行はすべてコイン投げと同一視できるから，これをより一般的な言葉で表したほうが都合がよいだろう。ベルヌーイ試行をここで定義しておこう。ベルヌーイ試行では，表裏の代わりに「成功」，「失敗」という表現を用いる。

**定義 4.9　ベルヌーイ試行**

条件 (C1) と (C2)（ただし，表を成功と読み替える）を満たす試行を成功確率 $p$，長さ $n$ のベルヌーイ試行（Bernoulli trial）と言う。

### 4.4.2 2項分布

**定義 4.10　2項分布**

確率変数 $X$ が次の確率分布を持つとき，$X$ は**2項分布**（binomial distribution）$B(n,p)$ に従うと言い，$X \sim B(n,p)$ と書く。

$$P(X=x) = {}_nC_x p^x (1-p)^{n-x} \qquad (x=0,1,2,\cdots,n) \qquad (4.4.2)$$

**例 4.24　2項分布の確率関数**

2項分布 $B(n,p)$ を図示すれば図 4–12 の通りである。

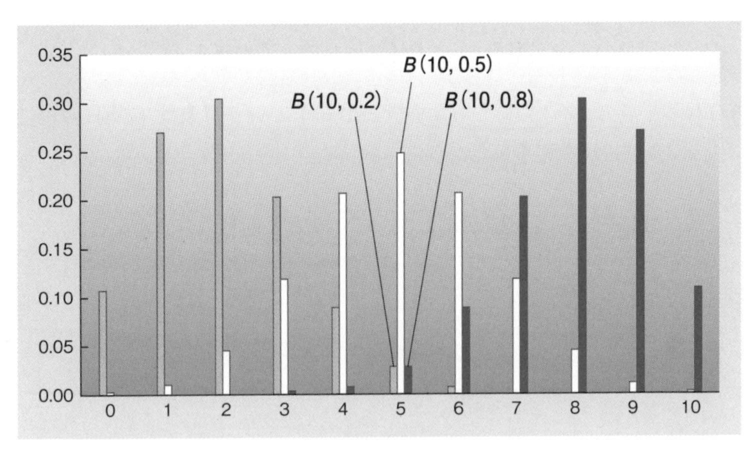


図 4–12

$B(10,0.5)$ は左右対称に分布する。また，$B(10,0.2)$ と $B(10,0.8)$ は対称な関係にある。■

次に 2 項分布をベルヌーイ試行の言葉で理解しよう。

**定理 4.11 ベルヌーイ試行と 2 項分布**

成功確率 $p$, 長さ $n$ のベルヌーイ試行において $X =$ 成功回数 とおけば, $X \sim B(n, p)$ が成り立つ。

◇**証明** $n = 3$ の場合を示そう。基本的に例 4.23 で計算した通りである。次式を示せばよい：

$$P(X = x) = {}_3C_x p^x (1-p)^{3-x} \qquad (x = 0, 1, 2, 3)$$

$E_i$ を (4.4.1) の通りとすると,

$$\{X = 3\} = E_1 \cap E_2 \cap E_3$$

である。$E_1$, $E_2$, $E_3$ は独立であり, 各 $E_i$ について $P(E_i) = p$ が成り立つから

$$P(X = 3) = P(E_1)P(E_2)P(E_3) = p^3 = {}_3C_3 p^3 (1-p)^0$$

が成り立つ。同様に,

$$\{X = 2\} = (E_1^c \cap E_2 \cap E_3) \cup (E_1 \cap E_2^c \cap E_3) \cup (E_1 \cap E_2 \cap E_3^c)$$

である。ここで, $E_1^c \cap E_2 \cap E_3 = \{$ 1 回目失敗, 2 回目と 3 回目は成功 $\}$ である（他の 2 つも同様)。

$$P(X = 2) = P(E_1^c \cap E_2 \cap E_3) + P(E_1 \cap E_2^c \cap E_3) + P(E_1 \cap E_2 \cap E_3^c)$$

が成り立つ。右辺の各項はすべて等しく $p^2(1-p)$ であるから,

$$P(X = 2) = 3p^2(1-p) = {}_3C_2 p^2 (1-p)^1$$

が成り立つ。他も同様である。(証明終) ◇

次に 2 項分布の平均と分散を求めよう。

**定理 4.12　平均と分散**

$X \sim B(n,p)$ とするとき，

$$\mathrm{E}(X) = np, \quad \mathrm{V}(X) = np(1-p), \quad \mathrm{D}(X) = \sqrt{np(1-p)}$$

◇**証明**　$q = 1 - p$ とおく。等式 $m! = m \times (m-1)!$ を用いると，

$$x\,{}_nC_x = x\frac{n!}{x!(n-x)!} = \frac{n \times (n-1)!}{(x-1)!(n-x)!} = n \times {}_{n-1}C_{x-1}$$

が得られ，これより

$$\begin{aligned}\mathrm{E}(X) &= \sum_{x=0}^{n} x\,{}_nC_x p^x q^{n-x} = \sum_{x=1}^{n} x\,{}_nC_x p^x q^{n-x} \\ &= n\sum_{x=1}^{n} {}_{n-1}C_{x-1} p^x q^{n-x}\end{aligned}$$

ここで，$m = n - 1$，$y = x - 1$ とおくと

$$\begin{aligned}\text{上式} &= n\sum_{y=0}^{m} {}_mC_y p^{y+1} q^{m-y} = np\sum_{y=0}^{m} {}_mC_y p^y q^{m-y} \\ &= np(p+q)^m = np\end{aligned}$$

最後の行で2項定理（第1.3節）を使った。よって平均の値が導かれた。次に分散を計算する。まず，次の等式は自明であろう。

$$\mathrm{V}(X) = \mathrm{E}(X^2) - [\mathrm{E}(X)]^2 = \mathrm{E}[X(X-1)] + \mathrm{E}(X) - [\mathrm{E}(X)]^2 \tag{4.4.3}$$

平均を求めたときと同様にして

$$\mathrm{E}[X(X-1)] = n(n-1)p^2$$

が示せるから，(4.4.3) に代入して，

$$\mathrm{V}(X) = n(n-1)p^2 + np - (np)^2 = np(1-p)$$

が得られる。（証明終）◇

この証明法は後述のポアソン分布などでも使える。前半の結果 $\mathrm{E}(X) = np$ はわれわれにとってなじみの深いものであり，（2 項分布という概念を知っているか否かはともかく）多くの人が日常生活でこの計算を利用している。例えば，打率が 3 割の打者が 100 回打席に立つとしたとき，多くの人は平均的なヒット数を $100 \times 0.3 = 30$ と計算するであろう。これは $np$ に等しい。また，成功失敗のいかんが予想しやすいのは $p$ が 0 または 1 に近い場合である。逆に予想しづらいのは $p = 1/2$ のときである。実際，分散 $\mathrm{V}(X) = np(1-p)$ は，図 4-13 にある通り，$p$ の関数と見たとき $p = 0.5$ で最大となり，$p = 0$ と 1 で最小となる。

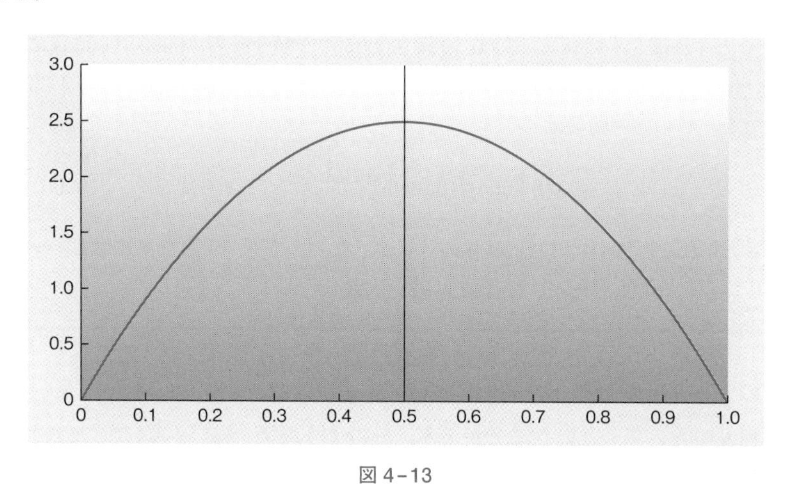


図 4-13

特に，$n = 1$ であるような 2 項分布 $B(1, p)$ をベルヌーイ分布（Bernoulli distribution）$Ber(p)$ と言う。

**例 4.25　コイン投げ (7)**

コインを $n = 100$ 回投げるとき表の出る回数を $X$ とおくと，$X \sim B(100, 0.5)$ であり，

$$\mathrm{E}(X) = 50, \quad \mathrm{V}(X) = 100 \times 0.5 \times 0.5 = 25, \quad \mathrm{D}(X) = 5$$

となるから，2 シグマ区間は $[50 \pm 2 \times 5] = [40, 60]$ となり，チェビシェフの不等式より，

$$P(40 \leq X \leq 60) \geq \frac{3}{4}$$

となる。$n = 10000$ とすれば，$\mathrm{E}(X) = 5000$，$\mathrm{D}(X) = 50$ となるから，2シグマ区間は $[5000 \pm 2 \times 50] = [4900, 5100]$ となる。（p.187 に続く） ■

### 4.4.3 ポアソン分布

**例 4.26 不良品数（1）**

ある工場の生産ラインでは，1週当たり1万個の機械部品が作られ，そのうちおよそ0.05%が不良品として処理される。このラインでの（例えば来週の）不良品の数を $X$ とすれば，$X$ は $n = 10000$，$p = 0.0005$ の2項分布 $B(10000, 0.0005)$ に従う。平均 $\mathrm{E}(X)$ は $np = 10000 \times 0.0005 = 5$，分散は $\mathrm{V}(X)$ は $np(1-p) = 4.9975$ となり，$X$ の確率関数は，

$$P(X = x) = {}_{10000}C_x (0.0005)^x (0.9995)^{10000-x} \qquad (x = 0, 1, 2, \cdots, 10000)$$

で与えられる。しかしこれは具体的計算が厄介である上，現象を記述するモデルとしてもやや煩雑である。（p.142 に続く） ■

このように2項分布 $B(n, p)$ において，$n$ が大で，$p$ が0に非常に近く，$np$ が中程度の大きさ，という場合がある。そのような場合は，2項分布の極限であるポアソン分布が役に立つことが多い。典型例として，一定区域内における交通事故の発生件数，放射性物質から放射される粒子の数，一定数の細胞が入ったシャーレの中で突然変異を示すものの数などが挙げられる。

**定理 4.13 2項分布とポアソン分布の関係**

$np = \lambda$ を一定に保ちながら $n \to \infty$（したがって $p \to 0$）とするとき，

$$ {}_nC_x p^x (1-p)^{n-x} \to e^{-\lambda} \frac{\lambda^x}{x!} \tag{4.4.4}$$

となる。

† 上の定理を示そう。興味のない読者はスキップしてよい。$p = \lambda/n$ であるから，

$$
{}_nC_xp^x(1-p)^{n-x} = \frac{n!}{(n-x)!x!}\left(\frac{\lambda}{n}\right)^x\left(1-\frac{\lambda}{n}\right)^{n-x}
$$

と表され，これは次のように変形できる。

$$
\frac{\lambda^x}{x!} \times \frac{n!}{(n-x)!n^x}\left(1-\frac{\lambda}{n}\right)^n \times \left(1-\frac{\lambda}{n}\right)^{-x}
$$

ここで，$n \to \infty$ としたとき

$$
(1-\lambda/n)^{-x} \to 1,\ (1-\lambda/n)^n \to e^{-\lambda},
$$

$$
\frac{n!}{(n-x)!n^x} = \frac{n(n-1)\times\cdots\times(n-x+1)}{n^x} \to 1
$$

なることを使えば (4.4.4) が得られる。

**定義 4.11　ポアソン分布**

確率変数 $X$ が次の確率分布を持つとき，$X$ は**ポアソン分布**（Poisson distribution）$Po(\lambda)$ に従うと言い，$X \sim Po(\lambda)$ と書く。

$$
P(X=x) = e^{-\lambda}\frac{\lambda^x}{x!} \quad (x=0,1,2,\cdots;\ \lambda>0) \tag{4.4.5}
$$

**例 4.27　確率関数の概形**

$\lambda = 1, 3, 5, 10$ の $Po(\lambda)$ の確率関数の概形は図 4-14 の通り。

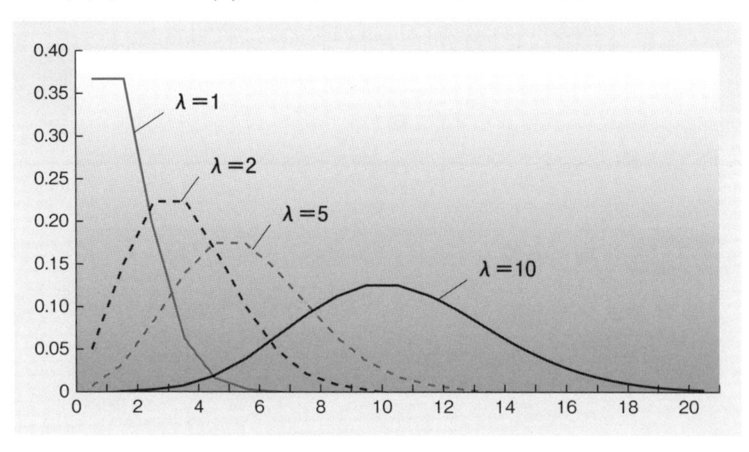


図 4-14

峰のピークが$\lambda$とほぼ等しいことに注意しよう。実際，下で示すように，$X \sim Po(\lambda)$ならば$\mathrm{E}(X) = \lambda$となる。■

**例 4.28 不良品数 (2)**

$X$の分布を2項分布ではなく，平均$\lambda = 5$のポアソン分布$Po(5)$に従うとすれば，$X$の確率関数は

$$P(X = x) = e^{-5}\frac{5^x}{x!} = p(x) \quad (x = 0, 1, 2, \cdots)$$

となり，非常に簡明である。この確率関数のグラフは上図の中にある。

また，簡単な計算によって次表のように，

| $x$ | 0 | 1 | 2 | 3 | 4 | 5 |
|---|---|---|---|---|---|---|
| $P(X{=}x)$ | 0.007 | 0.034 | 0.084 | 0.140 | 0.175 | 0.175 |

| $x$ | 6 | 7 | 8 | 9 | 10 | 11 |
|---|---|---|---|---|---|---|
| $P(X{=}x)$ | 0.146 | 0.104 | 0.065 | 0.036 | 0.018 | 0.008 |

なることがわかるから，例えば，

$$P(3 \leq X \leq 7) = p(3) + p(4) + p(5) + p(6) + p(7) = 0.742$$

となることや$P(0 \leq X \leq 10) = p(0) = p(1) + \cdots + p(10) = 0.986$となることなどがわかる。次に述べる定理から，$Po(5)$の平均は5，標準偏差は$\sqrt{5} = 2.24$であることがわかる。したがって，上で求めた2つの確率は1シグマ区間と2シグマ区間の確率にほぼ等しい。（終）■

**定理 4.14 平均と分散**

$X \sim Po(\lambda)$とする。このとき，$X$の平均と分散は次の通りである。

$$\mathrm{E}(X) = \lambda, \quad \mathrm{V}(X) = \lambda, \quad \mathrm{D}(X) = \sqrt{\lambda}$$

証明は，2項分布のときと同様であるから各自試みられたい。

### 4.4.4 幾何分布

幾何分布はある事象が起こるまでの時間（待ち時間）を表すのに適した確率分布である。

**定義 4.12 幾何分布**

確率変数 $X$ が次の確率分布を持つとき，$X$ は**幾何分布**（geometric distribution）$Ge(p)$ に従うと言い，$X \sim Ge(p)$ と書く。

$$P(X=x) = p(1-p)^{x-1} = pq^{x-1} \qquad (x = 1, 2, \cdots) \tag{4.4.6}$$

したがって，$q = 1-p$ とおけば，$X$ が 1, 2, 3, 4, $\cdots$ をとる確率は順に

$$p,\ pq,\ pq^2,\ pq^3, \cdots$$

と書ける。これは初項 $p$，公比 $q$ の幾何数列であるから，幾何分布という名で呼ばれる。

**定理 4.15 コイン投げと幾何分布**

長さを定めないベルヌーイ試行において

$$X = \text{初めて成功する回}$$

とおくと，$X \sim Ge(p)$ である。

◇**証明**　$E_i = \{\, i \text{ 回目に成功する} \,\}$ とおけば，

$$\{X = x\} = E_1^c \cap E_2^c \cap \cdots E_{x-1}^c \cap E_x$$

となる。右辺の事象は独立であるから，

$$P(X=x) = P(E_1^c)P(E_2^c)\cdots P(E_{x-1}^c)P(E_x) = (1-p)^{x-1}p$$

となり，これは $X \sim Ge(p)$ に等しい。（証明終）◇

**定理 4.16 幾何分布の確率計算**

$X \sim Ge(p)$ とすれば,

$$P(X > a) = q^a \qquad (a = 1, 2, \cdots)$$

が成り立つ。ただし, $q = 1 - p$。

◇**証明** 幾何級数に関する公式 (1.3.9) より,

$$P(X \leq a) = \sum_{x=1}^{a} pq^{x-1} = p\frac{1-q^a}{1-q} = 1 - q^a$$

$P(X > a) = 1 - P(X \leq a)$ より結果を得る。(証明終) ◇

**例 4.29 サイコロ投げ (5)**

サイコロを繰り返し振り, 初めて 3 の目が出るのは何回目かを観測するものとする。これは, 1 回当たりの成功確率が 1/6 であるようなベルヌーイ試行である。$X$ 回目に初めて 3 が出るとすれば, 上の定理より, $X \sim Ge(1/6)$ となる。したがって,

$$P(X = x) = \left(\frac{1}{6}\right)\left(\frac{5}{6}\right)^{x-1} \qquad (x = 1, 2, \cdots)$$

また, 図 4–15 は $Ge(1/6)$ のグラフである。

確率が幾何数列的にしか減少しないため, 右に歪んだ分布となる。(p.145 に続く) ■

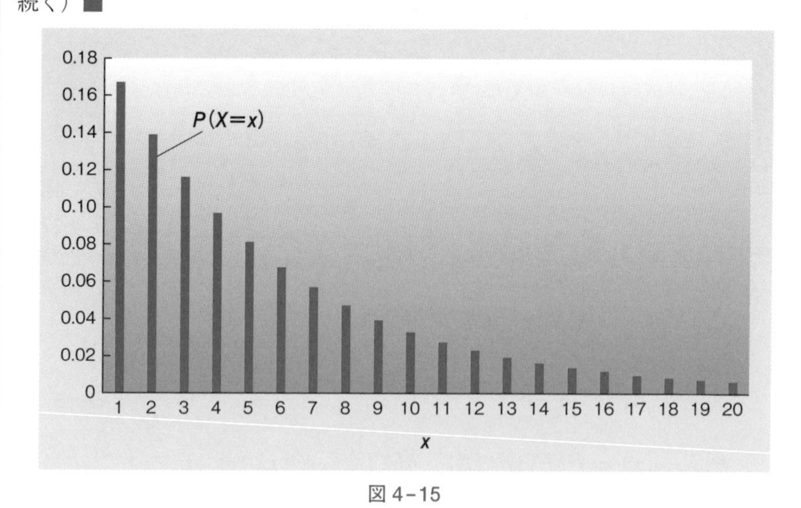


図 4–15

**定理 4.17　平均と分散**

$X \sim Ge(p)$ のとき，

$$\mathrm{E}(X) = \frac{1}{p}, \quad \mathrm{V}(X) = \frac{1-p}{p^2}, \quad \mathrm{D}(X) = \frac{\sqrt{1-p}}{p}$$

証明は省略する（例えば稲垣 [3]）。

**例 4.30　サイコロ投げ（6）**

上の定理より，

$$\mathrm{E}(X) = \frac{1}{\frac{1}{6}} = 6, \quad \mathrm{D}(X) = \frac{\sqrt{\frac{5}{6}}}{\frac{1}{6}} = 5.477$$

がわかる。平均の値が興味深い。初めて 3 の目が出るまでに要する平均試行回数が $6 = (1/6)^{-1}$ であるのは，わかりやすいとも言えるが，やや大き過ぎるようにも感じられる。分布が右に歪んでいるため平均の値が大きくなっているのである。$\mathrm{D}(X)$ の値がほとんど $\mathrm{E}(X)$ に等しいため，1 シグマ区間に 1 から 6 までの値がすべて含まれる。これは $X \leq 6$ となる（早々と事象が起きる）確率が高いことを意味する。（p.165 に続く） ■

幾何分布は**無記憶性**という著しい性質を持つ。無記憶性とは，事象 $A$ の起こり方がでたらめであり，したがってその待ち時間の長さ $X$ もでたらめであるという性質である。数学的には次の通りである。

$$P(X = a + b | X > b) = P(X = a) \quad (a, b = 1, 2, \cdots) \tag{4.4.7}$$

$X$ を客の来店間隔とする。右辺は $a$ 時点に客が来店する確率 $P(X = a)$ である $(a = 1, 2, \cdots)$。他方，左辺 $P(X = a + b | X > b)$ は既に $b$ 時間単位のあいだ客が来なかったという条件の下でその $a$ 時点後に客が来店する確率である。例

えば，この店に勤務時間の異なる2人の店員がいて，1人はたった今勤務についたとする。この人にとっては $a$ 時点後に客が来る確率は $P(X=a)$ である。他方，もう1人の店員はもっと前から勤務についていて，$b$ 時間単位のあいだ客が来ていないことを知っているとする。この人にとっては $a$ 時点後に客が来る確率は $P(X=a+b|X>b)$ である。無記憶性はこれら2つの確率が等しいという性質であり，ある一定の時間客が来なかったという情報は客の来店確率を評価することには役に立たないことを意味する。

**定理 4.18　幾何分布と無記憶性**

幾何分布は (4.4.7) を満足する。逆に，(4.4.7) が成立するような $\{1,2,\cdots\}$ 上の離散型確率分布は幾何分布に限られる。

◇**証明**　前半の主張のみを示す。$X\sim Ge(p)$ とする。条件付確率の定義より，

$$P(X=a+b|X>b)=\frac{P(X=a+b,X>b)}{P(X>b)} \tag{4.4.8}$$

である。$\{X=a+b,X>b\}=\{X=a+b\}$ であること（すなわち $X>b$ なる条件が冗長であること）に注意すると，

$$P(X=a+b,X>b)=P(X=a+b)=q^{a+b-1}p \tag{4.4.9}$$

定理 4.16 より $P(X>b)=q^b$ がわかるから，これと (4.4.9) とを (4.4.8) に代入して，

$$\frac{P(X=a+b,X>b)}{P(X>b)}=\frac{q^{a+b-1}p}{q^b}=q^{a-1}p=P(X=a)$$

が得られる。（証明終）◇

したがって，無記憶性は幾何分布を特徴付ける性質である。確率モデルとして幾何分布を用いるということは，無記憶性を仮定するということであり，逆に無記憶性を仮定するということは幾何分布を確率モデルとして採用することに等しい。

### 4.4.5　Excel による確率計算

$X$ が 2 項分布 $B(n,p)$ に従うとき，$P(X = x)$ の値はワークシート関数 `binomdist (x,n,p,false)` によって計算できる。4 番目の引数を `true` としたものは $P(X \leq x)$ の値を返す。$X \sim Po(\lambda)$ なるときも同様であり，$P(X = x)$ と $P(X \leq x)$ の値はワークシート関数 `poisson(x,λ,false)` と `poisson (x,λ,true)` によって計算できる。

**▶ 問題 4.4**

1. 日本人の 30%は何らかの宗教を信じていると言われる。10 人の日本人に信じる宗教の有無を尋ね，$X$ 人があると答えるとするとき，$X$ の分布は何か。Excel を用いて $P(X=x)$（$x=0,1,\cdots,10$）の値を求めよ。
2. ベルヌーイ試行において，成功確率 $p$ が大きくなれば成功する回数も増えるだろう。より正確に述べるため，$p<q$ とし，$X \sim B(n,p)$，$Y \sim B(n,q)$ とする。このとき，
   (1) どのような $m$（$=0,1,\cdots,n$）を選んでも，$P(X \leq m) \geq P(Y \leq m)$ が成り立つことを示せ。
   (2) Excel を用いて $n=20$ の場合に $p=0.3$，$q=0.7$ として上記の主張を確かめよ。
3. ベルヌーイ試行における失敗の回数も 2 項分布に従うこと，すなわち，$X \sim B(n,p)$ のとき，$Y=n-X \sim B(n,1-p)$ となることを示せ。
4. $\mathrm{E}(X)=10$，$\mathrm{V}(X)=6$ であるような 2 項分布 $B(n,p)$ を求めよ。
5. $P(X=0)=P(X=1)$ であるようなポアソン分布 $Po(\lambda)$ を求めよ。
6. 日本人の 0.2%は自分を上流階級と考えていると言われる。1000 人の日本人に自分の属すると考える階級について尋ね，$X$ 人が上流と答えるとするとき，$X$ の分布は何か。Excel を用いて $P(X=x)$（$x=0,1,2,\cdots$）の値を求めよ。
7. 表の出る確率が $p$ であるようなコインを 5 回投げる試行を考える。$B=\{$ 表の出る回数は 3 である $\}$ なる事象が起こったという条件の下での事象 $A=\{$ 1 回目に表が出る $\}$ の条件付確率 $P(A|B)$ を求めよ。
8. 日本人の 60%は北枕（頭を北に向けて寝ること）を嫌う。団体旅行の添乗員が，宿泊先の都合上，客の誰かに北枕で寝てもらうことを順々に頼まなければならないとする。$X$ 人目で初めて北枕 OK の返事をもらえるとするとき，確率 $P(X \leq 3)$

を求めよ。

**9.** ある保険の契約者は約3万人であり，1年間に平均0.01%の者が払い戻しの請求を行うと言う。この保険会社が2人以上に保険金を支払わなければならなくなる確率を求めよ。

**10.** 定理4.18（p.146）の後半の主張を示せ。すなわち，無記憶性を持つ $\{1, 2, \cdots\}$ 上の離散型分布は幾何分布であることを示せ。

**11.** 袋の中に $N$ 個の球があり，うち $M$ 個は赤球，残る $N-M$ 個は白球とする。この袋から球を $n$ 個取り出すとき，$X$ 個が赤球であるとする。このとき，次式が成り立つ。

$$P(X=x) = \frac{{}_M C_x \times {}_{N-M} C_{n-x}}{{}_N C_n}$$

この分布を**超幾何分布**（hypergeometric distribution）と言う。$p = M/N$ とおくと，平均と分散はそれぞれ $\mathrm{E}(X) = np$, $\mathrm{V}(X) = np(1-p)(N-n)/(N-1)$ と表せる。赤球を取り出すことを「成功」と呼べば，超幾何分布は2項分布に近い分布であることが了解されるであろう。両者の関係について考える。(1) 取り出した球を毎回戻す場合とそうでない場合（復元抽出と非復元抽出）とを考え，超幾何分布と2項分布の違いを述べよ。(2) $N$ が非常に大きいとき，超幾何分布と2項分布の関係を述べよ。(3) 平均と分散を導け。

**12.**† ベルヌーイ試行を拡張して $k$（$\geq 2$）通りの結果を持つ場合を考えよう。$k$ 通りの結果 $C_1, C_2, \cdots, C_k$ が起こりうるような試行を独立に $n$ 回行い，各 $C_i$ がそれぞれ何回生じるかを観測するものとする（$i = 1, 2, \cdots, k$）。各回の試行につき，$C_i$ が起こる確率を $P(C_i) = p_i$ とおく。この試行は**多項試行**（multinomial trial）と呼ばれ，$k = 2$ のときはベルヌーイ試行に等しい。各 $C_i$ がそれぞれ $n_i$ 回生じる（$i = 1, 2, \cdots, k$）確率は次式の通りである。

$$P(\{C_i \text{ が } n_i \text{ 回生じる}（i = 1, 2, \cdots, k）\}) = \frac{n!}{n_1! n_2! \cdots n_k!} p_1^{n_1} p_2^{n_2} \cdots p_k^{n_k} \tag{4.4.10}$$

このことを証明せよ。

# 4.5 連続型確率分布

## 4.5.1 連続型確率変数

確率変数 $X$ が連続の値をとりうる場合，$X$ を連続型確率変数と言う。例えば，身長や体重，気温，為替レートなどは連続型確率変数である。この場合，$X$

の値域 $\Omega$ は実数全体となり，$X$ の挙動は $P(a \leq X \leq b)$ の値によって定まる。より正確に定義すれば次の通りである。負の値をとらない関数 $f(x)$ が存在して，どのような実数 $a, b$ に対しても確率 $P(a \leq X \leq b)$ が図 4-16 中の青いアミ部分の面積で与えられるとき，すなわち次式

$$P(a \leq X \leq b) = \int_a^b f(x)\mathrm{d}x \qquad (-\infty < a \leq b < \infty)$$

が成立するとき，$X$ を**連続型確率変数**（continuous random variable），$X$ の確率分布を**連続型確率分布**（continuous distribution），関数 $f(x)$ を $X$ の**確率密度関数**（probability density function），あるいは単に密度関数と言う（図 4-16）。

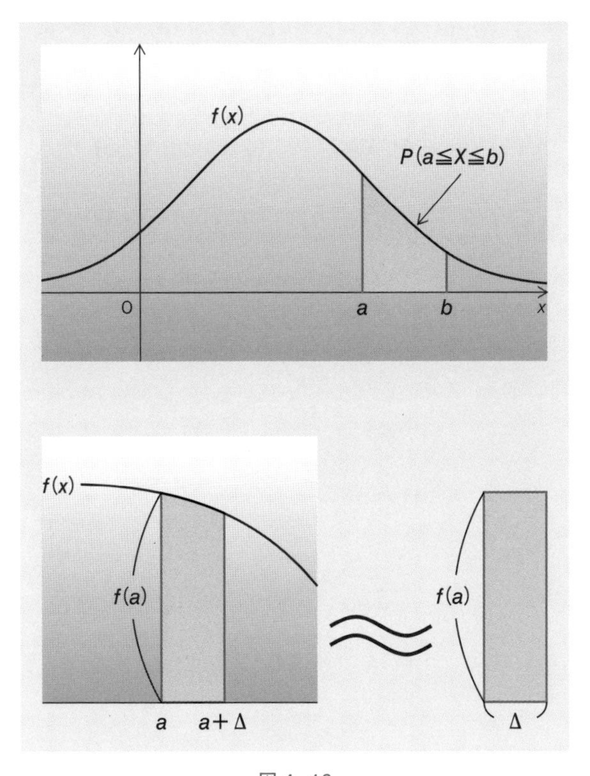


図 4-16

確率「密度」と言う理由は，積分の性質より，$\Delta$ が十分小なるとき，

$$P(a \leq X \leq a + \Delta) \approx f(a)\Delta$$

なる近似が成り立ち[*]，この式から $f(a)$ が「単位長さ当たりの確率」と解釈できるからである。

形式上，$f(x)$ の定義域は実数の全体 $(-\infty, \infty)$ とし，$X$ が値をとらない集合の上では $f(x) = 0$ とする。明らかに $P(-\infty < X < \infty) = 1$ であるから，確率密度関数の全範囲での積分値は 1 である。すなわち，

$$\int_{-\infty}^{\infty} f(x)\mathrm{d}x = 1$$

また，$P(X \leq a)$ を $a$ の関数と見て，$F(a)$ と書き，$X$ の**分布関数**（distribution function）と言う。

$$F(a) = P(X \leq a) \quad (-\infty < a < \infty) \tag{4.5.1}$$

もちろん，$F(a) = \int_{-\infty}^{a} f(x)\mathrm{d}x$ であり，これより，$F$ を微分すれば密度関数 $f$ が得られる。

$$F'(a) = f(a) \tag{4.5.2}$$

---

* 左辺=確率，右辺=面積

**例 4.31　一様分布**

ある区間のどの値も等しい確からしさでとるような確率変数を表すのに適した分布として一様分布がある。全円周が 1 のルーレットを考える。$X$ を始点から計った弧の長さとすると，$X$ は区間 $[0,1]$ に値をとる連続型確率変数であり，その密度関数は

$$f(x) = \begin{cases} 1 & (0 \leq x < 1) \\ 0 & (\text{その他}) \end{cases}$$

で与えられる。$X$ は区間 $[0,1]$ のすべての値を等しい確からしさでとる。この分布を区間 $[0,1]$ 上の**一様分布**（uniform distribution）$U(0,1)$ と言う。容易にわかる通り，次式

$$P(a \leq X \leq b) = \int_a^b 1 \, \mathrm{d}x = b - a \quad (0 \leq a \leq b < 1)$$

が成り立つ。分布関数は明らかに

$$F(x) = \begin{cases} 1 & (1 \leq x) \\ x & (0 \leq x < 1) \\ 0 & (x < 0) \end{cases}$$

となる（図 4–17）。■

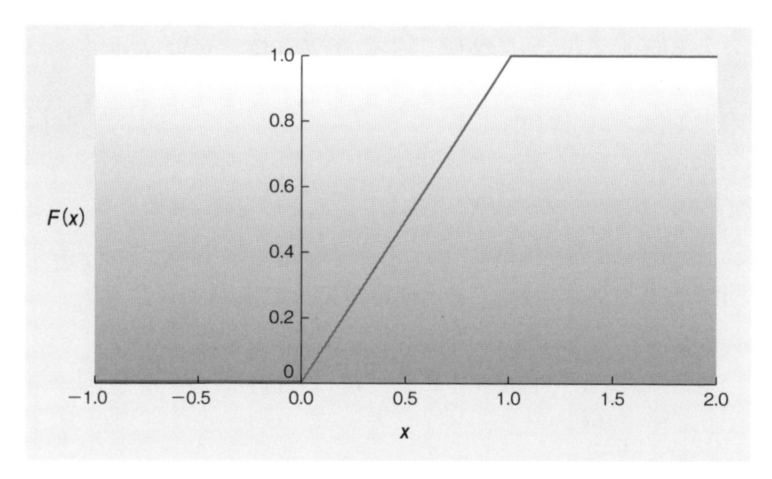


図 4–17

■**注 4.9**　$X$ を連続型確率変数とすれば，どのような実数 $a$ に対しても

$$P(X = a) = 0 \tag{4.5.3}$$

が成り立つ。なぜなら，積分の性質から $P(X = a) = \int_a^a f(x)\mathrm{d}x = 0$ となるからである。したがって，連続型分布においては，

$$P(a \leq X \leq b) = P(a < X \leq b) = P(a < X < b) = P(a \leq X < b)$$

が成り立つ。文脈に応じて都合のよいものを用いればよい。上式を示す。$\{a \leq X \leq b\} = \{X = a\} \cup \{a < X \leq b\}$ であるから，

$$P(a \leq X \leq b) = P(X = a) + P(a < X \leq b) = 0 + P(a < X \leq b)$$

となり，1つ目の等号が得られる。残りは同様である。例えば $X$ を人の身長（cm）としたとき，$X = 170$ となる確率はゼロである。だからと言って身長 170cm の人がいないということにはならない。確率はあくまでも現象を記述する一つのモデルに過ぎないからである。モデルと現象に乖離があるのは当然であり，確率ゼロだからと言ってその事象が全く起こらないと結論付けるのは誤りである。■

$X$ が密度関数 $f(x)$ を持つ連続型確率変数の場合，$X$ の平均 $\mathrm{E}(X)$，分散 $\mathrm{V}(X)$，標準偏差 $\mathrm{D}(X)$ をそれぞれ

$$\mathrm{E}(X) = \int_{-\infty}^{\infty} x f(x)\mathrm{d}x, \quad \mathrm{V}(X) = \int_{-\infty}^{\infty} (x-\mu)^2 f(x)\mathrm{d}x,$$
$$\mathrm{D}(X) = \sqrt{\mathrm{V}(X)} \tag{4.5.4}$$

で定義する。ここに，$\mu = \mathrm{E}(X)$ である。これらの定義は離散型のものと同様である。密度関数を掛けて積分するという操作は，確率関数を掛けて総和をとることに対応している。また，$X$ の関数 $h(X)$ の期待値を

$$\mathrm{E}[h(X)] = \int_{-\infty}^{\infty} h(x) f(x)\mathrm{d}x \tag{4.5.5}$$

と定義する。第 4.3 節で示した期待値の諸性質はすべて連続型確率変数に対しても成り立つ。

**例 4.32　数値例 (11)**

$X$ の密度関数が

$$f(x)=\begin{cases} 30x^4(1-x) & (0\leq x<1) \\ 0 & (\text{その他}) \end{cases} \tag{4.5.6}$$

で与えられるとする（図 4-18）。

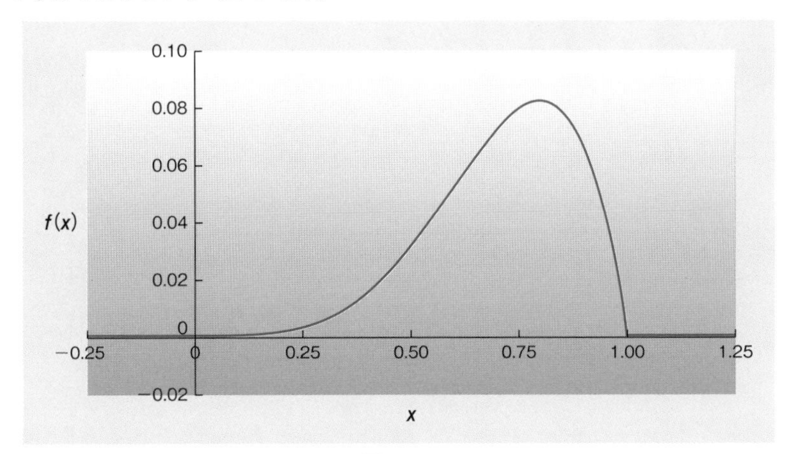


図 4-18

平均，分散，標準偏差はそれぞれ次のように求められる。

$$\begin{aligned}
\mathrm{E}(X) &= \int_{-\infty}^{\infty} xf(x)\mathrm{d}x \\
&= \int_{-\infty}^{0} x\times 0\mathrm{d}x + \int_{0}^{1} x\times 30x^4(1-x)\mathrm{d}x + \int_{1}^{\infty} x\times 0\mathrm{d}x \\
&= 30\int_0^1 x^5(1-x)\mathrm{d}x = 30\times\left[\frac{x^6}{6}-\frac{x^7}{7}\right]_0^1 \\
&= \frac{5}{7}
\end{aligned} \tag{4.5.7}$$

同様に，

$$\mathrm{E}(X^2)=30\times\int_0^1 x^2\times x^4(1-x)\mathrm{d}x = 30\times\left[\frac{x^7}{7}-\frac{x^8}{8}\right]_0^1=\frac{15}{28} \tag{4.5.8}$$

(4.5.7) と (4.5.8) を定理 4.8 に代入して

$$\mathrm{V}(X)=\mathrm{E}(X^2)-[\mathrm{E}(X)]^2=\frac{15}{28}-\frac{5^2}{7^2}=\frac{5}{196}$$

と $\mathrm{D}(X)=\sqrt{\mathrm{V}(X)}=\sqrt{5}/14$ が得られる。■

### 4.5.2 正規分布

**正規分布**は左右対称釣鐘型の密度関数を持つ分布であり，統計解析において最も基礎的な分布である。実際，多くの現象がこの分布で近似される。対数変換などによって正規分布に近い分布に変換できる場合も多い。

**定義 4.13　正規分布**

確率変数 $X$ の確率密度関数が

$$f(x) = \frac{1}{\sqrt{2\pi}\beta} \exp\left(-\frac{(x-\alpha)^2}{2\beta^2}\right) \qquad (-\infty < x < \infty) \qquad (4.5.9)$$

であるとき，$X$ は**正規分布**（normal distribution）$N(\alpha, \beta^2)$ に従うと言い，$X \sim N(\alpha, \beta^2)$ と書く。ここで，$\alpha$ は定数，$\beta$ は正の定数，$\exp(A)$ は $e^A$ を表す。

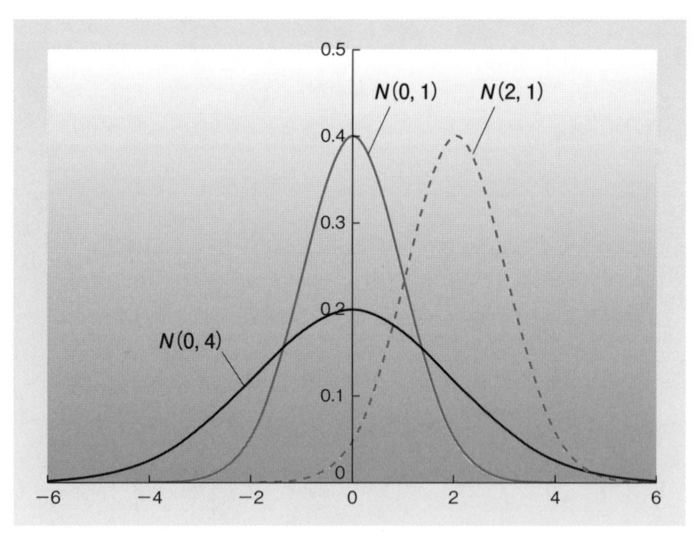


図 4-19

正規分布 $N(\alpha, \beta^2)$ の概形は図 4-19 の通りである。$\alpha$ が分布の中心，$\beta$ が分布のばらつきの大きさに関する情報を持っていることがわかる。より正確には次の通りである。

**定理 4.19　平均と分散**

$X \sim N(\alpha, \beta^2)$ ならば,

$$\mathrm{E}(X) = \alpha, \quad \mathrm{V}(X) = \beta^2, \quad \mathrm{D}(X) = \beta$$

が成り立つ。

◇**証明**　次の 2 式

$$\int_{-\infty}^{\infty} x \frac{1}{\sqrt{2\pi}\beta} \exp\left(-\frac{(x-\alpha)^2}{2\beta^2}\right) \mathrm{d}x = \alpha$$

$$\int_{-\infty}^{\infty} (x-\alpha)^2 \frac{1}{\sqrt{2\pi}\beta} \exp\left(-\frac{(x-\alpha)^2}{2\beta^2}\right) \mathrm{d}x = \beta^2$$

を示せばよいことがわかれば, 入門レベルとしては十分である。証明は「関連図書」[3], [11] などを参照されたい。（終）◇

以後, 正規分布を $N(\mu, \sigma^2)$ と表すことにしよう。次の定理は, 正規分布の標準偏差 $\sigma$ の意味を知る上で非常に重要である。

**定理 4.20　確 率 計 算**

$X \sim N(\mu, \sigma^2)$ ならば, 次の各式が成り立つ。

(1)　$P(\mu - \sigma \leq X \leq \mu + \sigma) = 0.683$

(2)　$P(\mu - 1.96\sigma \leq X \leq \mu + 1.96\sigma) = 0.95$

(3)　$P(\mu - 2\sigma \leq X \leq \mu + 2\sigma) = 0.954$

(4)　$P(\mu - 3\sigma \leq X \leq \mu + 3\sigma) = 0.997$

**例 4.33　身長（1）**

$X$ を高校生男子の身長とする。$X \sim N(170, 5^2)$ であるならば, $X$ が $[170 \pm 5] = [165, 175]$ の範囲に入る確率はおよそ 68.3%, $[170 \pm 2 \times 5] = [160, 180]$ には 95.4%, $[170 \pm 3 \times 5] = [155, 185]$ には 99.7%であることがわかる。（p.157 に続く） ■

より一般の確率 $P(a \leq X \leq b)$ を求めるには次の定理を用いる。

**定理 4.21　1 次変換と正規分布**

$X \sim N(\mu, \sigma^2)$ とする。このとき，任意の実数 $a, b$ に対して，

$$aX + b \sim N(a\mu + b, a^2\sigma^2)$$

が成り立つ。

証明は「関連図書」[3]，[11] などを参照されたい。既に見た通り，$\mathrm{E}(X) = \mu$，$\mathrm{V}(X) = \sigma^2$ ならば，$\mathrm{E}(aX + b) = a\mu + b$，$\mathrm{V}(X) = a^2\sigma^2$ となることは，$X$ の分布が何であっても成り立つ。この定理のポイントは，平均や分散の値ではなく，**$X$ が正規分布ならば $aX + b$ は再び正規分布に従う点にある**。この性質は非常に有用である。$X$ そのものよりも，$X$ を適当な 1 次変換 $aX + b$ で変換したほうが分析がやりやすい場合がしばしば起こる。例えば，$X$ を基準化 $Z = (X - \mu)/\sigma$ することによって平均を 0，分散を 1 とする：

$$Z = \frac{X - \mu}{\sigma} \sim N(0, 1) \tag{4.5.10}$$

場合などがそれである。この場合でも正規分布は保存される。2 項分布，ポアソン分布，幾何分布，指数分布を始めほとんどの分布はこの性質を持っていない。

$N(0, 1)$ を**標準正規分布**（standard normal distribution）と言う。標準正規

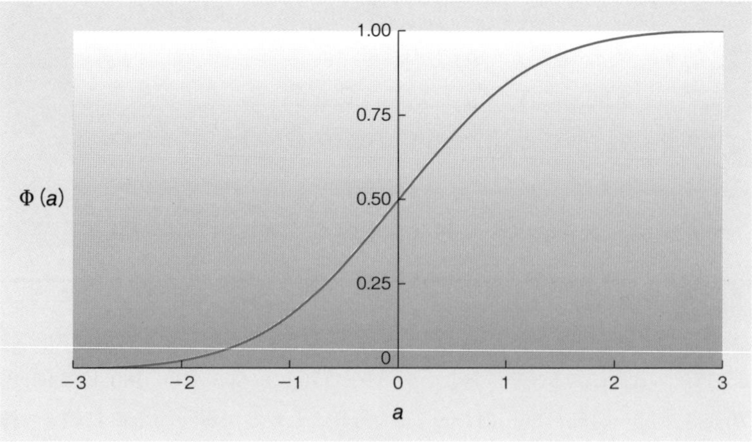

図 4-20

分布の分布関数を $\Phi$ で表す。

$$\Phi(a) = P(Z \leq a) \tag{4.5.11}$$

分布関数 $\Phi$ の概形は図 4-20 の通りである。$a = 0$ のときに $1/2$ なる値をとること，単調増加で，$\lim_{a\to-\infty}\Phi(a) = 0$，$\lim_{a\to\infty}\Phi(a) = 1$ となることを押さえておこう。

**例 4.34　身長（2）**

$X \sim N(170, 5^2)$ とすると，

$$Z = \frac{X - 170}{5} \sim N(0, 1)$$

が成り立つ。$X$ が $[170 \pm 5] = [165, 175]$ の範囲に入る確率について考えよう。

$$\begin{aligned}
P(165 \leq X \leq 175) &= P\left(\frac{165-170}{5} \leq \frac{X-170}{5} \leq \frac{175-170}{5}\right) \\
&= P(-1 \leq Z \leq 1) \\
&= P(Z \leq 1) - P(Z \leq -1) \\
&= \Phi(1) - \Phi(-1)
\end{aligned}$$

最後の式は，図 4-21 から明らかであろう。したがって，確率 $P(165 \leq X \leq 175)$ を求めるには，$\Phi(1)$ と $\Phi(-1)$ がわかればよい。（終）■

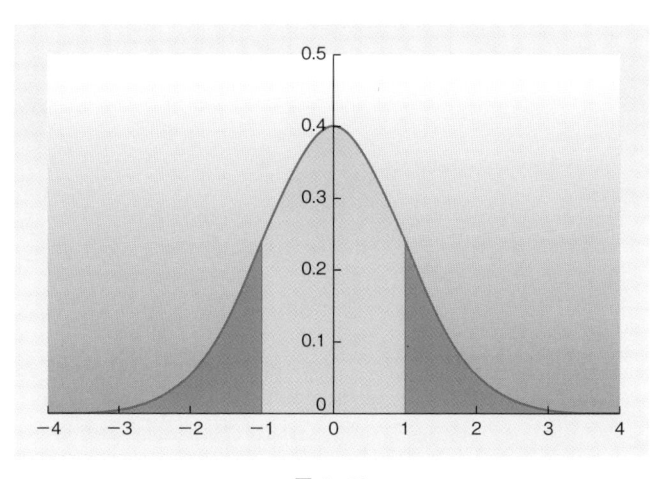


図 4-21

同様に考えれば，$X \sim N(\mu, \sigma^2)$ のとき，確率 $P(a \leq X \leq b)$ は次のように求められる。

**定理 4.22　確率計算**

$X \sim N(\mu, \sigma^2)$ ならば，

$$P(a \leq X \leq b) = \Phi\left(\frac{b-\mu}{\sigma}\right) - \Phi\left(\frac{a-\mu}{\sigma}\right) \tag{4.5.12}$$

各 $c$ に対する $\Phi(c)$ の値は Excel で容易に計算できる。図 4-22 より次式を納得しよう：

$$\Phi(-c) = 1 - \Phi(c) \tag{4.5.13}$$

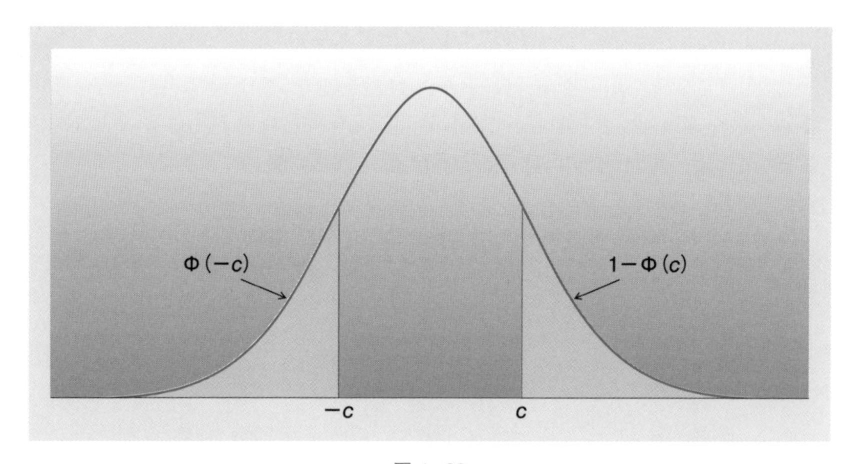


図 4-22

■注 4.10　**Excel による確率計算**　ワークシート関数 `normsdist(z)` は引数 $z$ を持ち，標準正規分布 $N(0,1)$ の分布関数 $\Phi(z) = P(Z \leq z)$ の値を返す。一般の正規分布については，平均 $\mu$ と標準偏差 $\sigma$ の値を指定し，関数 `normdist(x,`$\mu$`,`$\sigma$`,true)` を用いることによって，$X \sim N(\mu, \sigma^2)$ のときの分布関数の値 $P(X \leq x)$ を計算することができる。4 つ目の引数を `false` にすれば密度関数の値が返される。■

いくつか練習しておこう。

**例 4.35 確率計算**

$X \sim N(21, 6^2)$ とする。このとき，$Z = (X - 21)/6 \sim N(0, 1)$ である。

(1) $P(X \leq 30) = P(Z \leq (30 - 21)/6) = \Phi(1.5) = 0.933$

(2) $P(X \leq 13.62) = P(Z \leq (13.62 - 21)/6) = P(Z \leq -1.23) = \Phi(-1.23)$
$= 0.109$

(3) $P(7.56 \leq X \leq 30.84) = P\left[(7.56-21)/6 \leq Z \leq (30.84-21)/6\right] = \Phi(1.64)$
$- \Phi(-2.24) = 0.937$ ■

### 4.5.3 指数分布

指数分布は無記憶性を持つ連続分布であり，その意味で幾何分布の連続版と言える。ある事象が起こるまでの時間を表現するのに適した分布である。

**定義 4.14 指数分布**

確率変数 $X$ の確率密度関数が

$$f(x) = \begin{cases} \lambda e^{-\lambda x} & (x > 0) \\ 0 & (x \leq 0) \end{cases}$$

であるとき，$X$ は**指数分布**（exponential distribution）$Ex(\lambda)$ に従うと言い，$X \sim Ex(\lambda)$ と書く（グラフは図 4-23 に示す）。ここで，$\lambda$ は正の定数である。

$a > 0$ ならば，

$$P(X \leq a) = \int_0^a \lambda e^{-\lambda x}\, \mathrm{d}x = [-e^{-\lambda x}]_0^a = 1 - e^{-\lambda a} \tag{4.5.14}$$

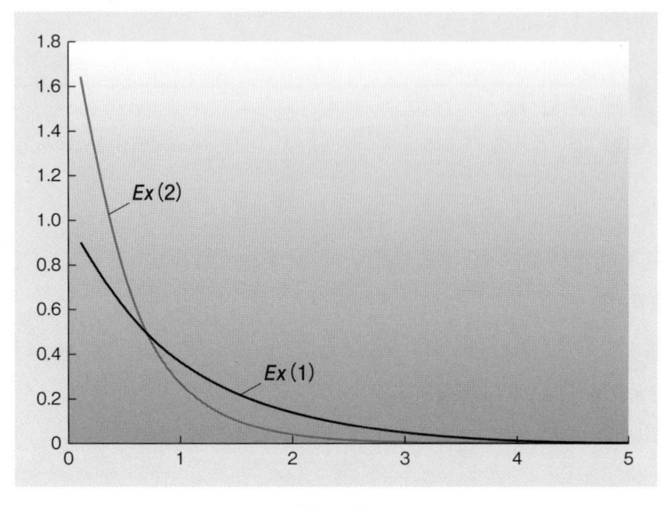


図 4-23

であるから，分布関数は次式の通りである：

$$F(x) = \begin{cases} 1 - e^{-\lambda x} & (x > 0) \\ 0 & (x \leq 0) \end{cases}$$

指数分布を用いる際，パラメータ $\lambda$ の役割と無記憶性の 2 点を押さえることが大切である。幾何分布と同様に指数分布も無記憶性によって特徴付けられる確率分布である。

**定理 4.23　指数分布の無記憶性**

$X \sim Ex(\lambda)$ とする。このとき，任意の $a, b > 0$ に対して次式が成立する。

$$P(X > a + b | X > b) = P(X > a) \tag{4.5.15}$$

逆に (4.5.15) が成り立つような $(0, \infty)$ 上の連続型確率分布は指数分布である。

この定理の後半の主張の証明は難しいので略す。前半の主張と次の定理の証明は読者の演習問題とする。

**定理 4.24　平均と分散**

$X \sim Ex(\lambda)$ ならば，$X$ の平均と分散は次のようになる。

$$\mathrm{E}(X) = 1/\lambda, \quad \mathrm{V}(X) = 1/\lambda^2, \quad \mathrm{D}(X) = 1/\lambda$$

平均と標準偏差の値が等しいことに注意しよう。したがって，$X$ をある事象が起こるまでの時間と見た場合に，幾何分布の節で述べたことがそのまま当てはまる。その際，次の例にあるように $\lambda$ は単位時間当たりの事象の生起回数であり，$1/\lambda$ が事象の生起間隔となる。

**例 4.36　待ち時間**

ある幹線道路のある地点は 1 分当たり平均 10 台（$\lambda = 10$（台/分））の車が通過する。車の流れがランダムならば，1 台通過した後次の車が通過するまでの時間間隔 $X$（分）は平均 $1/\lambda = 0.1$（分/台）$= 6$（秒/台）の指数分布 $Ex(10)$ に従う。このとき，6 秒（=0.1 分）以内に次の車が通過する確率は (4.5.14) を利用すれば，

$$P(X \leq 0.1) = 1 - e^{-10\times 0.1} = 1 - e^{-1} = 0.632$$

と計算できる。■

### 4.5.4　Excel による確率計算

$X \sim Ex(\lambda)$ としたときの，確率 $P(X \leq x)$ の値はワークシート関数 `expondist(x,λ,true)` によって計算できる。正規分布と同様に 4 つ目の引数を `false` とすれば，密度関数の値が返される。

**▶ 問題 4.5**

1. 次の密度関数 $f(x)$ を持つ連続型分布を一様分布 $U(\alpha,\beta)$ と言う。$X \sim U(\alpha,\beta)$ なるとき，$X$ は区間 $[\alpha,\beta]$ の値を等しい確からしさでとる。

$$f(x) = \begin{cases} \frac{1}{\beta-\alpha} & (\alpha \le x \le \beta) \\ 0 & (\text{その他}) \end{cases}$$

$X$ の平均 $\mathrm{E}(X)$ と分散 $\mathrm{V}(X)$ とを求めよ。

2. $X$ は次の密度関数 $f(x)$ を持つ分布に従う連続型確率変数とする。

$$f(x) = \begin{cases} 1-|x| & (|x| \le 1) \\ 0 & (|x| > 1) \end{cases}$$

これを三角形分布と言う。$\mathrm{E}(X)$，$\mathrm{E}(2X+5)$，$\mathrm{E}(X^2)$，$\mathrm{V}(X)$ を求めよ。

3. $X$ は次の密度関数 $f(x)$ を持つ分布に従う連続型確率変数とする。

$$f(x) = \begin{cases} ax^2 & (0 \le x \le 1) \\ 0 & (\text{その他}) \end{cases}$$

$a$ の値はいくらか。また，$P(X > 1/2)$ の値はいくらか。

4. $X$ は次の密度関数 $f(x)$ を持つ分布に従う連続型確率変数であるとする。

$$f(x) = \begin{cases} 6x(1-x) & (0 < x < 1) \\ 0 & (\text{その他}) \end{cases}$$

このとき，$\mathrm{E}(X)$，$\mathrm{E}(X^2)$ と $\mathrm{V}(X)$ を求めよ。

5. 確率変数 $X$ は正規分布 $N(50,100)$ に従うものとする。確率 (1) $P(70 \le X)$，(2) $P(40 \le X \le 60)$，(3) $P(X \le 55)$ をそれぞれ求めよ。

6. ある工程で作られたビスの直径は，平均 2.7998（cm），標準偏差 0.0005（cm）の正規分布に従って分布する。ビスの直径が $2.8000 \pm 0.0007$（cm）の範囲のものを合格とするならば，この工程でつくられた製品が不合格となる割合はいくらか。

7. ある工業部品を出荷する工場を考える。この工場が直面する需要量を $X$（t）とおくと，$X$ は正規分布 $N(200,25^2)$ で表せるとする。品切れとなる確率が 0.05 以下となるように在庫量を決めるならば在庫量はどのような範囲となるか。

8. ある重量計の測定誤差 $X$（g）は正規分布 $N(0,\sigma^2)$ で表せるものとする。ただし $\sigma = 0.001$ とする。真の重さが $\mu = 10$（g）であるような物を計ったときに重量計の示す値を $Y$ とおくと，$Y$ の分布は何か。

9. ある大学の入学試験における国語の成績は平均 64 点，標準偏差 13 点の正規分布に従っているという。
   (1) 平均点から ±20 点以内に何%の受験生が含まれるか。
   (2) 上位 5%の者は何点以上とった受験生か。
   (3) 40 点の者は下位何%の位置にいるか。
10. ある銀行には 1 時間当たり 20 人の客が訪れる。客の到着はランダムとする。今ちょうど 1 人の客が到着したとする。次の客が到着するまでの時間間隔を $X$ 分とおく。$X$ はどのような分布に従うか。$\mathrm{E}(X)$ を求めよ。$P(X \geq 5)$ はいくらか。
11. ある洋品店には 1 時間当たり平均 5 人の客が訪れる。客の到着はランダムとする。ある日開店が 10 分遅れ，開店した時点で客が入り口で待っていた。この客が 5 分以上待った確率を求めよ。
12. 定理 4.23（p.160）の前半と定理 4.24（p.161）とを示せ。

# 5 独立同一分布

前章までは確率変数が 1 個の場合のみを議論してきた。しかし，実際のデータ解析では複数のデータを扱うのが通常であるから，複数の確率変数がある場合を考察する必要がある。

諸科学の研究において，同一条件の下で実験や観測を行ってデータを得ることは最も基本的な作業である。その際，実験や観測のたびに条件が異なっていたり，1 回目の実験の結果が 2 回目の実験に影響を与えたりすればデータの信頼性が損なわれるであろう。本章では，$n$ 個の確率変数が**独立に同一の分布に従う**（independently and identically distributed，i.i.d. と略されることが多い）という状況を扱う。これは同一条件の下で行われた実験や観測からデータを得ることを確率の言葉に直したものであり，統計学で最も基本的かつ重要な条件設定である。

## 5.1 多次元確率分布

本節では，まず確率変数が 2 個の場合を扱い，次に $n$ 個の場合を議論する。

### 5.1.1 同時確率分布

$X, Y$ を確率変数とする。これをベクトルの形で $(X, Y)$ と表し，**2 次元確率変数**（2-dimensional random variable）と呼ぶ（対応して，前章までのように確率変数が 1 つの場合を 1 次元の場合と言う）。

**例 5.1　サイコロ投げ（7）**

2つのサイコロを投げるものとし，その目を $(X, Y)$ で表せば，これは2次元確率変数である。$(X, Y)$ のとりうる値の範囲とその確率を表にすると次表の通りである：

| $X \setminus Y$ | 1 | 2 | 3 | 4 | 5 | 6 |
|---|---|---|---|---|---|---|
| 1 | $\frac{1}{36}$ | $\frac{1}{36}$ | $\frac{1}{36}$ | $\frac{1}{36}$ | $\frac{1}{36}$ | $\frac{1}{36}$ |
| 2 | $\frac{1}{36}$ | $\frac{1}{36}$ | $\frac{1}{36}$ | $\frac{1}{36}$ | $\frac{1}{36}$ | $\frac{1}{36}$ |
| 3 | $\frac{1}{36}$ | $\frac{1}{36}$ | $\frac{1}{36}$ | $\frac{1}{36}$ | $\frac{1}{36}$ | $\frac{1}{36}$ |
| 4 | $\frac{1}{36}$ | $\frac{1}{36}$ | $\frac{1}{36}$ | $\frac{1}{36}$ | $\frac{1}{36}$ | $\frac{1}{36}$ |
| 5 | $\frac{1}{36}$ | $\frac{1}{36}$ | $\frac{1}{36}$ | $\frac{1}{36}$ | $\frac{1}{36}$ | $\frac{1}{36}$ |
| 6 | $\frac{1}{36}$ | $\frac{1}{36}$ | $\frac{1}{36}$ | $\frac{1}{36}$ | $\frac{1}{36}$ | $\frac{1}{36}$ |

今度は $X$ を2つの目の和，$Y$ を差の絶対値とする。このとき，$(X, Y)$ のとりうる値の範囲とその確率は次表の通りである：

| $Y \setminus X$ | 2 | 3 | 4 | 5 | 6 | 7 | 8 | 9 | 10 | 11 | 12 |
|---|---|---|---|---|---|---|---|---|---|---|---|
| 0 | $\frac{1}{36}$ | 0 | $\frac{1}{36}$ | 0 | $\frac{1}{36}$ | 0 | $\frac{1}{36}$ | 0 | $\frac{1}{36}$ | 0 | $\frac{1}{36}$ |
| 1 | 0 | $\frac{2}{36}$ | 0 | $\frac{2}{36}$ | 0 | $\frac{2}{36}$ | 0 | $\frac{2}{36}$ | 0 | $\frac{2}{36}$ | 0 |
| 2 | 0 | 0 | $\frac{2}{36}$ | 0 | $\frac{2}{36}$ | 0 | $\frac{2}{36}$ | 0 | $\frac{2}{36}$ | 0 | 0 |
| 3 | 0 | 0 | 0 | $\frac{2}{36}$ | 0 | $\frac{2}{36}$ | 0 | $\frac{2}{36}$ | 0 | 0 | 0 |
| 4 | 0 | 0 | 0 | 0 | $\frac{2}{36}$ | 0 | $\frac{2}{36}$ | 0 | 0 | 0 | 0 |
| 5 | 0 | 0 | 0 | 0 | 0 | $\frac{2}{36}$ | 0 | 0 | 0 | 0 | 0 |

（p.194 に続く） ■

2次元確率変数 $(X, Y)$ の値域 $\Omega$ が次のような飛び飛びの値からなる集合であるとする。

$$\Omega = \Big\{(x_i, y_j) \mid i = 1, 2, \cdots, M; j = 1, 2, \cdots, N\Big\} \tag{5.1.1}$$

$\Omega$ は無限個の要素からなる集合であってもよい。そして，$\Omega$ の各点 $(x_i, y_j)$ に対してその確率

$$P\{(X, Y) = (x_i, y_j)\} = P(X = x_i, Y = y_j)$$
$$(i = 1, 2, \cdots, M; j = 1, 2, \cdots, N) \tag{5.1.2}$$

が対応しているとする。このとき，$(X,Y)$ を**2次元離散型確率変数**と言い，(5.1.2) を $(X,Y)$ の**同時確率分布**（joint probability distribution）と言う。誤解の恐れがなければ，単に同時分布とか分布と呼んで差し支えない。「同時」の代わりに「結合」という語が用いられることもある。また，1次元の場合と同様に $P(X=x,Y=y)$ を $(x,y)$ の関数と見たもの

$$P(X=x,Y=y)=f(x,y) \tag{5.1.3}$$

を $(X,Y)$ の**同時確率関数**（joint probability function）と言う。

同時確率分布と同時確率関数は同じ情報を持つから，特に区別する必要はなく，文脈に応じて便利なほうを用いればよい。次の定理はほとんど明らかであろう。

**定理 5.1　同時分布の性質**

同時確率関数 $f(x_i,y_j)$ は次式を満たす。

(1)　$f(x_i,y_j)\geq 0 \quad (i=1,2,\cdots,M;\ j=1,2,\cdots,N)$

(2)　$\displaystyle\sum_{i=1}^{M}\sum_{j=1}^{N}f(x_i,y_j)=1$

### 5.1.2　周辺確率分布

$(X,Y)$ の同時確率関数 $f(x_i,y_j)$ が与えられたとする。$X$ のみ（あるいは $Y$ のみ）に注目する場合がありうる。例えば $X$ のみに注目したときの $X$ の確率分布 $P(X=x)$ を導こう。

**定理 5.2　周辺分布**

$(X,Y)$ の同時確率関数を $f(x_i,y_j)$ とする。

$$f_X(x_i)=P(X=x_i) \quad (i=1,2,\cdots,M) \tag{5.1.4}$$

とおくと，

$$f_X(x_i)=\sum_{j=1}^{N}f(x_i,y_j) \quad (i=1,2,\cdots,M) \tag{5.1.5}$$

が成り立つ。

◇**証明** $i=1$ の場合を示す（他の場合も同様である）。

$$\{X=x_1\}=\{X=x_1,Y=y_1\}\cup\{X=x_1,Y=y_2\}\cup\cdots\cup\{X=x_1,Y=y_N\}$$

であり，右辺の事象は互いに排反であるから，

$$\begin{aligned} P(X=x_1) &= P(X=x_1,Y=y_1)+P(X=x_1,Y=y_2)+\cdots \\ &\quad +P(X=x_1,Y=y_N) \\ &= \sum_{j=1}^{N} P(X=x_1,Y=y_j) \end{aligned}$$

となって (5.1.5) の $i=1$ の場合が示された。（証明終）◇

(5.1.5) を $X$ の**周辺確率分布**（marginal probability distribution）と言う。単に**周辺分布**と言ってもよい。$Y$ の周辺確率分布も同様に

$$f_Y(y_j)=P(Y=y_j)=\sum_{i=1}^{M} f(x_i,y_j)\ (j=1,\cdots,N) \tag{5.1.6}$$

と求められる。

**例 5.2 数値例（12）**

$(X,Y)$ の同時確率分布が次表の通りであるとする：

| X \ Y | −1 | 0 | 1 | 計 |
|---|---|---|---|---|
| −2 | 0.05 | 0.03 | 0.02 | 0.10 |
| −1 | 0.06 | 0.08 | 0.04 | 0.18 |
| 0 | 0.08 | 0.16 | 0.16 | 0.40 |
| 1 | 0.04 | 0.08 | 0.10 | 0.22 |
| 2 | 0.02 | 0.04 | 0.04 | 0.10 |
| 計 | 0.25 | 0.39 | 0.36 | 1.00 |

周辺分布は表の行和，列和として得られる。$X$ の周辺確率関数 $f_X(x)$ は行和，$Y$ の周辺確率関数 $f_Y(y)$ は列和となる。$f_X(x)$ は

$$f_X(-2)=0.10,\ f_X(-1)=0.18,\ f_X(0)=0.40,$$
$$f_X(1)=0.22,\ f_X(2)=0.10$$

であり，$f_Y(y)$ は

$$f_Y(-1) = 0.25,\ f_Y(0) = 0.39,\ f_Y(1) = 0.36$$

となる。（下に続く）■

### 5.1.3 期待値，平均，分散

$(X, Y)$ の関数 $h(X, Y)$ の期待値 $\mathrm{E}\{h(X, Y)\}$ を次式で定義する。

$$\mathrm{E}\{h(X, Y)\} = \sum_{i=1}^{M} \sum_{j=1}^{N} h(x_i, y_j) f(x_i, y_j) \tag{5.1.7}$$

次の例で定義を確認する。

**例 5.3 数値例（13）**

$\mathrm{E}\{XY\}$ を計算しよう。$h(X, Y) = XY$ として，上の定義に当てはめると，

$$\begin{aligned}
\mathrm{E}\{XY\} &= (-2)\times(-1)\times 0.05 + (-2)\times 0\times 0.03 + (-2)\times 1\times 0.02 \\
&\quad +(-1)\times(-1)\times 0.06 + (-1)\times 0\times 0.08 + (-1)\times 1\times 0.04 \\
&\quad +0\times(-1)\times 0.08 + 0\times 0\times 0.16 + 0\times 1\times 0.16 \\
&\quad +1\times(-1)\times 0.04 + 1\times 0\times 0.08 + 1\times 1\times 0.10 \\
&\quad +2\times(-1)\times 0.02 + 2\times 0\times 0.04 + 2\times 1\times 0.04 \\
&= 0.18
\end{aligned}$$

が得られる。

また，$h(X, Y) = X + Y$ とすれば，

$$\mathrm{E}(X + Y) = 0.15$$

もわかる。（p.169 に続く）■

$X$ のみ（あるいは $Y$ のみ）に注目して，$h(X, Y) = X$ とおくこともできるから，$\mathrm{E}(X) \equiv \mu_X$ なる量も定義できる。これを $X$ の平均と言う。

$$\mu_X = \mathrm{E}(X) = \sum_{i=1}^{M}\sum_{j=1}^{N} x_i f(x_i, y_j) \tag{5.1.8}$$

この値は $X$ の周辺分布のみからも計算できる。なぜなら，上式の右辺は次のように変形できるからである。

$$\sum_{i=1}^{M} x_i \left[\sum_{j=1}^{N} f(x_i, y_j)\right] = \sum_{i=1}^{M} x_i f_X(x_i) \tag{5.1.9}$$

したがって，$\mathrm{E}(X)$ は同時分布で計算しても周辺分布で計算しても同じであることがわかった。$Y$ の平均 $\mathrm{E}(Y) \equiv \mu_Y$ についても同様である。

$$\mu_Y = \mathrm{E}(Y) = \sum_{i=1}^{M}\sum_{j=1}^{N} y_j f(x_i, y_j) = \sum_{j=1}^{N} y_i f_Y(y_j) \tag{5.1.10}$$

同様に，$X$ や $Y$ の分散や標準偏差を次式で定義する。

$X$ の分散 $\sigma_X^2 = \mathrm{V}(X) = \mathrm{E}\{(X - \mu_X)^2\}$

$X$ の標準偏差 $\sigma_X = \mathrm{D}(X) = \sqrt{\mathrm{V}(X)}$

$Y$ の分散 $\sigma_Y^2 = \mathrm{V}(Y) = \mathrm{E}\{(Y - \mu_Y)^2\}$

$Y$ の標準偏差 $\sigma_Y = \mathrm{D}(Y) = \sqrt{\mathrm{V}(Y)}$

**例 5.4 数値例（14）**

$\mathrm{E}(X)$ と $\mathrm{E}(X^2)$ はそれぞれ次の通りである。

$$\mathrm{E}(X) = (-2) \times 0.10 + (-1) \times 0.18 + 0 \times 0.40 + 1 \times 0.22 + 2 \times 0.10 = 0.04$$

$$\mathrm{E}(X^2) = 4 \times 0.10 + 1 \times 0.18 + 0 \times 0.40 + 1 \times 0.22 + 4 \times 0.10 = 1.2$$

これより，$\mathrm{V}(X) = 1.2 - (0.04)^2 = 1.1984$。同様に計算して $\mathrm{E}(Y) = 0.11$ と $\mathrm{V}(Y) = 0.5979$ を得る。また，上で行った計算と比較すれば，$\mathrm{E}(X+Y) = 0.15 = \mathrm{E}(X) + \mathrm{E}(Y)$ が成り立っていることがわかる。次の定理で示す通り，この式は一般に成り立つ。（p.173 に続く） ■

**定理 5.3 期待値の線形性**

次式が成り立つ。$a$ と $b$ は定数とする。

$$\mathrm{E}(aX+bY)=a\mathrm{E}(X)+b\mathrm{E}(Y)$$

◇**証明** 単に計算すればよい。

$$\begin{aligned}
\mathrm{E}(aX+bY) &= \sum_{i=1}^{M}\sum_{j=1}^{N}(ax_i+by_j)f(x_i,y_j)\\
&= a\sum_{i=1}^{M}\sum_{j=1}^{N}x_if(x_i,y_j)+b\sum_{i=1}^{M}\sum_{j=1}^{N}y_jf(x_i,y_j)\\
&= a\mathrm{E}(X)+b\mathrm{E}(Y) \quad \text{（証明終）◇}
\end{aligned}$$

同様にして，次も容易に示すことができる。

**定理 5.4 期待値の線形性**

任意の関数 $h_1(X,Y),\cdots,h_p(X,Y)$ に対して

$$\mathrm{E}\left\{h_1(X,Y)+\cdots+h_p(X,Y)\right\}=\mathrm{E}\left\{h_1(X,Y)\right\}+\cdots+\mathrm{E}\left\{h_p(X,Y)\right\}$$

### 5.1.4 *n* 次元離散型確率変数

$X_1,X_2,\cdots,X_n$ を $n$ 個の確率変数とする。これらが飛び飛びの値しかとりえないとき，**$n$ 次元離散型確率変数**と言う。$(X_1,X_2,\cdots,X_n)$ のとりうる各値 $(x_1,x_2,\cdots,x_n)$ に対して確率

$$\begin{aligned}
P\{(X_1,X_2,\cdots,X_n) &= (x_1,x_2,\cdots,x_n)\}\\
&= P\{X_1=x_1,X_2=x_2,\cdots,X_n=x_n\}
\end{aligned}$$

が対応しているとき，これを $(X_1,X_2,\cdots,X_n)$ の同時分布と言う。周辺分布や期待値の定義や性質などについては，2次元の場合と同様であるから省略する。

### 5.1.5 連続型確率分布

次に連続型分布について述べる。以下の議論は離散型のときと同様であるから，2 次元に限定してごく簡単に述べるにとどめる。$(X, Y)$ を 2 次元確率変数とする。負の値をとらない 2 変数関数 $f(x, y)$ が存在して，任意の $a, b, c, d$（ただし $a \leq b$, $c \leq d$）に対して確率 $P(a \leq X \leq b, c \leq Y \leq d)$ が図 5-1 の青線部の体積

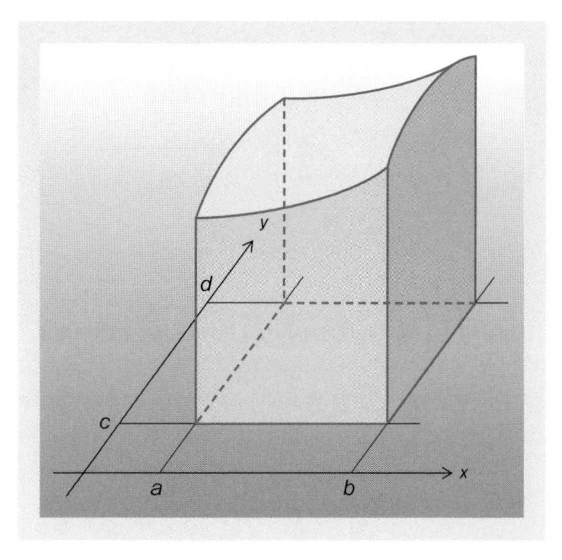


図 5-1

で与えられるとき，すなわち，

$$P(a \leq X \leq b, c \leq Y \leq d) = \int_a^b \int_c^d f(x, y)\mathrm{d}x\mathrm{d}y$$
$$(-\infty < a \leq b < \infty;\ -\infty < c \leq d < \infty) \tag{5.1.11}$$

が成立するとき，$(X, Y)$ を **2 次元連続型確率変数**，$f(x, y)$ を**同時確率密度関数**，$(X, Y)$ の分布を同時確率分布と言う。

$X$ のみ（あるいは $Y$ のみ）に注目する場合は周辺確率密度関数によって確率計算ができる。より正確には次の通りである。

**定理 5.5　周辺密度関数**

関数 $f_X$ を次式

$$f_X(x) = \int_{-\infty}^{\infty} f(x, y)\mathrm{d}y \tag{5.1.12}$$

の通りに定義すれば，これは $X$ の密度関数となる。すなわち，任意の $a \leq b$ に対して次式

$$P(a \leq X \leq b) = \int_a^b f_X(x)\mathrm{d}x \tag{5.1.13}$$

が成り立つ。これを $X$ の**周辺確率密度関数**と言う。

◇**証明**　$\{a \leq X \leq b\} = \{a \leq X \leq b, -\infty < Y < \infty\}$ であるから，

$$\begin{aligned} P(a \leq X \leq b) &= P(a \leq X \leq b, -\infty < Y < \infty) = \int_a^b \int_{-\infty}^{\infty} f(x, y)\mathrm{d}x\mathrm{d}y \\ &= \int_a^b \left( \int_{-\infty}^{\infty} f(x, y)\mathrm{d}y \right) \mathrm{d}x = \int_a^b f_X(x)\mathrm{d}x \end{aligned} \tag{5.1.14}$$

が成立し，$f_X(x)$ が $X$ の密度関数であることがわかる。(証明終) ◇

同様に，$Y$ の周辺密度関数は

$$f_Y(y) = \int_{-\infty}^{\infty} f(x, y)\mathrm{d}x$$

で与えられる。

$(X, Y)$ の関数 $h(X, Y)$ の期待値を次式で定義する。

$$\mathrm{E}\{h(X, Y)\} = \int_{-\infty}^{\infty} \int_{-\infty}^{\infty} h(x, y)f(x, y)\mathrm{d}x\mathrm{d}y \tag{5.1.15}$$

離散型のところで示した，期待値に関する諸公式は連続型でも成り立つ。

### 5.1.6　共分散と相関係数

第 3 章では 2 次元データ $(x_1, y_1), \cdots, (x_n, y_n)$ の線形関係の有無や正負，強さの指標として，共分散と相関係数を議論した。これらの考え方を使って 2 次元確率変数 $(X, Y)$ の共分散と相関係数を定義する。

$(X,Y)$ の**共分散** $\mathrm{C}(X,Y)$ を次式で定義する。

$$\sigma_{XY} = \mathrm{C}(X,Y) = \mathrm{E}\{(X-\mu_X)(Y-\mu_Y)\} \tag{5.1.16}$$

共分散は $X$ と $Y$ に関して対称の量である。すなわち，$\mathrm{C}(X,Y) = \mathrm{C}(Y,X)$ が成り立つ。また，共分散は測定単位に依存する。

**例 5.5 数値例（15）**

例 5.4 で求めた通り，$\mu_X = 0.04$，$\mu_Y = 0.11$ であるから $\mathrm{C}(X,Y) = \mathrm{E}\{(X-0.04)(Y-0.11)\}$ を計算すればよい。

$$\begin{aligned}
&\mathrm{E}\{(X-0.04)(Y-0.11)\} \\
= \;& (-2-0.04)(-1-0.11)\times 0.05 + (-2-0.04)(0-0.11)\times 0.03 \\
& +(-2-0.04)(1-0.11)\times 0.02 + (-1-0.04)(-1-0.11)\times 0.06 \\
& +(-1-0.04)(0-0.11)\times 0.08 + (-1-0.04)(1-0.11)\times 0.04 \\
& +(0-0.04)(-1-0.11)\times 0.08 + (0-0.04)(0-0.11)\times 0.16 \\
& +(0-0.04)(1-0.11)\times 0.16 + (1-0.04)(-1-0.11)\times 0.04 \\
& +(1-0.04)(0-0.11)\times 0.08 + (1-0.04)(1-0.11)\times 0.10 \\
& +(2-0.04)(-1-0.11)\times 0.02 + (2-0.04)(0-0.11)\times 0.04 \\
& +(2-0.04)(1-0.11)\times 0.04 \\
= \;& 0.136
\end{aligned}$$

となり，共分散は正の値である。（p.175 に続く） ■

共分散 $\mathrm{C}(X,Y)$ の解釈はデータの共分散と全く同様である。すなわち，

$$\begin{aligned}
\text{正の相関} &\iff \mathrm{C}(X,Y) > 0 \\
\text{無相関} &\iff \mathrm{C}(X,Y) = 0 \\
\text{負の相関} &\iff \mathrm{C}(X,Y) < 0
\end{aligned}$$

である。$\mathrm{C}(X,Y) = 0$ のとき，$X$ と $Y$ は**無相関**であると言う。共分散は測定単位に依存する量であるため，しばしば数値の解釈が難しい。測定単位に依存しない量としては次の**相関係数**がある。

$$\rho_{XY} = \rho(X, Y) = \frac{\sigma_{XY}}{\sigma_X \sigma_Y} \tag{5.1.17}$$

ここに，$\sigma_X$ と $\sigma_Y$ はそれぞれ $X$ と $Y$ の標準偏差である。相関係数は，共分散と同様に $X$ と $Y$ に関して対称な量である。すなわち，$\rho_{XY} = \rho_{YX}$。また，共分散と同一の符号を持つ。したがって相関の有無や正負についての解釈の仕方は共分散と同じである。相関係数は $X$ と $Y$ の直線的関係の強さの指標であり，常に $-1$ と $+1$ の間に値をとり，$\pm 1$ に近いほど直線的関係が強いと解釈される。

$$\begin{array}{ccccc} \text{正の相関} & \Longleftrightarrow & 0 < \rho_{XY} \le 1 & \Longleftrightarrow & 0 < \mathrm{C}(X,Y) \\ \text{無相関} & \Longleftrightarrow & \rho_{XY} = 0 & \Longleftrightarrow & \mathrm{C}(X,Y) = 0 \\ \text{負の相関} & \Longleftrightarrow & -1 \le \rho_{XY} < 0 & \Longleftrightarrow & \mathrm{C}(X,Y) < 0 \end{array}$$

より正確には次の定理の通りである。これは定理 3.2（p.72）の確率変数版である。

**定理 5.6 相関係数の性質**

2次元確率変数 $(X, Y)$ の相関係数 $\rho_{XY}$ は次の2つを満たす。

(1) $-1 \le \rho_{XY} \le 1$

(2) $\rho_{XY} = \pm 1$ ならば，$X$ と $Y$ の間に完全な直線的関係が存在する。

◇**証明** (3.2.6) で述べたコーシー・シュワルツの不等式の確率変数版を導く。すなわち，$Z$ と $W$ を任意の確率変数とする。このとき

$$\{\mathrm{E}\{ZW\}\}^2 \le \mathrm{E}\{Z^2\}\mathrm{E}\{W^2\} \tag{5.1.18}$$

が成り立つことを示す。等号成立の必要十分条件は，一方が他方の定数倍 $Z = cW$ となることである。これが示されれば，$Z = X - \mu_X$，$W = Y - \mu_Y$ を代入することによって，

$$\{\mathrm{C}(X, Y)\}^2 \le \mathrm{V}(X)\mathrm{V}(Y)$$

が示される。両辺を $\mathrm{V}(X)\mathrm{V}(Y)$ で割れば，$\rho_{XY}^2 \le 1$ が得られ，これが求めるものである。関数 $f$ を

$$f(x) = \mathrm{E}\{(Z + xW)^2\}$$

と定義すると，右辺は $x$ の値にかかわらず非負である。$f(x) \geq 0$ がすべての $x$ について成り立つ。また，$f(x)$ は $x$ の 2 次関数である。

$$f(x) = \mathrm{E}\{Z^2\} + 2x\mathrm{E}\{ZW\} + x^2\mathrm{E}\{W^2\} = Ax^2 + 2Bx + C$$

ここで $A = \mathrm{E}\{W^2\}$，$B = \mathrm{E}\{ZW\}$，$C = \mathrm{E}\{Z^2\}$。したがって，判別式/4= $B^2 - AC \leq 0$ が成り立つ。これは求めるもの (5.1.18) に等しい。(2) については各自で考察のこと。（証明終）◇

■注 5.1　**共分散に関する公式**　共分散は次のようにも表すことができる。注 3.1（p.70）で示した公式の確率変数版である。

$$\mathrm{C}(X, Y) = \mathrm{E}(XY) - \mathrm{E}(X)\mathrm{E}(Y) \tag{5.1.19}$$

実際，$(X - \mu_X)(Y - \mu_Y) = XY - \mu_X Y - \mu_Y X + \mu_X \mu_Y$ と期待値の線形性により，

$$\begin{aligned} \mathrm{C}(X, Y) &= \mathrm{E}(XY - \mu_X Y - \mu_Y X + \mu_X \mu_Y) \\ &= \mathrm{E}(XY) - \mu_X \mathrm{E}(Y) - \mu_Y \mathrm{E}(X) + \mu_X \mu_Y \\ &= \mathrm{E}(XY) - \mu_X \mu_Y \end{aligned}$$

が得られ，証明が終わる。■

**例 5.6　数値例（16）**

例 5.5 を再度計算する。例 5.3 で $\mathrm{E}\{XY\} = 0.18$ が得られているので，$\mu_X = 0.04$，$\mu_Y = 0.11$ とあわせると

$$\mathrm{C}(X, Y) = 0.18 - 0.04 \times 0.11 = 0.136$$

となる。（終）■

■注 5.2　**平均がゼロの場合**　$\mu_X = 0$ もしくは $\mu_Y = 0$ のときは

$$\mathrm{C}(X, Y) = \mathrm{E}\{XY\}$$

が成り立ち，計算が簡略化できる。■

■注 5.3　**分散と共分散の関係**　分散は同じ変数同士の共分散と見ることができる。実際，$X = Y$ とすれば $\mu_X = \mu_Y$ であるから，

$$\sigma_{XX} = \mathrm{C}(X, X) = \mathrm{E}\{(X - \mu_X)^2\} = \mathrm{V}(X) = \sigma_X^2 \tag{5.1.20}$$

が成り立つ。■

■**注 5.4**† **平均ベクトルと分散共分散行列**　多次元の確率変数の平均ベクトルと分散共分散行列を定義する。まず，2 次元確率変数 $\mathbf{X} = (X, Y)$ の平均ベクトル（mean vector）$\boldsymbol{\mu} = \mathrm{E}(\mathbf{X})$ を次のように表す。

$$\mathrm{E}(\mathbf{X}) = \begin{pmatrix} \mathrm{E}(X) \\ \mathrm{E}(Y) \end{pmatrix} = \begin{pmatrix} \mu_X \\ \mu_Y \end{pmatrix} \tag{5.1.21}$$

次に分散共分散行列（variance-covariance matrix）$\Sigma = \mathrm{V}(\mathbf{X})$ を

$$\mathrm{V}(\mathbf{X}) = \begin{pmatrix} \mathrm{V}(X) & \mathrm{C}(X, Y) \\ \mathrm{C}(Y, X) & \mathrm{V}(Y) \end{pmatrix} = \begin{pmatrix} \sigma_{XX} & \sigma_{XY} \\ \sigma_{YX} & \sigma_{YY} \end{pmatrix}$$

と定義する。これは $2 \times 2$ 対称行列である。

同様に，$n$ 次元確率変数 $X_1, X_2, \cdots, X_n$ に対して，第 $(i, j)$ 要素が $X_i$ と $X_j$ の共分散 $\mathrm{C}(X_i, X_j)$ であるような $n \times n$ 行列を $X_1, X_2, \cdots, X_n$ の分散共分散行列と言う。第 $(i, i)$ 要素は $X_i$ の分散 $\mathrm{V}(X_i)$ である。2 次元のときと同様に対称行列である。■

## ▶ 問題 5.1

1. 2 次元確率変数 $(X, Y)$ の同時確率分布が次表の通りに与えられているとする。

| $X \backslash Y$ | −1 | 0 | 1 |
|---|---|---|---|
| −1 | 0.1 | 0.1 | 0.1 |
| 0 | 0.2 | 0 | 0.2 |
| 1 | 0.1 | 0.1 | 0.1 |

(1) $X$ の周辺分布を求め，$\mathrm{E}(X)$ と $\mathrm{V}(X)$ を計算せよ。

(2) $Y$ の周辺分布を求め，$\mathrm{E}(Y)$ と $\mathrm{V}(Y)$ を計算せよ。

(3) 共分散 $\mathrm{C}(X, Y)$ と相関係数 $\rho_{XY}$ とを計算せよ。

2. 次表は 2 次元離散型確率変数 $(X, Y)$ の同時確率分布を表す。以下の各問に答えよ。

(1) $X$ と $Y$ の周辺分布をそれぞれ求めよ。

(2) $X$ の期待値 $E(X)$ と分散 $V(X)$ を求めよ。

(3) $X$ と $Y$ の共分散 $\mathrm{C}(X, Y)$ を求めよ。

(4) $X$ と $Y$ は独立か。理由を付して答えよ。

| $X \backslash Y$ | 1 | 2 | 3 |
|---|---|---|---|
| 0 | $\frac{3}{20}$ | $\frac{1}{10}$ | $\frac{3}{20}$ |
| 1 | $\frac{1}{10}$ | 0 | $\frac{1}{10}$ |
| 2 | $\frac{3}{20}$ | $\frac{1}{10}$ | $\frac{3}{20}$ |

3. 2 次元確率変数 $(X, Y)$ の同時確率分布が次表の通りに与えられているとする。

| $X \backslash Y$ | 90 | 100 | 110 | 120 | 130 |
|---|---|---|---|---|---|
| 1 | 0.06 | 0.18 | 0.06 | 0 | 0 |
| 2 | 0.01 | 0.06 | 0.16 | 0.06 | 0.01 |
| 3 | 0.02 | 0.04 | 0.06 | 0.20 | 0.08 |

(1) $X$ の周辺分布を求め，$\mathrm{E}(X)$ と $\mathrm{V}(X)$ を計算せよ。

(2) $Y$ の周辺分布を求め，$\mathrm{E}(Y)$ と $\mathrm{V}(Y)$ を計算せよ。

(3) 共分散 $\mathrm{C}(X, Y)$ と相関係数 $\rho_{XY}$ とを計算せよ。

4. ある企業の今日の株価は 300 円であるとする。また，今日の為替レートは 1 ドル 100 円であるとする。明日の為替レート $(X)$ と株価 $(Y)$ について次表のような確率分布が与えられているとする。

| $X \backslash Y$ | 350 | 300 | 250 |
|---|---|---|---|
| 90 | 0.4 | 0.2 | 0.1 |
| 110 | 0.1 | 0.1 | 0.1 |

(1) $\{X = 90\}$ が与えられたときの，$\{Y = y\}$ の条件付確率 $P(Y = y | X = 90)$（$y = 250, 300, 350$）を求めよ。これを $X = 90$ が与えられたときの $Y$ の**条件付分布**（conditional distribution）と言う。

(2) 条件付分布も一つの確率分布であるから，これに関する期待値などが意味を持つ。これを**条件付期待値**（coditional expectation）と言う。例えば，条件付分布 $P(Y = y | X = 90)$ に関する条件付期待値を $\mathrm{E}(Y | X = 90)$ と書き，

$$\mathrm{E}(Y | X = 90) = \sum_{y=250,300,350} y \, P(Y = y | X = 90) \tag{5.1.22}$$

と定義する。より一般に関数 $h(Y)$ に対しては,

$$\mathrm{E}\left[h(Y)|X=90\right] = \sum_{y=250,300,350} h(y)\ P(Y=y|X=90) \quad (5.1.23)$$

と定める。条件付期待値 $\mathrm{E}(Y|X=90)$ を求めよ。

(3) $X=110$ が与えられたときの $Y$ の条件付分布を求めよ。

(4) 条件付期待値 $\mathrm{E}(Y|X=110)$ を求めよ。

5.† 問題 4.4 の 12 で定義された多項試行を考える。$k$ 通りの結果 $C_1, C_2, \cdots, C_k$ が起こりうるような試行を独立に $n$ 回行い, 各 $C_i$ がそれぞれ $X_i$ 回生じるとする $(i=1,2,\cdots,k)$。このとき, 確率ベクトル $(X_1, X_2, \cdots, X_k)$ の同時確率分布は

$$P(X_1=n_1, X_2=n_2, \cdots, X_k=n_k) = \frac{n!}{n_1!n_2!\cdots n_k!} p_1^{n_1} p_2^{n_2} \cdots p_k^{n_k} \quad (5.1.24)$$

となる。上式が成り立つとき, $(X_1, X_2, \cdots, X_k)$ は**多項分布**(multinomial distribution)$M(n,k,p_1,\cdots,p_k)$ に従うと言う。

(1) $\mathrm{E}(X_i)=np_i$ $(i=1,2,\cdots,k)$ を示せ。

(2) $\mathrm{V}(X_i)=np_i(1-p_i)$ $(i=1,2,\cdots,k)$ を示せ。

(3) $\mathrm{C}(X_i,X_j)=-np_ip_j$ $(i\neq j)$ を示せ。

# 5.2 独立同一分布

本節では確率変数の独立性を定義する。これは確率変数 $X$ と $Y$ が互いに無関係であることを表す概念である。第 4.2 節で議論した「事象の独立性」の概念を経由して定義されることに注意しよう。

## 5.2.1 独立性の定義

2 次元離散型確率変数 $(X,Y)$ の同時分布が $X$ と $Y$ の周辺分布の積で表せるとき, すなわち,

$$P(X=x_i, Y=y_j) = P(X=x_i)P(Y=y_j) \quad (i=1,\cdots,M;\ j=1,\cdots,N) \quad (5.2.1)$$

が成り立つとき，$X$ と $Y$ は互いに独立であると言う。この定義より

$X$ と $Y$ は独立 $\iff$ $x_i$ と $y_j$ のすべての組合せに対し，事象 $\{X = x_i\}$ と $\{Y = y_j\}$ は独立

であることがわかる。確率関数で書けば，

$$f(x_i, y_j) = f_X(x_i) f_Y(y_j) \quad (i = 1, \cdots, M; j = 1, \cdots, N) \tag{5.2.2}$$

となる。

$X$ と $Y$ が互いに独立ならば，それらを任意の関数で変換して得られる $h(X)$ と $k(Y)$ も独立となることが示せる。

$n$ 個の離散型確率変数の独立性も同様に定義される。$(X_1, X_2, \cdots, X_n)$ の値域を $\Omega$ とし，すべての $(a_1, a_2, \cdots, a_n) \in \Omega$ に対して

$$P(X_1 = a_1, X_2 = a_2, \cdots, X_n = a_n) = P(X_1 = a_1) P(X_2 = a_2) \cdots P(X_n = a_n) \tag{5.2.3}$$

が成り立つとき，$X_1, X_2, \cdots, X_n$ は互いに独立であると言う。$X_1, X_2, \cdots, X_n$ が互いに独立ならば，それらを任意の関数で変換して得られる $h_1(X_1), h_2(X_2), \cdots, h_n(X_n)$ も互いに独立となることが示せる。

連続型の場合も同様である。$n$ 個の連続型確率変数が互いに独立であることを，$(X_1, X_2, \cdots, X_n)$ の同時密度関数 $f(x_1, x_2, \cdots, x_n)$ が各 $X_i$ の周辺密度関数 $f_{X_i}$ の積に等しいことであると定義する。すなわち，

$$f(x_1, x_2, \cdots, x_n) = f_{X_1}(x_1) f_{X_2}(x_2) \cdots f_{X_n}(x_n)$$
$$(-\infty < x_1, x_2, \cdots, x_n < \infty) \tag{5.2.4}$$

であることとする。このとき，$a_i, b_i$ $(i = 1, 2, \cdots, n)$ をどのように選んでも

$$P(a_1 \leq X_1 \leq b_1,\ a_2 \leq X_2 \leq b_2,\ \cdots,\ a_n \leq X_n \leq b_n)$$
$$= P(a_1 \leq X_1 \leq b_1)\, P(a_2 \leq X_2 \leq b_2) \cdots P(a_n \leq X_n \leq b_n) \tag{5.2.5}$$

が成り立つ。ここで各区間の形を $a_i \leq X_i$ や $X_i \leq b_i$ に変えたり，$\leq$ を $<$ に変えてもよい。

### 5.2.2 基本例

**例 5.7 最小値の分布**

確率変数 $X_1, X_2, \cdots, X_n$ は互いに独立に同一の指数分布 $Ex(\lambda)$ に従うとする。

(1) $X_1, X_2, \cdots, X_n$ の最小値を $Z$ とおくと $Z \sim Ex(n\lambda)$ が成り立つ。なぜなら,

$$\{Z > x\} = \{X_1 > x, X_2 > x, \cdots, X_n > x\}$$

であるから,

$$\begin{aligned} P(Z > x) &= P(X_1 > x, X_2 > x, \cdots, X_n > x) \\ &= P(X_1 > x)P(X_2 > x)\cdots P(X_n > x) \quad \text{((5.2.5) より)} \\ &= e^{-\lambda x}e^{-\lambda x}\cdots e^{-\lambda x} \quad \text{((4.5.14) より)} \\ &= e^{-n\lambda x} \end{aligned}$$

が得られ，$Z$ の分布関数は $P(Z \leq x) = 1 - e^{-n\lambda x}$ であるとわかり，これを微分すれば，指数分布 $Ex(n\lambda)$ の密度関数が得られるからである（(4.5.2) と (4.5.14) を見よ）。

(2) ATM の 1 人当たりの使用時間は平均 1 分の指数分布 $Ex(1)$ で表されるとする。A 君が銀行に入ると，5 台の ATM があり，5 台とも使用中であった。各台の使用時間を $X_i$ $(i = 1, \cdots, 5)$ とすれば，A 君の待ち時間は $X_1, X_2, \cdots, X_5$ の最小値 $Z$ である。(1) より，$Z \sim Ex(5)$ であるから，$\mathrm{E}(Z) = 1/5$（分）$= 12$（秒）である。すなわち，A 君の平均待ち時間は 12 秒である。■

**例 5.8† 独立同一分布の例**

(1) $X_1, X_2, \cdots, X_n$ が互いに独立に同一のポアソン分布 $Po(\lambda)$ に従うとき，$X_1, X_2, \cdots, X_n$ の同時確率関数は

$$\begin{aligned} P(X_1 = x_1, X_2 = x_2, \cdots, X_n = x_n) &= \prod_{i=1}^{n} e^{-\lambda} \frac{\lambda^{x_i}}{x_i!} \\ &= e^{-n\lambda} \frac{\lambda^{\sum_{i=1}^{n} x_i}}{x_1! x_2! \cdots x_n!} \end{aligned} \tag{5.2.6}$$

となる。ここで，$\prod_{i=1}^{n} A_i = A_1 \times A_2 \times \cdots \times A_n$ と約束する。

(2) $X_1, X_2, \cdots, X_n$ が互いに独立に同一の正規分布 $N(\mu, \sigma^2)$ に従うならば，同時密度関数は

$$
\begin{aligned}
f(x_1, x_2, \cdots, x_n) &= \prod_{i=1}^{n} \frac{1}{\sqrt{2\pi}\sigma} \exp\left(-\frac{(x_i-\mu)^2}{2\sigma^2}\right) \\
&= \left(\frac{1}{\sqrt{2\pi}\sigma}\right)^n \exp\left(-\frac{1}{2\sigma^2}\sum_{i=1}^{n}(x_i-\mu)^2\right)
\end{aligned}
$$

となる。■

### ▶ 問題 5.2

1. $X_1, X_2, \cdots, X_n$ は互いに独立に同一のベルヌーイ分布 $Ber(p)$ に従うとする。
   (1) $X_1, X_2, \cdots, X_n$ の同時確率関数を求めよ。
   (2) $n=5$ のとき，$P(X_1=1, X_2=1, X_3=1, X_4=0, X_5=0)$ を求めよ。
2. ある都市では 1 日当たりの交通事故発生件数は平均 3 件のポアソン分布 $Po(3)$ で表せるとする。毎日の発生件数は独立であるとする。
   (1) 5 日間連続して 4 件以下である確率を求めよ。
   (2) 5 日中 3 日で 4 件以下となる確率を求めよ。
3.† $X_1, X_2, \cdots, X_n$ は互いに独立に同一の一様分布 $U(0,1)$ に従うとする。$X_1$, $X_2$, $\cdots$, $X_n$ の最大値を $Z$ とおく。
   (1) $Z \leq z$ となる確率 $P(Z \leq z)$ を求めよ。これを $z$ の関数と見れば，$Z$ の分布関数 $F(z)$ に等しい。
   (2) $F(z)$ を微分することにより，$Z$ の密度関数を求めよ。
4.† $X_1, X_2, \cdots, X_n$ は互いに独立に同一の分布に従うとする。次の各場合について同時確率関数もしくは同時密度関数を求めよ。
   (1) 一様分布 $U(\alpha, \beta)$ の場合（定義については問題 4.5 の 1 を参照のこと）
   (2) 2 項分布 $B(n, p)$ の場合
   (3) 指数分布 $Ex(\lambda)$ の場合

# 5.3 独立性と無相関性

本節では独立性と無相関性の関係を調べる。独立性と無相関性はどちらも $X$ と $Y$ の無関係なることを表しており，その点で類似しているが，実は独立性のほうが強い概念である。すなわち，独立ならば無相関であるが，無相関だからと言って独立であるとは限らない。

## 5.3.1 基本公式

**定理 5.7　独立な確率変数の積の期待値**

(1)　2 個の確率変数 $X$ と $Y$ が互いに独立ならば次式が成り立つ。

$$\mathrm{E}(XY) = \mathrm{E}(X)\mathrm{E}(Y)$$

(2)　$n$ 個の確率変数 $X_1, X_2, \cdots, X_n$ が互いに独立ならば次式が成り立つ。

$$\mathrm{E}(X_1 X_2 \cdots X_n) = \mathrm{E}(X_1)\mathrm{E}(X_2)\cdots\mathrm{E}(X_n)$$

◇**証明**　前半のみを示す。後半も同様に示せる。(5.2.2) より

$$\begin{aligned}
\mathrm{E}(XY) &= \sum_{i=1}^{M}\sum_{j=1}^{N} x_i y_j f(x_i, y_j) = \sum_{i=1}^{M}\sum_{j=1}^{N} x_i y_j f_X(x_i) f_Y(y_j) \\
&= \left[\sum_{i=1}^{M} x_i f_X(x_i)\right] \times \left[\sum_{j=1}^{N} y_j f_Y(x_j)\right] = \mathrm{E}(X)\mathrm{E}(Y)
\end{aligned}$$

となって求めるものを得る。（証明終）◇

**定理 5.8** **独立ならば無相関**

2 個の確率変数 $X$ と $Y$ が互いに独立ならば，それらは無相関である。すなわち，

$$\mathrm{C}(X,Y)=0, \qquad \rho(X,Y)=0$$

が成り立つ。

◇**証明** 注 5.1（p.175）より，$\mathrm{C}(X,Y)=\mathrm{E}(XY)-\mathrm{E}(X)\mathrm{E}(Y)$ である。他方，独立ならば定理 5.7 より $\mathrm{E}(XY)=\mathrm{E}(X)\mathrm{E}(Y)$ である。（証明終）◇

**例 5.9**[†] **無相関だが独立ではない例**

確率変数 $U$ は一様分布 $U(0,1)$（p.151，例 4.31 を見よ）に従うものとし，$X=\cos(2\pi U)$，$Y=\sin(2\pi U)$ とおくと，下で示す通り，両者は無相関である。すなわち，

$$\mathrm{C}(X,Y)=0 \tag{5.3.1}$$

が成り立つ。しかし，三角関数のよく知られた公式より $X^2+Y^2=1$ が常に成り立つから，$X$ の値がわかれば $Y$ の値は $\pm\sqrt{1-X^2}$ のいずれかであることがわかる。したがって両者は独立ではない。

以下の計算は興味のある読者のみでよい。(5.3.1) を示す。

$$\mathrm{E}(X)=\mathrm{E}\{\cos(2\pi U)\}=\int_0^1\cos(2\pi u)\mathrm{d}u=\left[\frac{1}{2\pi}\sin(2\pi u)\right]_0^1=0$$

同様に，$\mathrm{E}(Y)=\mathrm{E}\{\sin(2\pi U)\}=0$ であるから，注 5.2 を使うと

$$\begin{aligned}\mathrm{C}(X,Y) &= \mathrm{E}(XY)=\mathrm{E}\{\cos(2\pi U)\sin(2\pi U)\}\\ &= \frac{1}{2}\mathrm{E}\{\sin(4\pi U)\}=\frac{1}{2}\int_0^1\sin(4\pi u)\mathrm{d}u\\ &= -\frac{1}{8\pi}\left[\cos(4\pi u)\right]_0^1=0\end{aligned}$$

となって結果が得られる。■

▶ **問題 5.3**

1. $\mathrm{E}(X) = \mathrm{E}(Y) = 0$ かつ $\mathrm{V}(X) = \mathrm{V}(Y)$ とする。$Z = X + Y$，$T = X - Y$ とおくと，$Z$ と $T$ は無相関であることを示せ（$X$ と $Y$ の分布が何であれ無相関となる点が興味深い）。
2.† 四角形の縦の長さと横の長さを計り，それぞれ $X$（cm）と $Y$（cm）という結果を得るものとする。$X$ と $Y$ は独立とする。$X \sim U(a,b)$，$Y \sim U(c,d)$ であるとする。このとき四角形の面積 $XY$ の平均 $\mathrm{E}(XY)$ と分散 $\mathrm{V}(XY)$ を求めよ。
3.† $X$ と $Y$ は互いに独立に密度関数 $f(x) = 6x(1-x)$（$0 < x < 1$）を持つ確率分布に従っているとする。このとき，$\mathrm{E}(X/Y)$ の値を求めよ。

# 5.4 和の分布

統計解析において最も基本的な量は次章で定義する**標本平均** $\bar{X} = \frac{1}{n}\sum_{i=1}^{n} X_i$ である。本節では標本平均 $\bar{X}$ の確率的性質を調べる。

## 5.4.1 基本公式

まず以後の議論の基礎となる公式を示す。

**定理 5.9　和の平均と分散**

(1) $\mathrm{E}(X+Y) = \mathrm{E}(X) + \mathrm{E}(Y)$

(2) $\mathrm{V}(X+Y) = \mathrm{V}(X) + \mathrm{V}(Y) + 2\mathrm{C}(X,Y)$

(3) 特に $X$ と $Y$ とが独立のとき，$\mathrm{V}(X+Y) = \mathrm{V}(X) + \mathrm{V}(Y)$

◇**証明**　(1) は定理 5.4（期待値の線形性，p.170）で示されている。(2) を示す。$\mathrm{E}(X) = \mu_X$，$\mathrm{E}(Y) = \mu_Y$ とおくと，$\mathrm{E}(X+Y) = \mu_X + \mu_Y$ であるから，

$$\begin{aligned}
\mathrm{V}(X+Y) &= \mathrm{E}\left\{[(X+Y) - (\mu_X + \mu_Y)]^2\right\} \\
&= \mathrm{E}\left\{[(X-\mu_X) + (Y-\mu_Y)]^2\right\} \\
&= \mathrm{E}\left\{(X-\mu_X)^2 + (Y-\mu_Y)^2 + 2(X-\mu_X)(Y-\mu_Y)\right\}
\end{aligned}$$

$$= \mathrm{E}\left[(X-\mu_X)^2\right] + \mathrm{E}\left[(Y-\mu_Y)^2\right] + 2\mathrm{E}\left[(X-\mu_X)(Y-\mu_Y)\right]$$

$$= \mathrm{V}(X) + \mathrm{V}(Y) + 2\mathrm{C}(X,Y)$$

(3) は定理 5.8（p.183）と (2) からただちに得られる。（証明終）◇

確率変数が $n$ 個の場合は次の通りである。証明は全く同様である。

**定理 5.10　和の平均と分散**

$n$ 個の確率変数 $X_1, X_2, \cdots, X_n$ は互いに独立であるとする。このとき，

(1)　$\mathrm{E}(X_1 + X_2 + \cdots + X_n) = \mathrm{E}(X_1) + \mathrm{E}(X_2) + \cdots + \mathrm{E}(X_n)$

(2)　$\mathrm{V}(X_1 + X_2 + \cdots + X_n) = \mathrm{V}(X_1) + \mathrm{V}(X_2) + \cdots + \mathrm{V}(X_n)$

### 5.4.2　標本平均 $\bar{X}$ の平均と分散

$n$ 個の確率変数 $X_1, X_2, \cdots, X_n$ が互いに独立に同一の分布 $F$ に従っているとする。分布 $F$ の平均は $\mu$，分散は $\sigma^2$ であるとする。このとき，

$$\mathrm{E}(X_1) = \mathrm{E}(X_2) = \cdots = \mathrm{E}(X_n) = \mu \tag{5.4.1}$$

$$\mathrm{V}(X_1) = \mathrm{V}(X_2) = \cdots = \mathrm{V}(X_n) = \sigma^2 \tag{5.4.2}$$

が成り立つ。

次の定理で標本平均の平均と分散を導出する。

**定理 5.11　標本平均の平均と分散**

$n$ 個の確率変数 $X_1, X_2, \cdots, X_n$ が互いに独立に同一の分布 $F$ に従っているとする。分布 $F$ の平均は $\mu$，分散は $\sigma^2$ であるとする。このとき，標本平均 $\bar{X} = \frac{1}{n}\sum_{i=1}^{n} X_i$ と和 $\sum_{i=1}^{n} X_i$ に関して次の各式が成り立つ。

(1)　$\mathrm{E}\left(\sum_{i=1}^{n} X_i\right) = n\mu,\ \mathrm{V}\left(\sum_{i=1}^{n} X_i\right) = n\sigma^2$

(2)　$\mathrm{E}(\bar{X}) = \mu,\ \mathrm{V}(\bar{X}) = \dfrac{\sigma^2}{n}$

◇**証明** (1) は定理5.10よりただちに得られる。(2) は，公式 $\mathrm{E}(cX)=c\mathrm{E}(X)$, $\mathrm{V}(cX)=c^2\mathrm{V}(X)$ （p.127，定理4.6と p.132，定理4.9）を用いればよい。（証明終）◇

この定理の主張は，独立同一分布性が成り立っている限り，$F$ が何であっても成り立つ。特に (2) では $\bar{X}$ の平均と分散が導かれていて，重要である。**統計学の基本定理**とでも言うべき定理である。この定理が統計解析で果たす役割については定理6.1（p.202）を参照されたい。

**例 5.10 典 型 例**

$n$ 個の確率変数 $X_1, X_2, \cdots, X_n$ が互いに独立に同一の分布 $F$ に従っているとする。分布 $F$ の平均は $\mu$，分散は $\sigma^2$ であるとする。$T=\sum_{i=1}^{n} X_i$ とおく。このとき，次の結果が得られる。

(1) ベルヌーイ分布 $Ber(p)$ の場合。この場合，$\mu=p$，$\sigma^2=p(1-p)$ であるから，

$$\mathrm{E}(\bar{X})=p,\ \mathrm{V}(\bar{X})=p(1-p)/n,$$
$$\mathrm{E}(T)=np,\ \mathrm{V}(T)=np(1-p)$$

(2) ポアソン分布 $Po(\lambda)$ の場合。この場合，$\mu=\lambda$，$\sigma^2=\lambda$ であるから，

$$\mathrm{E}(\bar{X})=\lambda,\ \mathrm{V}(\bar{X})=\lambda/n,$$
$$\mathrm{E}(T)=n\lambda,\ \mathrm{V}(T)=n\lambda$$

(3) 正規分布 $N(\mu,\sigma^2)$ の場合。この場合，

$$\mathrm{E}(\bar{X})=\mu,\ \mathrm{V}(\bar{X})=\sigma^2/n,$$
$$\mathrm{E}(T)=n\mu,\ \mathrm{V}(T)=n\sigma^2$$

その他の確率分布についても同様である。■

**例 5.11 コイン投げ (8)**

歪みのないコインを 1 万回投げるとする。平均的に 5000 回くらい表が出るであろうが，どの程度ばらつくのであろうか。例えば表の回数が 4500 回以下となるのは珍しいことだろうか。$i$ 回目に表が出ることを $X_i = 1$，裏が出ることを $X_i = 0$ と表せば，和 $T = \sum_{i=1}^{10000} X_i$ は 1 万回中表の出る回数となる。このとき，例 5.10 の (1) において，$n = 10000, p = 0.5$ として，

$$\mathrm{E}(T) = 5000,\ \mathrm{V}(T) = 10000 \times 0.5 \times 0.5 = 2500,\ \mathrm{D}(T) = \sqrt{2500} = 50$$

が得られるから，チェビシェフの不等式より，2 シグマ区間と 3 シグマ区間に入る確率がそれぞれ次のように評価される：

$$P(5000 - 2 \times 50 \leq T \leq 5000 + 2 \times 50) = P(4900 \leq T \leq 5100) \geq 3/4$$
$$P(5000 - 3 \times 50 \leq T \leq 5000 + 3 \times 50) = P(4850 \leq T \leq 5150) \geq 8/9$$

4500 回以下となる確率は 10 シグマ区間の確率を評価すればわかる。非常に小さい値であることが了解されるであろう。（p.192 に続く） ■

### 5.4.3 再生性

独立に正規分布に従う 2 つの確率変数の和は再び正規分布に従う。このような性質を**再生性**（reproductivity）と言う。正規分布の他に再生性を持つ確率分布の代表例として，ベルヌーイ分布，2 項分布，ポアソン分布などが挙げられる。

**定理 5.12 正規分布の再生性**

確率変数 $X, Y$ は互いに独立にそれぞれ正規分布 $N(\mu_1, \sigma_1^2), N(\mu_2, \sigma_2^2)$ に従っているとする。このとき和 $X + Y$ は正規分布に従う。すなわち，

$$X + Y \sim N(\mu_1 + \mu_2, \sigma_1^2 + \sigma_2^2)$$

◇**証明** 本書のレベルを超えるので省略する。(終) ◇

**定理 5.13 正規分布の再生性**

$n$ 個の確率変数 $X_1, X_2, \cdots, X_n$ は互いに独立にそれぞれ正規分布 $N(\mu_1, \sigma_1^2), N(\mu_2, \sigma_2^2), \cdots, N(\mu_n, \sigma_n^2)$ に従っているとする。$c_1, c_2, \cdots, c_n$ は定数とする。このとき,

(1) $\displaystyle\sum_{i=1}^{n} X_i \sim N\left(\sum_{i=1}^{n} \mu_i, \sum_{i=1}^{n} \sigma_i^2\right)$

(2) $\displaystyle\sum_{i=1}^{n} c_i X_i \sim N\left(\sum_{i=1}^{n} c_i \mu_i, \sum_{i=1}^{n} c_i^2 \sigma_i^2\right)$

◇**証明** (1) については定理 5.12 を繰返し使えばよい。定理 4.21 (p.156) とあわせれば (2) も示せる。(証明終) ◇

この定理から得られる結果として次が最も重要である。

**定理 5.14 標本平均の分布**

$n$ 個の確率変数 $X_1, X_2, \cdots, X_n$ は互いに独立に同一正規分布 $N(\mu, \sigma^2)$ に従っているとする。このとき,

$$\bar{X} \sim N(\mu, \sigma^2/n)$$

◇**証明** 定理 5.13 の (2) において $\mu_1 = \mu_2 = \cdots = \mu_n = \mu$, $c_1 = c_2 = \cdots = c_n = 1/n$ とする。(証明終) ◇

2 項分布とポアソン分布については次の通りである。

**定理 5.15 再生性の基本例**

確率変数 $X$ と $Y$ は互いに独立とする。

(1) 2 項分布:$X \sim B(m, p)$, $Y \sim B(n, p)$ ならば $X + Y \sim B(m + n, p)$

(2) ポアソン分布:$X \sim Po(\lambda_1)$, $Y \sim Po(\lambda_2)$ ならば $X + Y \sim Po(\lambda_1 + \lambda_2)$

◇**証明**† (2) のみ示す。興味のない読者は飛ばして差し支えない。$Z = X + Y$ とおく。

$$\begin{aligned} & P(Z = z) = P(X + Y = z) \\ &= P(\{X = 0, Y = z\} \cup \{X = 1, Y = z - 1\} \cup \cdots \cup \{X = z, Y = 0\}) \\ &= \sum_{x=0}^{z} P(X = x, Y = z - x) = \sum_{x=0}^{z} P(X = x)\ P(Y = z - x) \ \text{(独立性)} \\ &= \sum_{x=0}^{z} e^{-\lambda_1} \frac{\lambda_1^x}{x!} \times e^{-\lambda_2} \frac{\lambda_2^{z-x}}{(z - x)!} = \frac{e^{-(\lambda_1+\lambda_2)}}{z!} \sum_{x=0}^{z} \frac{z!}{x!(z - x)!} \lambda_1^x \lambda_2^{z-x} \\ &= \frac{e^{-(\lambda_1+\lambda_2)}}{z!} \times (\lambda_1 + \lambda_2)^z \end{aligned} \tag{5.4.3}$$

となり，$Z \sim Po(\lambda_1 + \lambda_2)$ がわかる。最後の式は 2 項定理（第 1.3.3 項）による。（証明終）◇

確率変数の数が $n$ 個の場合も同様の結果が成り立つ。次の例の通り，再生性は（$X$ が個数や回数など和が定義できる変数にとっては）自然な性質であり，われわれの日常生活の中でもしばしば応用されている。

**例 5.12 ポアソン分布の再生性**

ある会社に午前中にかかってくる電話の数 $X$ は平均 15 件のポアソン分布 $Po(15)$ に従うとする。また，午後の件数 $Y$ が平均 30 件のポアソン分布 $Po(30)$ に従うならば，1 日にかかってくる電話の数 $Z \equiv X + Y$ は平均 45 件のポアソン分布 $Po(45)$ に従う。

また，5 日間を通してかかってくる電話の数は平均 225（$= 45 \times 5$）のポアソン分布 $Po(225)$ に従う。なぜなら，第 $i$ 日目にかかってくる電話の数を $Z_i$（$i = 1, 2, 3, 4, 5$）とおけば，これらは互いに独立に同一のポアソン分布 $Po(45)$ に従うから，再生性により和 $Z_1 + Z_2 + \cdots + Z_5 \sim Po(225)$。■

また，2 項分布 $B(n, p)$ がベルヌーイ分布 $Ber(p) = B(1, p)$ の和で書けることもきわめて重要である。

**定理 5.16 ベルヌーイ分布と 2 項分布**

$X_1, X_2, \cdots, X_n$ は互いに独立に同一のベルヌーイ分布 $Ber(p)$ に従うとする。このとき，和 $T = \sum_{i=1}^{n} X_i$ は 2 項分布 $B(n,p)$ に従う：

$$T = \sum_{i=1}^{n} X_i \sim B(n,p)$$

**例 5.13 大学生の身長の信頼区間（1）**

100 人の A 大学の男子学生の身長 $X_1, X_2, \cdots, X_{100}$ (cm) を計測する。$X_1, X_2, \cdots, X_{100}$ は互いに独立に同一の正規分布 $N(\mu, 5^2)$ に従うとする。ここで，$\mu$ は A 大学の男子学生全体の平均と解釈される。$\mu$ の値は未知であるとする。定理 5.14 より，標本平均 $\bar{X} = \frac{1}{100}\sum_{i=1}^{100} X_i$ は平均 $\mu$，分散 $5^2/100 = 0.25 = (0.5)^2$ の正規分布に従う：

$$\bar{X} \sim N(\mu, (0.5)^2), \qquad Z = \frac{\bar{X}-\mu}{0.5} \sim N(0,1)$$

定理 4.20（p.155）より，$P(-1.96 \leq Z \leq 1.96) = 0.95$ であるから，

$$P\left(-1.96 \leq \frac{\bar{X}-\mu}{0.5} \leq 1.96\right) = 0.95$$
$$P\left(\bar{X} - 1.96 \times 0.5 \leq \mu \leq \bar{X} + 1.96 \times 0.5\right) = 0.95$$

となる。上式は，**区間 $[\bar{X} - 1.96 \times 0.5, \bar{X} + 1.96 \times 0.5]$ が確率 0.95（95%）で未知の $\mu$ を含む**ことを表している。このような区間のことを $\mu$ に関する信頼係数 95%の**信頼区間**（confidence interval）と呼ぶ（詳細は第 7 章を参照のこと）。例えば，$\bar{X}$ の実現値が 169.0（cm）であれば，$[\bar{X} \pm 1.96 \times 0.5] = [169.0 \pm 0.98] = [168.02, 169.98]$ なる信頼区間が得られる。一般のデータ数 $n$ の場合は同様に議論して，95%信頼区間

$$\left[\bar{X} - 1.96\sqrt{\frac{5^2}{n}}, \bar{X} + 1.96\sqrt{\frac{5^2}{n}}\right] \tag{5.4.4}$$

を得る。例えばデータ数が 100 ではなく 20 ならば $\sqrt{5^2/20} = 1.12$ となるから，95%信頼区間は $[\bar{X} \pm 1.96 \times 1.12] = [169.0 \pm 2.19] = [166.81, 171.19]$ となる。（p.210 に続く） ■

### 5.4.4 中心極限定理

前項で見たように独立にポアソン分布に従う $n$ 個の確率変数の和は再びポアソン分布となる。実は，和 $\sum_{i=1}^{n} X_i$ や標本平均 $\bar{X}$ の分布は，元の分布が何であっても，$n$ が大となるに従って正規分布に近づいていくことが知られている。このことを保証する定理を**中心極限定理**（central limit theorem）と言う。

**定理 5.17　中心極限定理**

$n$ 個の確率変数 $X_1, X_2, \cdots, X_n$ は，互いに独立に平均 $\mu$，分散 $\sigma^2$ の確率分布 $F$ に従うとする。$n$ が大となるに従って標本平均 $\bar{X} = \frac{1}{n}\sum_{i=1}^{n} X_i$ の分布は正規分布 $N(\mu, \sigma^2/n)$ にいくらでも近づく。

同様に，和 $T = \sum_{i=1}^{n} X_i$ の分布は正規分布 $N(n\mu, n\sigma^2)$ にいくらでも近づく。したがって，$n$ が大きいときは $\bar{X}$ や $T$ の分布を正規分布で近似してよい（証明は鈴木・山田 [11] などを見られたい）。上記の定理において，「近づく」という言葉の数学的内容を正確に述べれば次の通りである。

**定理 5.18† 中心極限定理**

$n$ 個の確率変数 $X_1, X_2, \cdots, X_n$ は，互いに独立に平均 $\mu$，分散 $\sigma^2$ の確率分布 $F$ に従うとする。このとき，標本平均を基準化した確率変数 $(\bar{X}-\mu)/\sqrt{\frac{\sigma^2}{n}} = \frac{\sqrt{n}(\bar{X}-\mu)}{\sigma}$ の分布関数は，$n \to \infty$ のとき標準正規分布 $N(0,1)$ の分布関数 $\Phi(x)$ に収束する。すなわち，各 $x$ に対して次式が成り立つ：

$$\lim_{n\to\infty} P\left(\frac{\bar{X}-\mu}{\sqrt{\sigma^2/n}} \leq x\right) = \Phi(x)$$

標準正規分布の分布関数 $\Phi$ の定義は (4.5.11) を参照のこと。

**例 5.14 コイン投げ (9)**

中心極限定理を用いれば，チェビシェフの不等式による評価よりも正確な確率計算が可能となる。

歪みのないコインを 1 万回投げるときの表の回数を $T$ とする。また，標本平均 $\bar{X} = \frac{1}{10000}\sum_{i=1}^{10000} X_i$ は表の比率を表す。

中心極限定理において，$n = 10000$，$\mu = 0.5, \sigma^2 = (0.5)^2 = 0.25$ とすれば，

$$T \sim N(5000, (50)^2), \quad \bar{X} \sim N(0.5, (0.005)^2) \text{（近似的に）}$$

が得られる。これより，

$$Z = (\bar{X} - 0.5)/0.005 \sim N(0, 1)$$

となる。$P(4900 \leq T \leq 5100)$ を評価しよう。

$$\begin{aligned} P(4900 \leq T \leq 5100) &= P\left(0.49 \leq \bar{X} \leq 0.51\right) \\ &= P\left(\frac{0.49 - 0.5}{0.005} \leq \frac{\bar{X} - 0.5}{0.005} \leq \frac{0.51 - 0.5}{0.005}\right) \\ &= P(-2 \leq Z \leq 2) = 0.954 \end{aligned}$$

同様に，$P(4850 \leq T \leq 5150) = P(-3 \leq Z \leq 3) = 0.997$。（終）■

### 5.4.5 大数法則

$X_1, X_2, \cdots, X_n$ が互いに独立に同一の分布 $F$ に従い，$F$ の平均が $\mu$，分散が $\sigma^2$ であるとする。$n$ は十分大きいとする。このとき，中心極限定理より

$$\bar{X} \sim N(\mu, \sigma^2/n) \text{（近似的に）}$$

である。ここで $n \to \infty$ とすれば $\mathrm{V}(\bar{X}) = \sigma^2/n \to 0$ となる。このことは $\bar{X}$ の（$\mu$ の回りでの）ばらつきがどんどん小さくなっていくことを意味する。すなわち，$\bar{X}$ が $\mu$ に近づいていく。$\bar{X}$ が $\mu$ に近づいていくといっても，$\bar{X}$ は確率変数であるから実数列の収束と同様に考えることはできない。数学的に正確

に述べれば次の定理の通りである。この定理を**大数（の）法則**（law of large numbers）と言う。

**定理 5.19 大数法則**

$n$ 個の確率変数 $X_1, X_2, \cdots, X_n$ は，互いに独立に平均 $\mu$, 分散 $\sigma^2$ の確率分布 $F$ に従うとする。このとき，任意の $\varepsilon > 0$ に対して次式が成り立つ：

$$\lim_{n\to\infty} P(|\bar{X} - \mu| \leq \varepsilon) = 1, \qquad \lim_{n\to\infty} P(|\bar{X} - \mu| > \varepsilon) = 0 \qquad (5.4.5)$$

◇**証明**[†] (5.4.5) の 2 つの式は同値であるから，証明はどちらか一方のみでよい。まず，任意の $\varepsilon > 0$ をとる。チェビシェフの不等式より，$Z$ を確率変数とし，$\mathrm{E}(Z) = \alpha$，$\mathrm{V}(Z) = \beta^2$ とすれば，$P(|Z - \alpha| > k\beta) \leq 1/k^2$ $(k > 0)$ が成り立つ。ここで，$Z = \bar{X}$ とすると，$\alpha = \mu$，$\beta^2 = \sigma^2/n$ であるから，

$$P\left(|\bar{X} - \mu| > k\frac{\sigma}{\sqrt{n}}\right) \leq \frac{1}{k^2}$$

が任意の $k > 0$ に対して成り立つ。そこで，$k = \varepsilon\sqrt{n}/\sigma$ とすれば

$$P\left(|\bar{X} - \mu| > \varepsilon\right) \leq \frac{\sigma^2}{\varepsilon^2 n}$$

となる。確率の値は常に 0 以上であることに注意して，$n \to \infty$ とすれば，

$$0 \leq P\left(|\bar{X} - \mu| > \varepsilon\right) \leq \frac{\sigma^2}{\varepsilon^2 n} \to 0$$

となり，$\lim_{n\to\infty} P(|\bar{X} - \mu| > \varepsilon) = 0$ が示された。（証明終）◇

■**注 5.5**[†] **確率収束** 確率変数の列 $Y_1, Y_2, \cdots$ が実数 $\alpha$ に確率収束するとは，$\varepsilon > 0$ をどのようにとっても，

$$\lim_{n\to\infty} P(|Y_n - \alpha| > \varepsilon) = 0 \qquad (5.4.6)$$

が成立することである。このとき，$Y_n \to_p \alpha$ と表す。添え字の $p$ は確率収束を表す英語 convergence in probability に由来する。大数法則は標本平均 $\bar{X}$ が $\mu$ に確率収束する（$\bar{X} \to_p \mu$）ことを主張する定理である。■

**例 5.15 サイコロ投げ (8)**

サイコロを多数回投げると6の目が出る割合は1/6に近づいていく。これはわれわれが経験的に知っている（あるいは当然の前提として生活している）ことである。大数法則を用いてこのことを示そう。

$i$ 回目に6の目が出れば $X_i = 1$，6以外の目が出れば $X_i = 0$ と表す（$i = 1, 2, \cdots, n$）。このとき，$X_1, X_2, \cdots, X_n$ は互いに独立に同一のベルヌーイ分布 $Ber(1/6)$ に従うから，$\mu = 1/6$（$= p$），$\sigma^2 = 5/36$（$= p(1-p)$）として大数法則を使えば，$\bar{X}$（= 6の目が出る割合）は $\mu = 1/6$ に確率収束する。（終）■

■**注 5.6**† **確率収束に関する公式** 確率収束に関する公式を並べておく。実数列の収束と類似したものも多く，直感的にも自然であろうから憶えやすいだろう。詳しくは久保川 [5] を参照されたい。$Y_n \to_p \alpha$, $Z_n \to_p \beta$ とし，$\{c_n\}$ は $c_n \to c$ なる実数列とする。このとき，

(1) $c_n Y_n \to_p c\alpha$
(2) $Y_n \pm Z_n \to_p \alpha \pm \beta$
(3) $Y_n Z_n \to_p \alpha\beta$
(4) $\beta \neq 0$ ならば $Y_n / Z_n \to_p \alpha / \beta$
(5) $g$ が連続関数ならば $g(Y_n) \to_p g(\alpha)$

などが成り立つ。これらを組み合わせて色々な確率収束を示すことができる。興味のある読者は問題5.4の8を参照されたい。■

## ▶ 問題 5.4

1. 男子学生の体重は正規分布 $N(60, 8^2)$，女子学生のそれは $N(50, 6^2)$ で表されるとする。あるエレベータは体重の合計が300kgを超えるとブザーが鳴る。
   (1) 男子3人と女子2人が乗るときの体重の合計が従う分布を求めよ。
   (2) ブザーが鳴る確率を求めよ。
   (3) $X \sim N(60, 8^2)$，$Y \sim N(50, 6^2)$ とする。$3X + 2Y$ の分布は (1) で問われているものとは異なる。両者の違いを説明せよ。
2. 出生男児の体重は，平均3.2（kg），標準偏差0.4（kg）の正規分布に従うとする。16人の出生男児を無作為に選ぶとき，16人の体重の平均が3.35（kg）以下となる確率を求めよ。

3. 日本人の 20 歳の男子の胸囲は平均 86.9（cm），標準偏差 4.80（cm）である。20 歳の男子から 16 人を無作為に選ぶとき，その胸囲の平均が 85（cm）以下になる確率を求めよ。

4. コインを 1 万回投げるとき，表の出る回数が 4850 回以上でかつ 5150 回以下である確率を
   (1) チェビシェフの不等式
   (2) 中心極限定理
   を用いてそれぞれ評価せよ。

5. ある生産工程では製品完成後の検査で 10%が出荷延期となり，工程の最初に戻されると言う。検査前の製品の山から無作為に 600 個取り出すとき，
   (1) 50 個以上が出荷延期となる確率を求めよ。
   (2) 出荷延期となる製品の数が $60-c$ から $60+c$ の範囲となる確率がおよそ 0.9 となるように $c$ の値を定めよ。

6. $X_1, X_2, \cdots, X_{120}$ は互いに独立に同一のポアソン分布 $Po(5)$ に従うとする。中心極限定理を用いて，$P(5-c \leq \bar{X} \leq 5+c) = 0.95$ となる $c$ を求めよ。

7. $X_1, X_2, \cdots, X_{100}$ は互いに独立に同一の分布 $F$ に従っている。以下の各々の場合について，標本平均 $\bar{X}$ の分布を適当な正規分布で近似せよ。
   (1) $F$ が指数分布 $Ex(4)$ の場合
   (2) $F$ が一様分布 $U(0,\theta)$ の場合
   (3) $F$ が次の密度関数を持つ連続型分布である場合

$$f(x) = \begin{cases} 6x(1-x) & (0 \leq x \leq 1) \\ 0 & (\text{その他}) \end{cases}$$

8.† 注 5.6（p.194）の公式の使い方を練習しよう。$X_1,\ X_2,\ \cdots,\ X_n$ は互いに独立に $N(\mu,\sigma^2)$ に従うとする。$S^2 = \frac{1}{n}\sum_{i=1}^{n}(X_i-\bar{X})^2$ とおき，$S^2 \to_p \sigma^2$ を示す。$Y_i = X_i^2$（$i=1,2,\cdots,n$）とおくと，$\mathrm{E}(Y_i) = \sigma^2+\mu^2$ であり，$Y_1, Y_2, \cdots, Y_n$ は互いに独立である。$U = \frac{1}{n}\sum_{i=1}^{n}X_i^2$ とおく。等式 $S^2 = \frac{1}{n}\sum_{i=1}^{n}X_i^2 - \bar{X}^2 = U - \bar{X}^2$ を用いる。
   (1) 大数法則を用いて，$U \to_p \sigma^2+\mu^2$ を示せ（ヒント：$U$ は $Y_i$ の平均に等しい）。
   (2) 注 5.6 の公式 (5) を用いて，$\bar{X}^2 \to_p \mu^2$ を示せ。
   (3) 注 5.6 の公式 (2) を用いて，$S^2 = U - \bar{X}^2 \to_p \sigma^2$ を示せ。

(4) $s^2 = \frac{1}{n-1}\sum_{i=1}^{n}(X_i - \bar{X})^2$ とおく。$s^2$ は次章以降で重要な役割を果たす。$c_n = n/(n-1)$ とおくと，$c_n \to 1$ と $s^2 = c_n S^2$ が成り立つ。注 5.6 の公式 (1) を用いて，$s^2 \to_p \sigma^2$ を示せ。

# 6 母集団と標本

第 2 章で見た通り，データを解析する際，われわれはデータの平均 $\bar{x} = \frac{1}{n}\sum_{i=1}^{n} x_i$ や分散 $S^2 = \frac{1}{n}\sum_{i=1}^{n}(x_i - \bar{x})^2$ など各種の指標を計算し，値を吟味する。データとは確率変数の実現値であるから，これらの指標の性質を正確に知るためには，その確率変数版，すなわち確率変数 $X_1, X_2, \cdots, X_n$ の平均 $\bar{X} = \frac{1}{n}\sum_{i=1}^{n} X_i$ や分散 $S^2 = \frac{1}{n}\sum_{i=1}^{n}(X_i - \bar{X})^2$ の性質を調べる必要がある（図 6-1）。これらは数学的には確率変数の関数 $T(X_1, X_2, \cdots, X_n)$ である。確率変数の関数を**統計量**と言う。

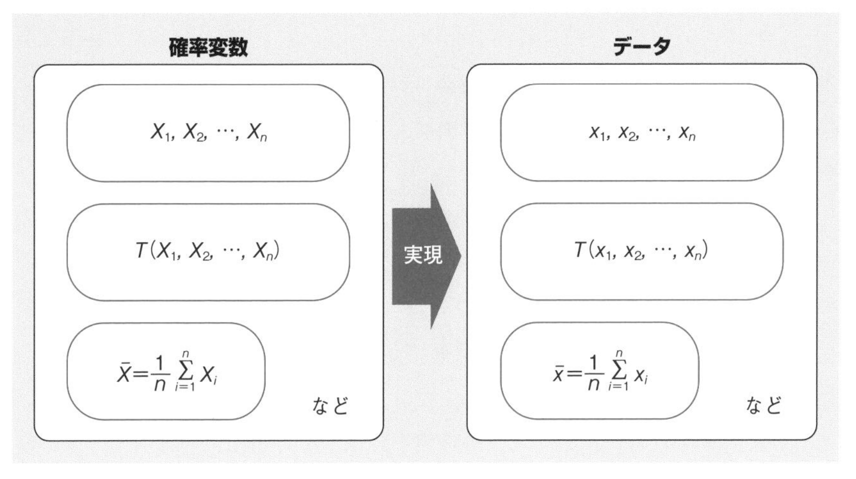


図 6-1

# 6.1 母集団と標本の概念

統計解析では手中のデータを母集団から抽出された標本とみなす。例えば，小学1年生男子の身長の分布に関心があり，1000人の男子児童を無作為に選んで調査するならば，母集団は「小1男子の（身長の）全体」であり，1000人分のデータはそこから抽出された標本である。

本章では，この枠組みを確率の概念を用いて整理し直す。まず，適当な確率分布を用いて母集団をモデル化し，標本をその確率分布に従う確率変数とみなすことから出発する。

## 6.1.1 母集団と標本

身長データ（これを $x_1, x_2, \cdots, x_n$ で表そう）から作られたヒストグラムは正規分布の密度関数に近い形状を示すことが多い。したがって，上述した「小1男子の身長の全体」は適当な正規分布 $N(\mu, \sigma^2)$ で近似表現することができる。その際，手中のデータ $x_1, x_2, \cdots, x_n$ は正規分布 $N(\mu, \sigma^2)$ に従う確率変数 $X_1, X_2, \cdots, X_n$ の実現値とみなされる。

このように，統計学では，考察対象の母集団を適当な確率分布 $F$ でモデル化し，これに対応して，手中の標本 $X_1, X_2, \cdots, X_n$ を $F$ に従う $n$ 次元確率変数と考える。分布 $F$ のことを**母集団分布**（population distribution）と言い，母集団分布が正規分布の場合は**正規母集団**，ベルヌーイ分布の場合は**ベルヌーイ母集団**などと言う（図6-2）。

通常，分析者の最終的関心は標本ではなく母集団にある。小1男子の身長の例では，選ばれた1000人ではなく，小1男子全体の分布がどのような性質を持つのか，小1男子全体の平均 $\mu$ や分散 $\sigma^2$ はどれほどか，などが関心の対象となる。多くの場合，$\mu$ や $\sigma^2$ などは未知であり，直接知ることはできない。しかし，母集団から抽出された標本は，これらに関して何らかの情報を持っているものと考えられる。そして，その情報を利用して母集団に関する何らかの結論を導くことができるであろうと考えられる。標本の情報をもとに母集団について推測することを**統計的推測**と言う。

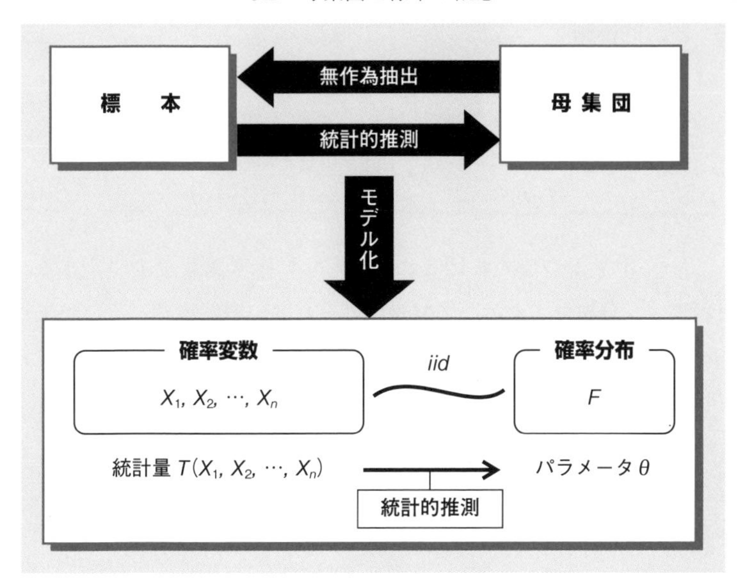


図 6-2

統計的推測を行うためには，標本が無作為に選ばれていることが必要である。無作為に選ばれた標本，すなわち**無作為標本**（random sample）とは，小 1 男子の身長の例で言えば，各児童が抽出される確率が一様に等しいという条件の下で抽出された標本のことである。このように偏りなく抽出された標本は，母集団のよい「縮図」となっていることが期待される。それゆえ，標本の情報をもとにして母集団について推測することが可能となる。無作為標本の数学的な定義は次の通りである。

**定義 6.1　無作為標本**

標本 $X_1, X_2, \cdots, X_n$ が互いに独立に同一の分布 $F$ に従っているとき，$X_1, X_2, \cdots, X_n$ を母集団分布 $F$ から抽出された大きさ $n$ の無作為標本であると言う。

「独立に同一の分布に従うこと」が，「母集団から偏りなく抽出されていること」の数学的表現である。また，確率変数の数 $n$ を**標本の大きさ**，**標本のサイズ**と言う。

### 6.1.2 統計的推測

例えば，ポアソン分布 $Po(\lambda)$ は $\lambda$ の値が与えられれば，分布として1つ確定し，他の分布と区別できる。実際，$Po(\lambda)$ の確率関数は

$$f(x) = e^{-\lambda}\frac{\lambda^x}{x!} \qquad (x = 0, 1, 2, \cdots)$$

であり，$\lambda > 0$ を1つ決めればこれに対応して確率関数が1つ定まる。このことを**ポアソン分布は $\lambda$ によって特徴付けられている**と言う。また，正規分布 $N(\mu, \sigma^2)$ は $(\mu, \sigma^2)$ の値が決まれば分布として1つ確定するから，$(\mu, \sigma^2)$ によって特徴付けられた分布である。一般に，分布を特徴付ける定数を**パラメータ**（母数，parameter）と言う。ポアソン分布 $Po(\lambda)$ は $\lambda$ をパラメータとして持つ分布である。

したがって，母集団分布として具体的な分布を仮定している場合，パラメータの値がわかれば母集団分布が1つ確定することになる。母集団について知りたければ，パラメータの値を知ればよいのである。第4章で見た通り，パラメータは母集団分布の平均や分散という意味を持つことが多い。実際，ポアソン母集団 $Po(\lambda)$ の $\lambda$ はポアソン分布の平均という意味を持つ。また，正規母集団 $N(\mu, \sigma^2)$ のパラメータ $(\mu, \sigma^2)$ は正規分布の平均と分散である。したがって，パラメータの値を知るということは，多くの場合，母集団分布の平均や分散の値を知ることに等しい。以後，母集団分布の平均や分散を**母平均**（population mean），**母分散**（population variance）などと呼ぶ。統計解析における推測の対象はこれら母平均や母分散などのパラメータに他ならない。

母平均や母分散に対応する標本の値は標本 $X_1, X_2, \cdots, X_n$ の平均や分散

$$\bar{X} = \frac{1}{n}\sum_{i=1}^{n} X_i, \qquad S^2 = \frac{1}{n}\sum_{i=1}^{n}(X_i - \bar{X})^2 \tag{6.1.1}$$

であろう。これらをそれぞれ**標本平均**（sample mean），**標本分散**（sample variance）と呼ぶ。標本平均は母平均の近似値を与えると考えられる。したがって，母平均が未知のとき，標本平均の値をもって母平均に代替させることは自然であろう。同様に，標本分散は母分散の近似値とみなせる。標本平均や標本分散

がどの程度あるいはどのような意味で母平均や母分散に近い値であるのかを調べることが本章の課題である。

標本分散を補正した**不偏標本分散**

$$s^2 = \frac{1}{n-1}\sum_{i=1}^{n}(X_i - \bar{X})^2 \ \left(= \frac{n}{n-1}S^2\right) \tag{6.1.2}$$

が用いられることも多い。この統計量の意味については注 6.1（p.203）を見よ。なお，(6.1.2) は誤解の恐れのないときは単に標本分散と呼ぶこともある。

## 6.2 統計量と標本分布

### 6.2.1 統 計 量

標本 $X_1, X_2, \cdots, X_n$ の関数 $T(X_1, X_2, \cdots, X_n)$ を**統計量**（statistic）と言う。

**例 6.1　統計量の例**

標本平均 $\bar{X}$，標本分散 $S^2$，不偏標本分散 $s^2$，標本標準偏差 $s$

$$\bar{X} = \frac{1}{n}\sum_{i=1}^{n}X_i, \quad S^2 = \frac{1}{n}\sum_{i=1}^{n}(X_i - \bar{X})^2,$$

$$s^2 = \frac{1}{n-1}\sum_{i=1}^{n}(X_i - \bar{X})^2, \quad s = \sqrt{s^2} \tag{6.2.1}$$

はすべて標本 $X_1, X_2, \cdots, X_n$ の関数 $T(X_1, X_2, \cdots, X_n)$ と見ることができるから統計量である。もちろん，標本和 $\sum_{i=1}^{n} X_i$ も一つの統計量である。■

### 6.2.2 標 本 分 布

統計量も確率変数であるから分布を持つ。統計量の分布を**標本分布**（sampling distribution）と言う。誤解の恐れのないときは単に分布と言ってもよい。

**例 6.2　標本分布の例**

定理 5.14，5.15，5.16（p.188，p.190）の内容は次のように言い換えられる。

(1) $X_1, X_2, \cdots, X_n$ を正規母集団 $N(\mu, \sigma^2)$ からの大きさ $n$ の無作為標本とする。このとき，標本平均 $\bar{X}$ の標本分布は正規分布 $N\left(\mu, \frac{\sigma^2}{n}\right)$ である。

(2) $X_1, X_2, \cdots, X_n$ をベルヌーイ母集団 $Ber(p)$ からの無作為標本とする。このとき，標本和 $\sum_{i=1}^{n} X_i$ の標本分布は $B(n,p)$ である。また，標本平均 $\bar{X}$ の標本分布は 2 項分布とはならないが，$n$ が十分に大きければ中心極限定理により $N(p, \frac{p(1-p)}{n})$ で近似できる。

(3) $X_1, X_2, \cdots, X_n$ をポアソン母集団 $Po(\lambda)$ からの無作為標本とする。このとき，標本和 $\sum_{i=1}^{n} X_i$ の標本分布は $Po(n\lambda)$ である。標本平均 $\bar{X}$ の標本分布はポアソン分布ではないが，$n$ が大のときは正規分布 $N(\lambda, \frac{\lambda}{n})$ で近似できる。■

### 6.2.3　無作為標本の平均と分散

上で見た通り，標本和 $\sum_{i=1}^{n} X_i$ や標本平均 $\bar{X}$ の分布は母集団分布が何であるかによって異なる。しかし，**これらの平均や分散は母集団分布によらない**。それが次の 2 つの定理である。

**定理 6.1　標本平均の平均と分散**

$X_1, X_2, \cdots, X_n$ は，母平均 $\mu$，母分散 $\sigma^2$ を持つ母集団分布からの無作為標本とする。このとき，次式が成り立つ。

$$\mathrm{E}(\bar{X}) = \mu, \quad \mathrm{V}(\bar{X}) = \sigma^2/n$$

◇**証明**　定理 5.11（p.185）の言い換えである。（証明終）◇

標本分散 $S^2$ と不偏標本分散 $s^2$ については次の定理が成り立つ。

**定理 6.2 標本分散の平均**

前定理と同じ条件の下で

$$\mathrm{E}(s^2)=\sigma^2,\ \ \mathrm{E}(S^2)=\frac{n-1}{n}\sigma^2$$

が成り立つ。

◇**証明** 恒等式 $X_i-\bar{X}=(X_i-\mu)-(\bar{X}-\mu)$ を使うと，

$$\begin{aligned}\sum_{i=1}^{n}(X_i-\bar{X})^2 &= \sum_{i=1}^{n}\left[(X_i-\mu)-(\bar{X}-\mu)\right]^2\\ &= \sum_{i=1}^{n}(X_i-\mu)^2-n(\bar{X}-\mu)^2\end{aligned}\tag{6.2.2}$$

となるから，(6.2.2) の両辺の期待値をとると，

$$\mathrm{E}\left[\sum_{i=1}^{n}(X_i-\bar{X})^2\right]=\mathrm{E}\left[\sum_{i=1}^{n}(X_i-\mu)^2\right]-n\mathrm{E}\left[(\bar{X}-\mu)^2\right]\tag{6.2.3}$$

ここで (6.2.3) 右辺の各項はそれぞれ

$$\text{第 1 項}=\mathrm{E}\left[\sum_{i=1}^{n}(X_i-\mu)^2\right]=\sum_{i=1}^{n}\mathrm{E}[(X_i-\mu)^2]=\sum_{i=1}^{n}\mathrm{V}(X_i)=n\sigma^2$$

$$\text{第 2 項}=n\mathrm{E}\left[(\bar{X}-\mu)^2\right]=n\mathrm{V}(\bar{X})=n\times\frac{\sigma^2}{n}=\sigma^2$$

と評価されるから，

$$\mathrm{E}\left[\sum_{i=1}^{n}(X_i-\bar{X})^2\right]=(n-1)\sigma^2$$

が成り立つ。後は上式の両辺を $n$ または $n-1$ で割ればよい。（証明終）◇

■**注 6.1 不 偏 性** 上の 2 つの定理で示した通り，標本平均 $\bar{X}$ と母平均 $\mu$，不偏標本分散 $s^2$ と母分散 $\sigma^2$ とは次の関係で結ばれる。

$$\mathrm{E}(\bar{X})=\mu,\ \ \mathrm{E}(s^2)=\sigma^2\tag{6.2.4}$$

多くの場合，$\mu$ や $\sigma^2$ は未知であり，これらを $\bar{X}$ や $s^2$ によって推定する。その際，$\bar{X}$ や $s^2$ の値が正確に $\mu$ や $\sigma^2$ に等しいかどうかはわからないが，平均で見れば両者は一致する。これが (6.2.4) 式の意味するところである。これは $\bar{X}$ や $s^2$ が持つよさであり，**不偏性**（unbiasedness）と呼ばれる。$s^2$ に「不偏標本分散」という名前がつく理由もここにある。

他方，標本分散 $S^2$ は不偏性を持たない。実際，定理 6.2 より

$$\mathrm{E}(S^2) = \frac{n-1}{n}\sigma^2 < \sigma^2$$

であるから，$S^2$ は $\sigma^2$ をやや小さめに推定している。ゆえに $\sigma^2$ を推定する際には $S^2$ ではなく $s^2$ のほうがよく用いられる。■

**例 6.3　母平均，母分散の推定**

小学 6 年生男子 20 人の 50m 走のタイム（秒）を計測したところ次の結果を得た。

9.0,　8.2,　10.0,　8.3,　8.8,　9.6,　8.1,　10.8,　9.1,　10.1,
8.0,　9.3,　8.7,　9.0,　9.1,　8.6,　10.2,　8.4,　10.3,　9.7

このデータを，未知の母平均 $\mu$ と未知の母分散 $\sigma^2$ を持つ母集団からの無作為標本（の実現値）とみなす。標本平均 $\bar{X}$，不偏標本分散 $s^2$，標本分散 $S^2$ の値はそれぞれ，

$$\begin{aligned}
\bar{X} &= (9.0 + 8.2 + \cdots + 9.7)/20 = 9.17 \\
s^2 &= \frac{1}{19}\left[(9.0-9.17)^2 + (8.2-9.17)^2 + \cdots + (9.7-9.17)^2\right] = 0.66 \\
S^2 &= \frac{1}{20}\left[(9.0-9.17)^2 + (8.2-9.17)^2 + \cdots + (9.7-9.17)^2\right] = 0.63
\end{aligned}$$

となるから，$\mu$ と $\sigma^2$ はそれぞれ 9.17，0.66 と推定される。■

### 6.2.4 Excel による乱数発生

乱数を使って無作為標本を発生させてみよう（図 6-3）。「分析ツール」の「乱数発生」を選択する。例えば，ポアソン母集団 $Po(4)$ から大きさ $n = 20$ の無作為標本 $X_1, X_2, \cdots, X_{20}$ を発生させるには，「変数の数」を 1，「乱数の数」を 20，「分布」を「ポワソン」，「パラメータ P 値」を 4 とし，出力先を指定すればよい。

図 6-3

母平均と母分散はともに $\lambda$ であるから，得られた 20 個の乱数から標本平均 $\bar{X}$ と不偏標本分散 $s^2$ をワークシート関数 average，var で計算すると，ともに 4 に近い値であることが期待される。

今度は，「変数の数」を 25 に変えてもう一度やってみよう。大きさ 20 の無作為標本が 25 個得られる。各標本の標本平均 $\bar{X}$ を計算すると，25 個の平均値が得られる。$\mathrm{E}(\bar{X}) = \lambda$，$\mathrm{V}(\bar{X}) = \lambda/n$ であるから，これら 25 個の平均値の平均と分散をワークシート関数 average と var で計算すれば，その値はそれぞれ $\lambda = 4$ と $\lambda/n = 4/20 = 0.2$ に近いものであることが期待される。

**▶ 問題 6.2**

1. $X_1, X_2, \cdots, X_n$ は正規母集団 $N(\mu, \sigma^2)$ からの無作為標本とする。
   (1) $\mathrm{E}(\bar{X})$ と $\mathrm{V}(\bar{X})$ を求めよ。
   (2) $\mathrm{E}(s^2)$ を求めよ。
2. $X_1, X_2, \cdots, X_n$ は指数母集団 $Ex(\lambda)$ からの無作為標本とする。
   (1) $\mathrm{E}(\bar{X})$ と $\mathrm{V}(\bar{X})$ を求めよ。
   (2) $\mathrm{E}(s^2)$ を求めよ。
3. $X_1, X_2, \cdots, X_n$ はベルヌーイ母集団 $Ber(p)$ からの無作為標本とする。
   (1) $\mathrm{E}(\bar{X})$ と $\mathrm{V}(\bar{X})$ を求めよ。
   (2) $\mathrm{E}(s^2)$ を求めよ。
   (3) $\bar{X} = 0.3$ であったとする。母平均 $p$ はいくらと推定されるか。
   (4) 不偏標本分散 $s^2$ は $s^2 = \frac{n}{n-1}\bar{X}(1-\bar{X})$ と書けることを示せ。
   (5) $n = 20$ のとき，母分散 $p(1-p)$ はいくらと推定されるか。
4. $X_1, X_2, \cdots, X_n$ はポアソン母集団 $Po(\lambda)$ からの無作為標本とする。
   (1) $\mathrm{E}(\bar{X})$ と $\mathrm{V}(\bar{X})$ を求めよ。
   (2) $\mathrm{E}(s^2)$ を求めよ。
   (3) $\bar{X} = 3$ であったとする。母平均 $\lambda$ はいくらと推定されるか。
5. 「分析ツール」の「乱数発生」を用いて，(1) 正規母集団 $N(50, 100)$ からの大きさ 50 の無作為標本，(2) ベルヌーイ母集団 $Ber(0.6)$ からの大きさ 100 の無作為標本，(3) 一様母集団 $U(0, 1)$ からの大きさ 40 の無作為標本，をそれぞれ発生させよ。

## 6.3 正規母集団からの標本

本節では特に母集団分布が正規分布である場合を扱う。標本平均，標本分散の分布を中心に議論する。

### 6.3.1 標本平均の分布

$X_1, X_2, \cdots, X_n$ を正規母集団 $N(\mu, \sigma^2)$ からの無作為標本とする。このとき，例 6.2 で述べた通り，標本平均 $\bar{X}$ の分布は正規分布 $N\left(\mu, \dfrac{\sigma^2}{n}\right)$ である。

### 6.3.2　標本分散の分布

次に $s^2$ と $S^2$ の分布を考える。

**定義 6.2　カイ 2 乗分布**

$Z_1, \cdots, Z_k$ は互いに独立に標準正規分布 $N(0,1)$ に従うとする。このとき，2 乗和

$$Y = \sum_{i=1}^{k} Z_i^2$$

の確率分布を**自由度 $k$ の $\chi^2$（カイ 2 乗）分布**（chi-square distribution）といい，$\chi^2(k)$ で表す。

カイ 2 乗分布に従う確率変数は 0 以上の値しかとらない。

**例 6.4　数値例（17）**

(1) $Z \sim N(0,1)$ とし，$Y = Z^2$ とおくと，$Y$ は自由度 1 のカイ 2 乗分布 $\chi^2(1)$ に従う。

(2) $X_1, X_2, \cdots, X_{20}$ が互いに独立に同一の正規分布 $N(158, 6^2)$ に従っているとする。このとき，$Z_i = (X_i - 158)/6$（$i = 1, \cdots, 20$）は互いに独立に標準正規分布 $N(0,1)$ に従うから，その 2 乗和 $Y$ は自由度 20 のカイ 2 乗分布 $\chi^2(20)$ に従う。すなわち，

$$Y = \sum_{i=1}^{20} Z_i^2 = \sum_{i=1}^{20} \left( \frac{X_i - 158}{6} \right)^2 \sim \chi^2(20)$$

が成り立つ。（p.208 に続く） ■

$Y$ の確率密度関数 $f(y)$ は，

$$f(y) = \begin{cases} \frac{1}{2^{k/2}\Gamma(k/2)} y^{\frac{k}{2}-1} e^{-y/2} & (y \geq 0) \\ 0 & (y < 0) \end{cases} \tag{6.3.1}$$

であることが知られている。分母に含まれる $\Gamma(k/2)$ はガンマ関数である（興味のない読者は無視してよい。定義については第 1.3.4 項を参照のこと）。

**例 6.5　数値例（18）**

例 6.4 で登場した $\chi^2(1)$ の密度関数を確認しておけば

$$f(x) = \frac{1}{\sqrt{2\pi}} x^{-1/2} e^{-x/2} \ (x \geq 0)$$

である。$\Gamma(1/2) = \sqrt{\pi}$ を使っている。（終）■

確率密度関数の概形は図 6-4 の通りである。①左右非対称であること，②自由度が大となると左右対称に近づくこと，③およそ自由度と等しい点で峰がピークとなること，の 3 点に注意しよう。

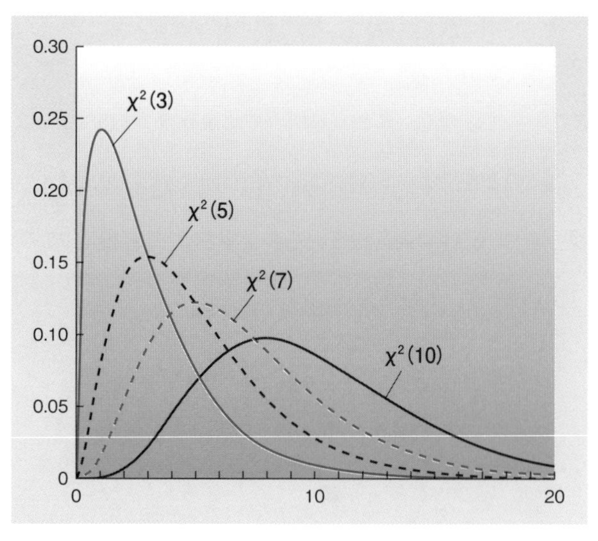


図 6-4

**例 6.6　Excel による確率計算 (1)**

確率変数 $Y$ は自由度 $k$ のカイ 2 乗分布 $\chi^2(k)$ に従うとする。このとき，$0 < \alpha < 1$ に対して

$$P(c \leq Y) = \alpha$$

を満たす $c$ の値は，ワークシート関数 `chiinv` によって計算できる。結果を出力したいセルに`=chiinv(`$\alpha$`, k)` と入力すればよい。例えば，$Y \sim \chi^2(19)$ とし，$P(c \leq Y) = 0.025\ (0.975)$ となる $c$ をそれぞれ求めたければ，`chiinv(0.025,19)` と `chiinv(0.975,19)` の値を読めばよく，

$$P(32.85 \leq Y) = 0.025, \quad P(8.90 \leq Y) = 0.975$$

が得られる。ここから，$P(Y \leq 8.90) = 0.025$ や

$$P(8.90 \leq Y \leq 32.85) = 0.95 \tag{6.3.2}$$

なることもわかる。■

**定理 6.3　不偏標本分散の分布**

$X_1, X_2, \cdots, X_n$ は正規母集団 $N(\mu, \sigma^2)$ からの無作為標本とする。

$$Y \equiv \frac{(n-1)s^2}{\sigma^2} = \frac{1}{\sigma^2}\sum_{i=1}^{n}(X_i - \bar{X})^2 \tag{6.3.3}$$

とおく。このとき次が成り立つ。

(1)　$Y$ は自由度 $n-1$ のカイ 2 乗分布 $\chi^2(n-1)$ に従う：$Y \sim \chi^2(n-1)$。

(2)　$s^2$ と $\bar{X}$ とは独立に分布する。

◇**証明**　本書の範囲を超えるので省略する。（終）◇

### 例 6.7 大学生の身長の信頼区間（2）

大学生男子20人の身長を計測する。計測結果を $X_1, X_2, \cdots, X_{20}$ で表す。例5.13（p.190）と同様にこの $X_1, X_2, \cdots, X_{20}$ を正規母集団 $N(\mu, \sigma^2)$ からの無作為標本とみなす。母分散 $\sigma^2$ に関する推論について考える。$s^2 = \dfrac{1}{(20-1)}\displaystyle\sum_{i=1}^{20}(X_i - \bar{X})^2$ とおけば，定理6.3より，

$$Y = \frac{19}{\sigma^2}s^2 \sim \chi^2(19)$$

であるから，(6.3.2) に代入して

$$P\left(8.90 \leq \frac{19}{\sigma^2}s^2 \leq 32.85\right) = 0.95$$

を得る。不等式の部分を変形して

$$P\left(\frac{19 \times s^2}{32.85} \leq \sigma^2 \leq \frac{19 \times s^2}{8.90}\right) = 0.95$$

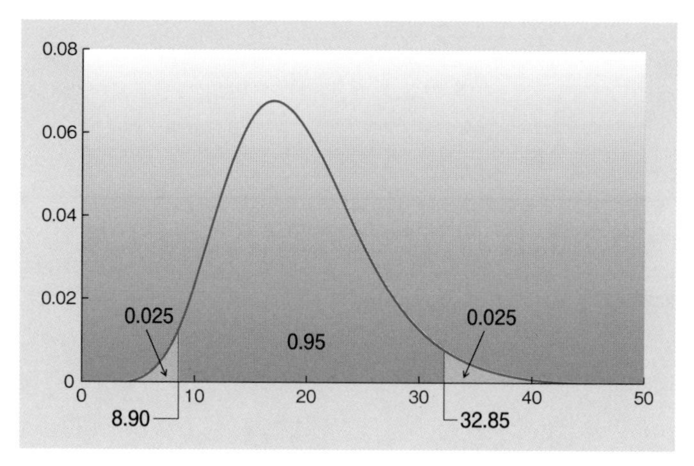


図 6-5

これは，**区間**

$$[\mathbf{19 \times s^2/32.85,\ \ 19 \times s^2/8.90}]$$

**が確率 0.95 で未知の $\sigma^2$ を含むこと**，すなわち上記の区間が $\sigma^2$ の95%信頼区間であることを意味する（図6-5）。例えば，$s^2 = (6.2)^2$ が得られたとすれば，この区間は，$22.23 \leq \sigma^2 \leq 82.06$ となる。各辺の平方根をとれば，$4.72 \leq \sigma \leq 9.06$（cm）も得られる。（p.214 に続く） ■

$Y \sim \chi^2(k)$ ならば,

$$\mathrm{E}(Y) = k, \quad \mathrm{V}(Y) = 2k \tag{6.3.4}$$

となる。定理 6.3 より $(n-1)s^2/\sigma^2 \sim \chi^2(n-1)$ であるから,

$$\mathrm{E}\left[(n-1)s^2/\sigma^2\right] = n-1$$

となり，これを整理すれば

$$\mathrm{E}(s^2) = \sigma^2 \tag{6.3.5}$$

なることがわかる。同様に，$\mathrm{V}(s^2) = 2\sigma^4/(n-1)$ も得られる。

■注 6.2 **再 生 性**　カイ 2 乗分布も再生性を有する。すなわち，$Y_1, Y_2, \cdots, Y_m$ は互いに独立とし，各 $Y_i$ は自由度 $k_i$ のカイ 2 乗分布に従っているとする。このとき，

$$Y_1 + Y_2 + \cdots + Y_m \sim \chi^2(k_1 + k_2 + \cdots + k_m)$$

が成り立つ。■

### 6.3.3 ステューデントの $t$ 分布

$X_1, X_2, \cdots, X_n$ は正規母集団 $N(\mu, \sigma^2)$ からの大きさ $n$ の無作為標本とする。このとき，例 5.13（p.190）で見たように，

$$\frac{\bar{X}-\mu}{\sqrt{\sigma^2/n}} = \frac{\sqrt{n}(\bar{X}-\mu)}{\sigma} \sim N(0,1) \tag{6.3.6}$$

が成り立ち，これより母平均 $\mu$ の 95%信頼区間

$$\left[\bar{X} - 1.96\sqrt{\sigma^2/n},\ \bar{X} + 1.96\sqrt{\sigma^2/n}\right] \tag{6.3.7}$$

が導かれる。

この区間には $\sigma^2$ が含まれるため，これを実際に計算し，用いるためには母分散 $\sigma^2$ が既知であることが前提となっている。しかし，多くの場合で母分散は未知である。そこで本項では母分散が未知の場合に $\mu$ の信頼区間をどのように構成するかについて考えよう。一つの自然な方法は，(6.3.6) の中の未知の $\sigma^2$ を不偏標本分散 $s^2$ に置き換えるというものである。すなわち，

$$\frac{\bar{X}-\mu}{\sqrt{s^2/n}}=\frac{\sqrt{n}(\bar{X}-\mu)}{s} \tag{6.3.8}$$

なる量を考えることである。これを**t比**もしくは**ステューデント（Student）比**と呼ぶ。Studentとは$t$分布を導いた統計学者ゴセット（W.S.Gosset）のペンネームである。

**定義 6.3　*t* 分布**

確率変数$X$と$Y$は互いに独立であり，$X$は標準正規分布$N(0,1)$に，$Y$は自由度$k$のカイ2乗分布に従うとする。このとき，次の確率変数

$$t=\frac{X}{\sqrt{Y/k}}=\frac{\sqrt{k}X}{\sqrt{Y}} \tag{6.3.9}$$

の従う分布を**自由度*k*の*t*分布**と言い，$t(k)$と表す。

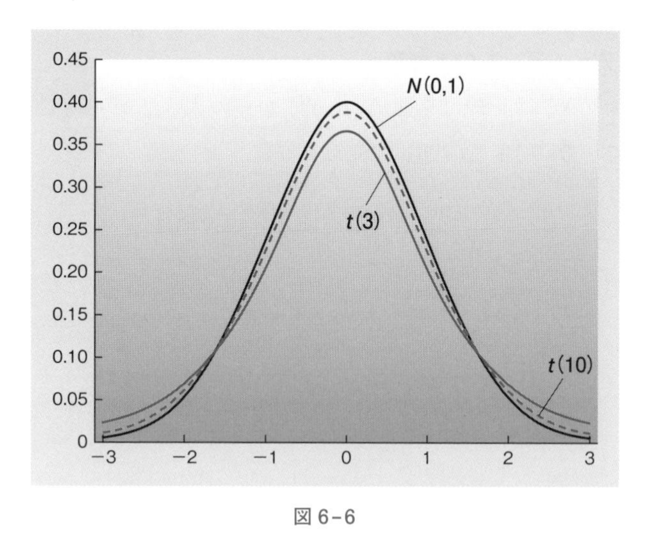


図6-6

いくつかの$k$に対応する$t(k)$のグラフは図**6-6**の通りである。①左右対称の分布であること，②標準正規分布$N(0,1)$よりも裾野が厚いこと，③自由度が大となれば標準正規分布に近づくこと，の3点が重要である。

### 例 6.8　Excel による確率計算 (2)

確率変数 $t$ が自由度 $k$ の $t$ 分布 $t(k)$ に従うとする。このとき，$0 < \alpha < 1$ に対して

$$P(|t| > c) = \alpha \tag{6.3.10}$$

を満たす $c$ は，`tinv(α,k)` によって求められる。$t$ 分布は左右対称であるから，$P(t > c) = \alpha$ の値は `tinv(2*α,k)` とすればよい（図 6-7）。例えば，`tinv(2*0.025,19)` の値は 2.09 となるから，$t \sim t(19)$ のとき，

$$P(t > 2.09) = 0.025$$

であり，分布は左右対称であるから，$P(t < -2.09) = 0.025$ や

$$P(-2.09 \leq t \leq 2.09) = 0.95 \tag{6.3.11}$$

も成り立つ。（終）■

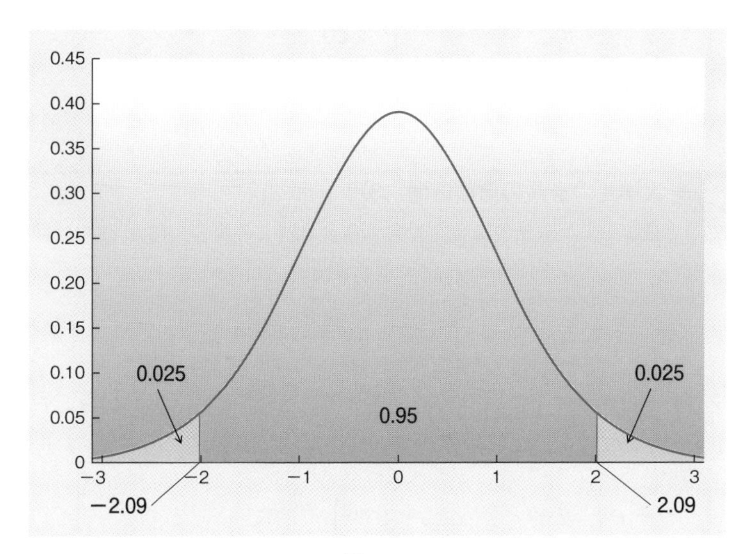


図 6-7

**定理 6.4 ステューデント比の分布**

$X_1, X_2, \cdots, X_n$ は正規母集団 $N(\mu, \sigma^2)$ からの無作為標本とする。このとき，

$$\frac{\bar{X}-\mu}{\sqrt{s^2/n}} = \frac{\sqrt{n}(\bar{X}-\mu)}{s} \sim t(n-1)$$

である。

◇**証明** 例 6.2 より $\bar{X} \sim N\left(\mu, \frac{\sigma^2}{n}\right)$ である。したがって，

$$X \equiv \frac{\bar{X}-\mu}{\sqrt{\sigma^2/n}} \sim N(0,1)$$

他方，定理 6.3 より，$Y \equiv (n-1)s^2/\sigma^2 \sim \chi^2(n-1)$ であるから，$t$ 分布の定義より，$X/\sqrt{Y/(n-1)} \sim t(n-1)$ となる。ここで，

$$\frac{X}{\sqrt{Y/(n-1)}} = \frac{\frac{\bar{X}-\mu}{\sqrt{\sigma^2/n}}}{\sqrt{\frac{(n-1)s^2}{(n-1)\sigma^2}}} = \frac{\bar{X}-\mu}{\sqrt{s^2/n}}$$

であるから，結果が従う。(証明終) ◇

**例 6.9 大学生の身長の信頼区間 (3)**

さて，今度は $\sigma^2$ が未知の場合を考えてみよう。この場合，(5.4.4) の区間は計算できない。そこで未知の $\sigma^2$ を $s^2$ で置き換えた

$$t = \frac{\bar{X}-\mu}{\sqrt{s^2/n}} = \frac{\sqrt{n}(\bar{X}-\mu)}{s}$$

を考えるのが自然だろう。ここで $t$ は正規分布しないことに注意する。$t$ は自由度 $n-1$ の $t$ 分布に従う。この場合は，$t \sim t(19)$。したがって，(6.3.11) より，

$$P\left(-2.09 \leq \frac{\bar{X}-\mu}{\sqrt{s^2/n}} \leq 2.09\right) = 0.95$$

$$P\left(\bar{X} - 2.09\sqrt{\frac{s^2}{n}} \leq \mu \leq \bar{X} + 2.09\sqrt{\frac{s^2}{n}}\right) = 0.95$$

が得られ，区間

$$\left[\bar{X}-2.09\sqrt{\frac{s^2}{n}},\ \bar{X}+2.09\sqrt{\frac{s^2}{n}}\right] \tag{6.3.12}$$

が確率 0.95 で未知の $\mu$ を含むこと，すなわち，$\mu$ の 95%信頼区間であることがわかる。

例えば，$\bar{X}=169.0$，$s^2=(6.2)^2$ が得られたとすると，この区間の実現値は

$$\left[169.0-2.09\times\frac{6.2}{\sqrt{20}},\ 169.0+2.09\times\frac{6.2}{\sqrt{20}}\right]=[166.0,\ 172.0]$$

となる。(p.229 に続く) ■

■注 6.3　母平均 $\mu$ が未知のとき，$\bar{X}$ や $s^2$ は統計量であるが，ステューデント比 $(\bar{X}-\mu)/\sqrt{\frac{s^2}{n}}$ は統計量ではない。統計量と言うときは分析者が計算可能であるものを指す。したがって未知パラメータに依存してはならない。■

### 6.3.4　Excel による確率計算

$Y\sim\chi^2(k)$ のとき，確率 $P(Y>y)$ の値は 2 つの引数を持つワークシート関数 `chidist(y,k)` より求められる。例えば，$Y\sim\chi^2(10)$ のとき，`chidist(9,10)` の値は 0.53 であるから，$P(Y>9)=0.53$ とわかる。

同様に $t\sim t(k)$ のとき，確率 $P(t>y)$ と $P(|t|>y)$ の値は 3 つの引数を持つワークシート関数 `tdist(y,k,·)` より求められる。$P(t>y)$ は `tdist(y,k,1)`，$P(|t|>y)$ は `tdist(y,k,2)` として計算できる。例えば，$t\sim t(10)$ のとき，`tdist(2,10,1)` の値は 0.037，`tdist(2,10,2)` の値は 0.073 である。

**▶ 問題 6.3**

1. $Z_1,Z_2,Z_3$ は互いに独立に標準正規分布 $N(0,1)$ に従うとする。
   (1) $Y=Z_1^2+Z_2^2+Z_3^2$ の分布は何か。
   (2) $\mathrm{E}(Y)$ と $\mathrm{V}(Y)$ の値を求めよ。
   (3) Excel を用いて $P(Y\leq 3)$ の値，$Y$ が 1 シグマ区間に入る確率，2 シグマ区間に入る確率を求めよ。

2. $Y \sim \chi^2(25)$ とする。
   (1) Excel を用いて，$P(d \leq Y \leq c) = 0.90$ を満たす $c$ と $d$ を求めよ。
   (2) Excel を用いて，$P(Y \leq c) = 0.90$ を満たす $c$ を求めよ。
3. $t \sim t(25)$ とする。
   (1) Excel を用いて，$P(-c \leq t \leq c) = 0.90$ を満たす $c > 0$ を求めよ。
   (2) Excel を用いて，$P(t \leq c) = 0.90$ を満たす $c > 0$ を求めよ。
4. 例 6.7（p.210）と例 6.9（p.214）の設定で $\mu$ と $\sigma^2$ の 90%信頼区間を求めよ。
5. $X_1, X_2, \cdots, X_{37}$ は正規母集団 $N(\mu, \sigma^2)$ からの無作為標本とする。$\bar{X} = 20$，$s^2 = 25$ が得られているとする。このとき，母平均 $\mu$ と母分散 $\sigma^2$ の 95%信頼区間をそれぞれ求めよ。

# 6.4 2 標本問題

2 種類の異なった条件の下で実験や観測を行い，条件の違いが結果にどのような差をもたらすかについて検証することは科学的研究の基本である。例えば，複数のラットを無作為に 2 つの群に分け，一方の群に属するラットには薬を投与し，もう一方の群に属するラットには投与しないで計測を行い，両群の計測値の差を薬の効果と解釈する，などといった研究が典型的である。

## 6.4.1 2 標本問題

**例 6.10 薬の効果 1（1）**

40 匹のラットを 20 匹ずつ無作為に 2 群に分け，一方（群 1）にある薬を投与し，もう一方（群 2）には何も投与せずにおき，一定の時間の後に血糖値を比較する，という実験を行った（**表 6-1**）。群 1 のラットのうち 2 匹がケガをしていることがわかり，実験の対象から外した。各群から得られた血糖値を $X_1, X_2, \cdots, X_m$ と，$Y_1, Y_2, \cdots, Y_n$ で表し（$m = 18$，$n = 20$），それぞれ 2 つの正規母集団 $N(\mu_1, \sigma_1^2)$，$N(\mu_2, \sigma_2^2)$ からの独立な無作為標本とみなす。ここで母平均の差 $\mu_1 - \mu_2$ は，薬の効果と解釈することができる。例えば，薬が血糖値を下げる効果を持つことが期待されているならば，$\mu_1 - \mu_2 < 0$ であるか否かや $\mu_1 - \mu_2$ の値が関心の対象となる。（p.219 に続く） ■

表 6-1

| データ番号 | 投与群 | 非投与群 |
|---|---|---|
| 1 | 140.7 | 141.7 |
| 2 | 158.3 | 198.1 |
| 3 | 141.4 | 169.0 |
| 4 | 111.4 | 162.6 |
| 5 | 114.8 | 154.7 |
| 6 | 118.1 | 141.5 |
| 7 | 136.1 | 163.8 |
| 8 | 127.6 | 135.8 |
| 9 | 128.0 | 131.1 |
| 10 | 146.6 | 164.0 |
| 11 | 135.3 | 179.9 |
| 12 | 134.7 | 129.1 |
| 13 | 107.3 | 178.5 |
| 14 | 115.4 | 166.8 |
| 15 | 119.5 | 165.9 |
| 16 | 119.2 | 171.5 |
| 17 | 143.5 | 168.1 |
| 18 | 142.4 | 164.8 |
| 19 |  | 138.6 |
| 20 |  | 174.8 |

上記の問題を統計学の枠組みで定式化すれば次の通りである。

$$X_1, X_2, \cdots, X_m \sim N(\mu_1, \sigma_1^2),\ Y_1, Y_2, \cdots, Y_n \sim N(\mu_2, \sigma_2^2)$$
$$X_1, X_2, \cdots, X_m, Y_1, Y_2, \cdots, Y_n \text{はすべて独立} \tag{6.4.1}$$

ここでの関心は，2 群に差があるか否か，あるとすればどのようなものか，という点である。このような問題を **2 標本問題**（two-sample problem）と言う。特に重要なのは，2 群の平均の差 $\mu_1 - \mu_2$ に関する推測問題である。

### 6.4.2 標本平均の差の分布

母平均の差 $\mu_1 - \mu_2$ に対応する統計量は $\bar{X} - \bar{Y}$ である。まず次の事実は重要である（例 6.2 より出る）。

$$\bar{X} \sim N(\mu_1, \sigma_1^2/m),\ \bar{Y} \sim N(\mu_2, \sigma_2^2/n),\ \bar{X}\text{と}\bar{Y}\text{は独立} \tag{6.4.2}$$

これよりただちに次の定理が従う。

**定理 6.5　標本平均の差の分布**

統計量 $\bar{X} - \bar{Y}$ は次の正規分布に従う：

$$\bar{X} - \bar{Y} \sim N\left(\mu_1 - \mu_2, \frac{\sigma_1^2}{m} + \frac{\sigma_2^2}{n}\right)$$

この定理を用いれば，$\sigma_1^2$ と $\sigma_2^2$ がともに既知の場合の $\theta = \mu_1 - \mu_2$ の 95%信頼区間が求められる。実際，

$$Z \equiv \frac{(\bar{X} - \bar{Y}) - (\mu_1 - \mu_2)}{\sqrt{\frac{\sigma_1^2}{m} + \frac{\sigma_2^2}{n}}} \sim N(0, 1) \tag{6.4.3}$$

であるから，

$$P\left(-1.96 \le \frac{(\bar{X} - \bar{Y}) - (\mu_1 - \mu_2)}{\sqrt{\frac{\sigma_1^2}{m} + \frac{\sigma_2^2}{n}}} \le 1.96\right) = 0.95$$

これを整理して，

$$P\left((\bar{X} - \bar{Y}) - 1.96\sqrt{\frac{\sigma_1^2}{m} + \frac{\sigma_2^2}{n}} \le \mu_1 - \mu_2 \le (\bar{X} - \bar{Y}) + 1.96\sqrt{\frac{\sigma_1^2}{m} + \frac{\sigma_2^2}{n}}\right)$$
$$= 0.95 \tag{6.4.4}$$

が得られる。

**例 6.11　薬の効果 1（2）**

両群のラットから，

$$\bar{X} = 130, \quad \bar{Y} = 160 \ (\mathrm{mg/dl})$$

が得られたとする。母分散は既知で，$\sigma_1^2 = 10^2$，$\sigma_2^2 = 15^2$ であるとする。このとき，$\mu_1 - \mu_2$ の 95%信頼区間は

$$\left[(130 - 160) \pm 1.96\sqrt{\frac{10^2}{18} + \frac{15^2}{20}}\,\right] = [-38.03, -21.97]$$

と計算される。（p.221 に続く） ■

■**注 6.4　対標本，対データ**　$n$ 匹のラットの血糖値を，薬剤投与の前と後で計り，差を比較する研究を考えよう。この研究は上の例とよく似ているが，2 標本問題の枠組みの外にある。実際，投与前の測定値 $X_1, X_2, \cdots, X_n$ と投与後の測定値 $Y_1, Y_2, \cdots, Y_n$ をそれぞれ正規分布 $N(\mu_1, \sigma_1^2)$，$N(\mu_2, \sigma_2^2)$ からの無作為標本とみなすことはできるが，両群のラットが共通のため，$X_1$ と $Y_1$ が独立とはならない。同様に，$X_i$ と $Y_i$ も独立とはならず $(i = 2, \cdots, n)$，「すべての確率変数が独立」という条件が満たされない。$(X_1, Y_1), (X_2, Y_2), \cdots, (X_n, Y_n)$ を対標本（paired sample）と言う。この場合は投与前と投与後の差

$$Z \equiv X_i - Y_i \quad (i = 1, 2, \cdots, n) \tag{6.4.5}$$

を観測すればよい。実際，$Z_1, Z_2, \cdots, Z_n$ は互いに独立に同一の正規分布に従い，その母平均は薬の効果 $\mu_1 - \mu_2$ に等しい。■

### 6.4.3　ステューデント比の分布

多くの実際的問題では，母分散 $\sigma_1^2$，$\sigma_2^2$ は未知である。これらに対応する統計量は各群の不偏標本分散

$$s_1^2 = \frac{1}{m-1}\sum_{i=1}^{m}(X_i - \bar{X})^2, \quad s_2^2 = \frac{1}{n-1}\sum_{i=1}^{n}(Y_i - \bar{Y})^2$$

である。次の事実が重要である（各群ごとに考えれば容易に納得できる）。

$$\bar{X} \sim N(\mu_1, \sigma_1^2/m), \quad \frac{(m-1)s_1^2}{\sigma_1^2} \sim \chi^2(m-1) \tag{6.4.6}$$

$$\bar{Y} \sim N(\mu_2, \sigma_2^2/n),\ \frac{(n-1)s_2^2}{\sigma_2^2} \sim \chi^2(n-1) \tag{6.4.7}$$

$$\bar{X}, \bar{Y}, s_1^2, s_2^2 \text{はすべて独立} \tag{6.4.8}$$

本項では 2 つの母分散が未知でかつ等しい場合

$$\sigma_1^2 = \sigma_2^2 \equiv \sigma^2 \tag{6.4.9}$$

を扱う。このとき，(6.4.3) は

$$Z \equiv \frac{(\bar{X} - \bar{Y}) - (\mu_1 - \mu_2)}{\sqrt{\sigma^2 \left(\frac{1}{m} + \frac{1}{n}\right)}} \sim N(0,1) \tag{6.4.10}$$

となるので，前節同様，未知の母分散 $\sigma^2$ を不偏標本分散に置き換えたものを考えればよい。ただし，母分散が両群で共通であるため，両標本の情報を合併して分散を推定する点が前節とは異なる。各群の不偏標本分散の加重平均をとって

$$\begin{aligned} s^2 &= \frac{1}{m+n-2}\left\{(m-1)s_1^2 + (n-1)s_2^2\right\} \\ &= \frac{1}{m+n-2}\left\{\sum_{i=1}^{m}(X_i - \bar{X})^2 + \sum_{i=1}^{n}(Y_i - \bar{Y})^2\right\} \end{aligned} \tag{6.4.11}$$

と定義する。この統計量を**プールされた分散**と言う。次の量を 2 標本問題におけるステューデント比と言う：

$$t \equiv \frac{(\bar{X} - \bar{Y}) - (\mu_1 - \mu_2)}{\sqrt{s^2 \left(\frac{1}{m} + \frac{1}{n}\right)}} \tag{6.4.12}$$

**定理 6.6 ステューデント比の分布**

ステューデント比 $t$ は自由度 $m+n-2$ の $t$ 分布に従う：

$$t \sim t(m+n-2)$$

◇**証明** 次の定理 6.7 から容易に得られるので各自確かめられたい。（終）◇

**定理 6.7　プールされた分散の標本分布**

(1)　$s^2$ は不偏性を持つ：$\mathrm{E}(s^2)=\sigma^2$。

(2)　$(m+n-2)s^2/\sigma^2$ は $\chi^2(m+n-2)$ に従う。

(3)　$s^2$ と $\bar{X}-\bar{Y}$ は独立である。

◇**証明**　(1) を示す。(6.4.6) と (6.4.7) よりそれぞれ $\mathrm{E}(s_1^2)=\sigma^2$ と $\mathrm{E}(s_2^2)=\sigma^2$ が出るから，

$$\begin{aligned}\mathrm{E}(s^2) &= \frac{1}{m+n-2}\left\{(m-1)\mathrm{E}(s_1^2)+(n-1)\mathrm{E}(s_2^2)\right\}\\ &= \frac{1}{m+n-2}\left\{(m-1)\sigma^2+(n-1)\sigma^2\right\}=\sigma^2\end{aligned}$$

となり，(1) が示された。カイ 2 乗分布の再生性（注 6.2）より，

$$\frac{(m-1)s_1^2}{\sigma^2}+\frac{(n-1)s_2^2}{\sigma^2}=\frac{(m+n-2)s^2}{\sigma^2}$$

は自由度 $(m-1)+(n-1)=m+n-2$ のカイ 2 乗分布に従う。よって (2) が示された。(3) は (6.4.8) より出る。（証明終）◇

**例 6.12　薬の効果 1（3）**

等分散の仮定 $\sigma_1^2=\sigma_2^2=\sigma^2$ が成立しているとして，薬の効果 $\mu_1-\mu_2$ の 95% 信頼区間を導いてみよう。$m=18$，$n=20$ であるから，

$$t\equiv\frac{(\bar{X}-\bar{Y})-(\mu_1-\mu_2)}{\sqrt{s^2\left(\frac{1}{18}+\frac{1}{20}\right)}}\sim t(36) \tag{6.4.13}$$

となる。Excel から `tinv(2*0.025,36)` の値が 2.028 と求まるから

$$\begin{aligned}0.95 &= P\left(-2.028\le\frac{(\bar{X}-\bar{Y})-(\mu_1-\mu_2)}{\sqrt{s^2\left(\frac{1}{18}+\frac{1}{20}\right)}}\le 2.028\right)\\ &= P\left((\bar{X}-\bar{Y})-2.028\sqrt{s^2\left(\frac{1}{18}+\frac{1}{20}\right)}\le\mu_1-\mu_2\right.\end{aligned}$$

$$\leq (\bar{X}-\bar{Y}) - 2.028\sqrt{s^2\left(\frac{1}{18}+\frac{1}{20}\right)}\Bigg) \tag{6.4.14}$$

が得られる。したがって，求める信頼区間は次の通りとなる。

$$\left[(\bar{X}-\bar{Y}) \pm 2.028\sqrt{s^2\left(\frac{1}{18}+\frac{1}{20}\right)}\right] \tag{6.4.15}$$

他方，各群の不偏標本分散の実現値がそれぞれ $s_1^2=(14.2)^2$，$s_2^2=(18.3)^2$ であったとすると，プールされた分散 $s$ の実現値は

$$s^2 = \frac{1}{36}\{17\times(14.2)^2 + 19\times(18.3)^2\} = 271.97 \tag{6.4.16}$$

これに $\bar{X}=130$，$\bar{Y}=160$ と $s^2=271.97$ を代入して，$[-40.87, -19.13]$ が得られる。（p.225 に続く） ■

### 6.4.4 *F* 比の分布

前項の結果は2群の母分散が等しいという仮定の下で導かれたものであった。この仮定が妥当であるか否かを調べる方法として，不偏標本分散の比 $s_1^2/s_2^2$ が1に近いか否かを吟味することが考えられる。

**定義 6.4　*F* 分布**

確率変数 $Y_1$ と $Y_2$ は互いに独立であり，$Y_1 \sim \chi^2(n_1)$，$Y_2 \sim \chi^2(n_2)$ であるとする。このとき，次の確率変数

$$F \equiv \frac{Y_1/n_1}{Y_2/n_2} = \frac{n_2Y_1}{n_1Y_2}$$

の従う分布を**自由度 $(n_1, n_2)$ の *F* 分布**（$F$ distribution）と言い，$F \sim F(n_1, n_2)$ と表す。

$F$ 分布に従う確率変数は 0 以上の値しかとらない。確率密度関数は省略するが，グラフの概形は図 6-8 の通りである。右に歪んでいること，1 の近く（正確には $F = \frac{(n_1-2)n_2}{n_1(n_2+2)}$）に峰のピークがあることを憶えておこう。

定義からすぐわかる通り，$F \sim F(n_1, n_2)$ ならば，$1/F \sim F(n_2, n_1)$ である。

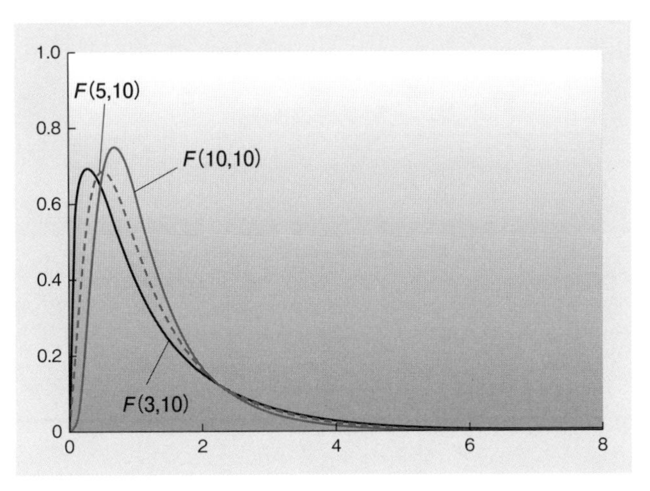


図 6-8

**例 6.13　*F* 分布の確率計算**

$F \sim F(n_1, n_2)$ とする。このとき，$0 < \alpha < 1$ に対して

$$P(c < F) = \alpha$$

となるような $c$ の値はワークシート関数 `finv` を用いて，`=finv(`$\alpha$`,n`$_1$`,n`$_2$`)` と入力することにより計算できる。例えば，`finv(0.025,17,19)` と `finv(0.975,17,19)` の値はそれぞれ 2.567 と 0.380 であるから，

$$P(2.567 < F) = 0.025, \quad P(0.380 < F) = 0.975$$

がわかり，ここから

$$P(0.380 \leq F \leq 2.567) = 0.95$$

も得られる（図 6-9）。■

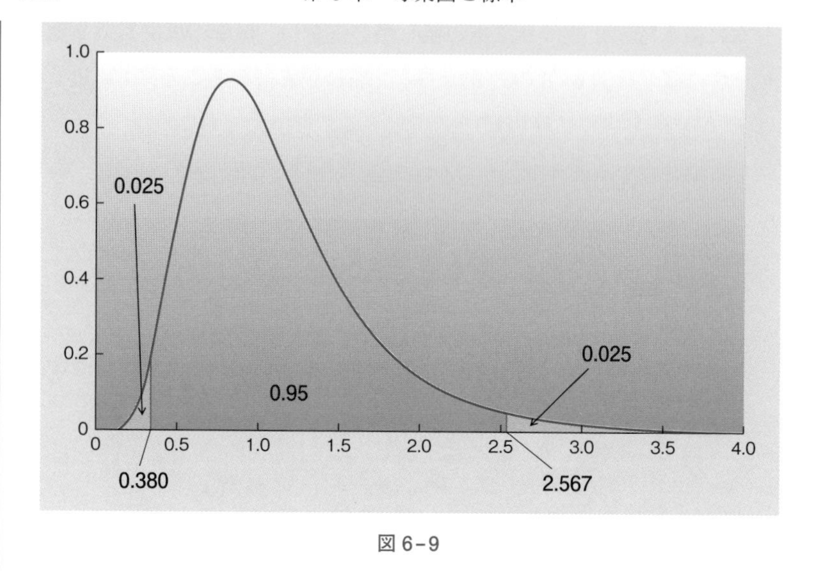


図 6-9

**定理 6.8　不偏標本分散の比の分布**

$X_1, X_2, \cdots, X_m$ と $Y_1, Y_2, \cdots, Y_n$ をそれぞれ正規母集団 $N(\mu_1, \sigma_1^2)$, $N(\mu_2, \sigma_2^2)$ からの大きさ $m$, $n$ の無作為標本とする。このとき，次の量は自由度 $(m-1, n-1)$ の $F$ 分布 $F(m-1, n-1)$ に従う。

$$F = \frac{s_1^2/\sigma_1^2}{s_2^2/\sigma_2^2} = \frac{s_1^2}{s_2^2}\frac{\sigma_2^2}{\sigma_1^2}$$

◇**証明**　$A_1 = (m-1)s_1^2/\sigma_1^2$ とおくと，$A_1 \sim \chi^2(m-1)$ である。同様に，$A_2 = (n-1)s_2^2/\sigma_2^2$ とおくと，$A_2 \sim \chi^2(n-1)$ であり，$A_1$ と $A_2$ は独立であるから，

$$\frac{A_1/(m-1)}{A_2/(n-1)} = \frac{s_1^2/\sigma_1^2}{s_2^2/\sigma_2^2} = F \sim F(m-1, n-1)$$

である。（証明終）◇

**例 6.14　薬の効果 1（4）**

$\theta = \sigma_1^2/\sigma_2^2$ の信頼区間を導く。この区間が 1 を含んでいれば，$\theta = 1$ である可能性が否定されないことになり，$\sigma_1^2 = \sigma_2^2$ と仮定することの一つの根拠が得られる。$\hat{\theta} = s_1^2/s_2^2$ とおくと，$F = \frac{s_1^2}{s_2^2}\frac{\sigma_2^2}{\sigma_1^2} = \hat{\theta}/\theta \sim F(17, 19)$ となる。よって例 6.13 の計算結果を用いれば

$$
\begin{aligned}
0.95 &= P\left(0.380 \le \hat{\theta}/\theta \le 2.567\right) \\
&= P\left(\hat{\theta}/2.567 \le \theta \le \hat{\theta}/0.380\right) \qquad (6.4.17)
\end{aligned}
$$

を得る。$s_1^2 = (14.2)^2$，$s_2^2 = (18.3)^2$ であったとすると $\hat{\theta} = 0.602$ であるから，

$$
\left[\hat{\theta}/2.567, \hat{\theta}/0.380\right] = [0.235, 1.585]
$$

が得られる。この区間は 1 を含む。（p.263 に続く） ■

**▶ 問題 6.4**

1. $X_1, X_2, \cdots, X_{40}$ は正規母集団 $N(20, 25)$，$Y_1, Y_2, \cdots, Y_{30}$ は $N(30, 36)$ からの無作為標本であるとする。標本平均の差 $T = \bar{X} - \bar{Y}$ の分布を求め，$\mathrm{E}(T)$ と $\mathrm{V}(T)$ とを求めよ。
2. ある大学では 2 つの入試の方式（I と II）で入学者を選抜している。入試方式によって学生の成績に違いがあるのか否かについて調べるため，I 方式で入学した学生 30 人と II 方式で入学した学生 25 人とを無作為に選び，彼らの卒業時点での成績を 100 点満点に換算して評価した。I 方式の学生の成績を $X_1, X_2, \cdots, X_{30}$，II 方式の学生の成績を $Y_1, Y_2, \cdots, Y_{25}$ とし，これらはそれぞれ正規母集団 $N(\mu_1, \sigma_1^2)$ と $N(\mu_2, \sigma_2^2)$ からの無作為標本であるとする。
   (1) $\sigma_1^2 = \sigma_2^2 = 100$ であることがわかっているとする。$\bar{X} = 60$，$\bar{Y} = 66$ が得られたとする。本節の内容を参考にして，入試方式の違いと学生の成績についてわかることを述べよ。
   (2) $\sigma_1^2 = \sigma_2^2$ であることがわかっているとする。$\bar{X} = 60$，$\bar{Y} = 66$，$s_1^2 = 90$，$s_2^2 = 160$ が得られたとする。入試方式の違いと学生の成績についてわかるこ

とを述べよ。

(3) 分散比 $\sigma_1^2/\sigma_2^2$ の 95%信頼区間を作れ。

3. 定理 6.6（p.220）を証明せよ。

4. $F \sim F(20, 10)$ とする。

(1) Excel を用いて $P(d \leq F \leq c) = 0.90$ を満たす $c$ と $d$ を求めよ。

(2) Excel を用いて $P(d \leq F \leq c) = 0.95$ を満たす $c$ と $d$ を求めよ。

(3) $F \sim F(10, 20)$ の場合に上と同じ問に答えよ。

5. $Y_1 \sim \chi^2(n_1)$，$Y_2 \sim \chi^2(n_2)$ とし，両者は独立とする。

(1) $n_1 = n_2 = 10$ のとき，$P(Y_1 \leq Y_2)$ となる確率を Excel を用いて計算せよ。

(2) $n = 10$，$n_2 = 20$ のときに $P(Y_1 \leq Y_2)$ となる確率を Excel を用いて計算せよ。

# 7 統計的推定

推定とは，標本 $X_1, X_2, \cdots, X_n$ に基づいて未知パラメータ $\theta$ の近似値を求めること（$\theta$ を当てようとすること）である。推定対象となる未知パラメータは母平均や母分散であることが多い。その場合は標本平均 $\bar{X}$ や不偏標本分散 $s^2$ をもとに推定を行うのが普通である。

推定には大きく分けて点推定と区間推定の 2 つがある。点推定は未知パラメータを 1 つの数値で推定することである。一方，区間推定とは未知パラメータを一定の確率で含む区間（信頼区間）を構成することである。

## 7.1 区間推定

信頼区間に関しては，前章の各例で既に導出ずみであるが，より一般的な形でまとめておこう。

### 7.1.1 正規分布の母平均の区間推定

$X_1, X_2, \cdots, X_n$ は正規母集団 $N(\mu, \sigma^2)$ からの大きさ $n$ の無作為標本であるとする。$\sigma^2$ は既知とする。このとき，例 5.13 (p.190，(5.4.4) 式）で示した通り

$$P\left(\bar{X} - 1.96\sqrt{\frac{\sigma^2}{n}} \leq \mu \leq \bar{X} + 1.96\sqrt{\frac{\sigma^2}{n}}\right) = 0.95$$

が成り立つ。すなわち，区間 $\left[\bar{X} \pm 1.96\sqrt{\sigma^2/n}\right]$ は確率 0.95 で未知の母平均 $\mu$ を含む。

より一般に，$z_\alpha$ を標準正規分布の**上側 100α %点**（upper $100\alpha$% point）とする。すなわち，

$$P(Z \geq z_\alpha) = \alpha, \quad Z \sim N(0,1) \tag{7.1.1}$$

なる値とすると，**図 7-1** からわかるように

$$P(-z_{\alpha/2} \leq Z \leq z_{\alpha/2}) = 1 - \alpha \tag{7.1.2}$$

が成り立つ。例 6.2（p.202）などで示した通り $(\bar{X} - \mu)/\sqrt{\frac{\sigma^2}{n}} \sim N(0,1)$ であるから，(7.1.2) とあわせて

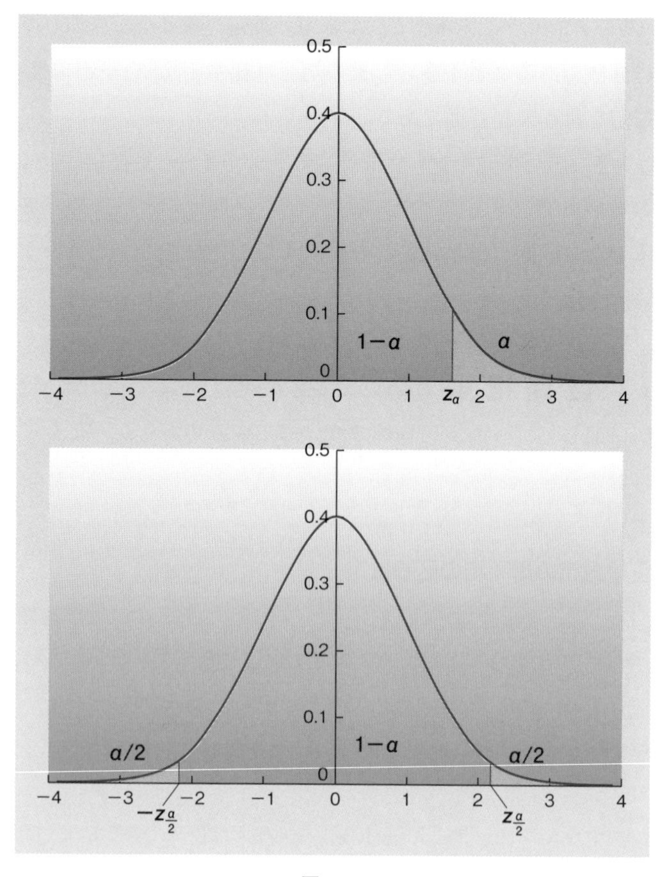


図 7-1

$$P\left(-z_{\alpha/2} \le \frac{\bar{X}-\mu}{\sqrt{\sigma^2/n}} \le z_{\alpha/2}\right) = 1-\alpha$$

を得る。

これを未知の $\mu$ について整理すると

$$P\left(\bar{X} - z_{\alpha/2}\sqrt{\sigma^2/n} \le \mu \le \bar{X} + z_{\alpha/2}\sqrt{\sigma^2/n}\right) = 1-\alpha$$

が得られる。すなわち，区間

$$\left[\bar{X} \pm z_{\alpha/2}\sqrt{\sigma^2/n}\right] \tag{7.1.3}$$

は確率 $1-\alpha$（すなわち $100(1-\alpha)\%$）で未知の母平均 $\mu$ を含む。このような区間を，母平均 $\mu$ に関する**信頼係数 100(1 − α)%の信頼区間**と言う。単に，$100(1-\alpha)\%$ 信頼区間と言ってもよい。信頼区間の上限 $\bar{X}+z_{\alpha/2}\sqrt{\sigma^2/n}$ と下限 $\bar{X}-z_{\alpha/2}\sqrt{\sigma^2/n}$ をそれぞれ**信頼上限**，**信頼下限**と言う。信頼係数は分析者が事前に選択する。多くの場合，$\alpha = 0.10, 0.05, 0.01$ が選ばれる。すなわち，90%，95%，99%が信頼係数として選ばれる。信頼係数を大きくすると信頼区間は広くなる。Excel では，$z_\alpha$ の値はワークシート関数 `normsinv` によって計算できる。具体的には，`normsinv`$(\beta)$ は $Z \sim N(0,1)$ としたときの $P(Z \le z) = \beta$ を満たす $z$ の値を返すから，$z_\alpha$ は `normsinv`$(1-\alpha)$ によって求めればよい。

$$z_{0.05} = 1.645 \approx 1.64 \text{（または 1.65）}, \quad z_{0.005} = 2.576 \approx 2.58 \tag{7.1.4}$$

などが得られる。

**例 7.1　大学生の身長の信頼区間（4）**

例 5.13（p.190）で求めた信頼区間は正規母集団 $N(\mu, 5^2)$ の母平均 $\mu$ の 95% 信頼区間である。(7.1.3) と (7.1.4) より，$n=100$，$\bar{X}=169$（cm）のときの $\mu$ の 90%信頼区間は

$$\left[\bar{X} \pm 1.64 \times \sqrt{5^2/n}\right] = [169 \pm 1.64 \times 0.5] = [168.2, 169.8]$$

となる。99%信頼区間は $[169 \pm 2.58 \times 0.5] = [167.7, 170.3]$ となる。（終）■

多くの場合，母分散 $\sigma^2$ は未知である。母分散 $\sigma^2$ が未知のときは，次の定理を用いる。自由度 $n-1$ の $t$ 分布の上側 $100\alpha\%$ 点を $t_\alpha(n-1)$ で表す。

**定理 7.1　母平均 $\mu$ に関する信頼区間**

$X_1, X_2, \cdots, X_n$ を正規母集団 $N(\mu, \sigma^2)$ からの大きさ $n$ の無作為標本とする。このとき，区間

$$\left[\bar{X} \pm t_{\alpha/2}(n-1)\sqrt{\frac{s^2}{n}}\right]$$

は母平均 $\mu$ に関する信頼係数 $100(1-\alpha)\%$の信頼区間である。すなわち，

$$P\left(\bar{X} - t_{\alpha/2}(n-1)\sqrt{\frac{s^2}{n}} \leq \mu \leq \bar{X} + t_{\alpha/2}(n-1)\sqrt{\frac{s^2}{n}}\right) = 1-\alpha$$

が成り立つ。

◇**証明**　$t = (\bar{X}-\mu)/\sqrt{\frac{s^2}{n}} \sim t(n-1)$ であるから（p.214，定理 6.4），

$$P\left(-t_{\alpha/2}(n-1) \leq \frac{\bar{X}-\mu}{\sqrt{s^2/n}} \leq t_{\alpha/2}(n-1)\right) = 1-\alpha$$

が成り立つ。これを未知の $\mu$ について整理すると

$$P\left(\bar{X} - t_{\alpha/2}(n-1)\sqrt{\frac{s^2}{n}} \leq \mu \leq \bar{X} + t_{\alpha/2}(n-1)\sqrt{\frac{s^2}{n}}\right) = 1-\alpha$$

が得られる。(証明終) ◇

ワークシート関数 `tinv(`$\alpha$`,m)` は $t \sim t(m)$ としたとき，$P(|t| > z) = \alpha$ を満たす $z$ の値を返す。したがって，$t_{\alpha/2}(n-1)$ は `tinv(`$\alpha$`,n-1)` によって計算できる。例えば，$n = 120$，$\alpha = 0.01$ のときは `tinv(0.01,119)` として

$$t_{0.005}(119) = 2.618 \tag{7.1.5}$$

であることがわかる。

**例 7.2 株価収益率（1）**

A 社の株価収益率（日次）を 120 日分（$X_1, X_2, \cdots, X_{120}$）観測して，$\bar{X} = 1.2\%$，$s = 2.5\%$ を観測した。正規母集団 $N(\mu, \sigma^2)$ を仮定し，リターン $\mu$ の信頼係数 99%の信頼区間を構成しよう。(7.1.5) より $t_{0.005}(119) = 2.618$ だから，定理 7.1 の区間にこれらの数値を代入して

$$\left[1.2 \pm 2.618 \times \frac{2.5}{\sqrt{120}}\right] = [0.60, 1.80]$$

を得る。（p.233 に続く） ■

### 7.1.2 正規分布の母分散の区間推定

自由度 $m$ のカイ 2 乗分布 $\chi^2(m)$ の上側 $100\alpha\%$点を $\chi^2_\alpha(m)$ で表す。すなわち，$Y \sim \chi^2(m)$ とすると

$$P(Y > \chi^2_\alpha(m)) = \alpha \tag{7.1.6}$$

となる。

図 7-2 からもわかる通り，

$$P\left(\chi^2_{1-\frac{\alpha}{2}}(m) \leq Y \leq \chi^2_{\alpha/2}(m)\right) = 1 - \alpha \tag{7.1.7}$$

が成り立つ（なお，図 7-3 には自由度を変えた場合のグラフを示した）。

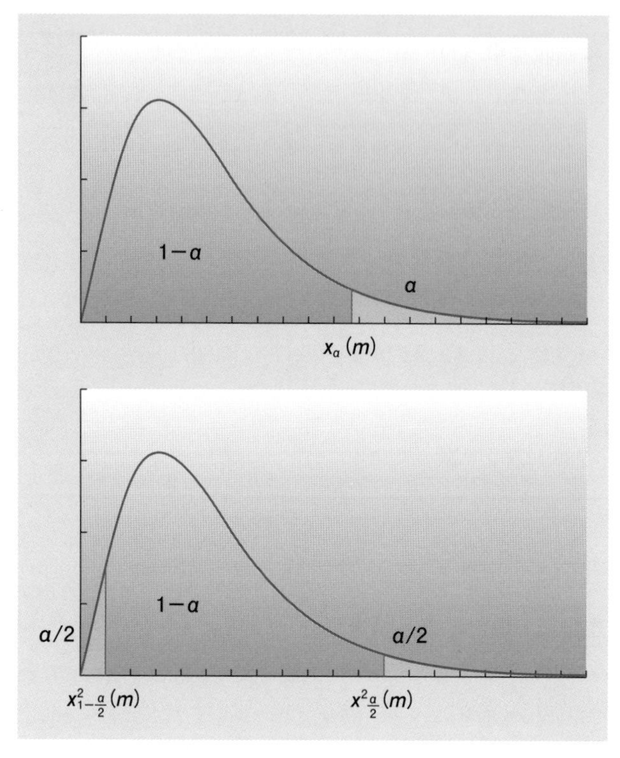
1−α
α
$x_\alpha(m)$
1−α
α/2
α/2
$x^2_{1-\frac{\alpha}{2}}(m)$
$x^2_{\frac{\alpha}{2}}(m)$

図 7−2

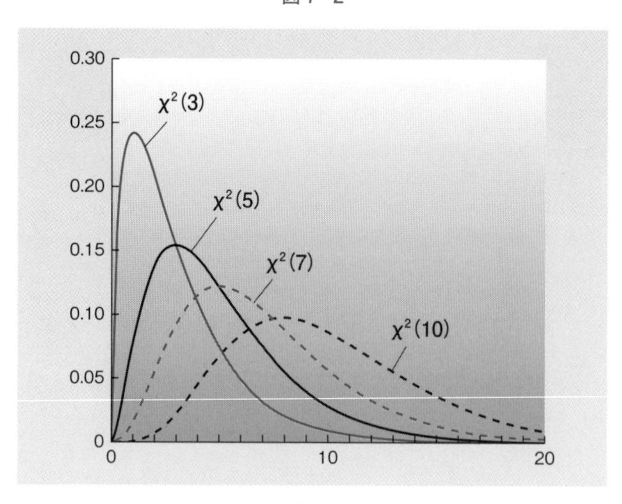
0.30
0.25
0.20
0.15
0.10
0.05
0
0
10
20
$\chi^2(3)$
$\chi^2(5)$
$\chi^2(7)$
$\chi^2(10)$

図 7−3

**定理 7.2 母分散 $\sigma^2$ に関する信頼区間**

$X_1, X_2, \cdots, X_n$ を正規母集団 $N(\mu, \sigma^2)$ からの大きさ $n$ の無作為標本とする。このとき，区間

$$\left[\frac{(n-1)s^2}{\chi^2_{\alpha/2}(n-1)}, \frac{(n-1)s^2}{\chi^2_{1-\frac{\alpha}{2}}(n-1)}\right]$$

は母分散 $\sigma^2$ に関する信頼係数 $100(1-\alpha)$%の信頼区間である。すなわち，

$$P\left(\frac{(n-1)s^2}{\chi^2_{\alpha/2}(n-1)} \leq \sigma^2 \leq \frac{(n-1)s^2}{\chi^2_{1-\frac{\alpha}{2}}(n-1)}\right) = 1-\alpha$$

が成り立つ。

◇**証明** $Y = (n-1)s^2/\sigma^2$ とおくと，$Y \sim \chi^2(n-1)$ であるから，(7.1.7) とあわせて

$$P\left(\chi^2_{1-\frac{\alpha}{2}}(m) \leq \frac{(n-1)s^2}{\sigma^2} \leq \chi^2_{\alpha/2}(m)\right) = 1-\alpha$$

を得る。これを未知の $\sigma^2$ について整理すると求める信頼区間が得られる。(証明終) ◇

**例 7.3 株価収益率 (2)**

母分散 $\sigma^2$ の 99%信頼区間を構成する。$\chi^2_\alpha(n-1)$ は，ワークシート関数 `chiinv(α,n − 1)` で計算できるから，`chiinv(0.005,119)` と `chiinv(0.995,119)` とを計算して，

$$\chi^2_{0.005}(119) = 162.5, \quad \chi^2_{0.995}(119) = 83.0 \tag{7.1.8}$$

であることがわかる。

$s = 2.5\%$ であるから，定理 7.2 の区間に代入して，$\sigma^2$ の 99%信頼区間

$$\left[\frac{119 \times (2.5)^2}{162.5}, \frac{119 \times (2.5)^2}{83.0}\right] = [4.58,\ 8.96]$$

が得られる。母標準偏差 $\sigma$ はリスクと呼ばれる。$\sigma$ の 99%信頼区間として（上式の平方根をとって）$[2.14, 2.99]$ を得る。（p.262 に続く） ■

### 7.1.3 2標本問題

**定理 7.3 母平均の差 $\mu_1 - \mu_2$ に関する信頼区間**

$X_1, X_2, \cdots, X_m$ と $Y_1, Y_2, \cdots, Y_n$ はそれぞれ正規母集団 $N(\mu_1, \sigma_1^2)$ と $N(\mu_2, \sigma_2^2)$ からの大きさ $m$, $n$ の無作為標本とする。母分散 $\sigma_1^2$ と $\sigma_2^2$ がともに既知であれば，区間

$$\left[(\bar{X} - \bar{Y}) \pm z_{\alpha/2}\sqrt{\frac{\sigma_1^2}{m} + \frac{\sigma_2^2}{n}}\right]$$

は $\mu_1 - \mu_2$ に関する信頼係数 $100(1-\alpha)\%$の信頼区間である。

◇**証明** $Z = [(\bar{X} - \bar{Y}) - (\mu_1 - \mu_2)]/\sqrt{\frac{\sigma_1^2}{m} + \frac{\sigma_2^2}{n}}$ とおくと，$Z \sim N(0,1)$ であるから（p.218，定理 6.5），

$$P\left(-z_{\alpha/2} \leq [(\bar{X} - \bar{Y}) - (\mu_1 - \mu_2)]/\sqrt{\frac{\sigma_1^2}{m} + \frac{\sigma_2^2}{n}} \leq z_{\alpha/2}\right) = 1 - \alpha$$

が成り立つ。これを未知の $\mu_1 - \mu_2$ について整理すると求める信頼区間が得られる。（証明終）◇

次に母分散が共通でかつ未知の場合を扱う。(6.4.11) と同様，

$$s^2 = \frac{1}{m+n-2}\left[(m-1)s_1^2 + (n-1)s_2^2\right] \tag{7.1.9}$$

とおく。

**定理 7.4 母平均の差 $\mu_1 - \mu_2$ に関する信頼区間**

$X_1, X_2, \cdots, X_n$と$Y_1, Y_2, \cdots, Y_n$は共通の分散を持つ正規母集団$N(\mu_1, \sigma^2)$と $N(\mu_2, \sigma^2)$ からの大きさ $m$, $n$ の無作為標本とする。このとき，区間

$$\left[(\bar{X} - \bar{Y}) \pm t_{\alpha/2}(m+n-2)s\sqrt{\frac{1}{m} + \frac{1}{n}}\right]$$

は $\mu_1 - \mu_2$ に関する信頼係数 $100(1-\alpha)\%$の信頼区間である。

◇**証明** $t=[(\bar{X}-\bar{Y})-(\mu_1-\mu_2)]/s\sqrt{\frac{1}{m}+\frac{1}{n}}$ とおくと，$t\sim t(m+n-2)$ であるから（p.220，定理 6.6），

$$P\left(-t_{\alpha/2}(m+n-2)\leq\frac{(\bar{X}-\bar{Y})-(\mu_1-\mu_2)}{s\sqrt{\frac{1}{m}+\frac{1}{n}}}\leq t_{\alpha/2}(m+n-2)\right)=1-\alpha$$

が成り立つ。これを未知の $\mu_1-\mu_2$ について整理すると求める信頼区間が得られる。（証明終）◇

### 7.1.4 中心極限定理を用いた信頼区間

これまでの議論は正規母集団に限られていたが，中心極限定理を応用することによって，ベルヌーイ母集団，ポアソン母集団などの母平均の近似信頼区間を作ることができる。

**定理 7.5 成功確率 $p$ の信頼区間**

$X_1, X_2, \cdots, X_n$ はベルヌーイ母集団 $Ber(p)$ からの無作為標本とする。母比率 $p$ の信頼係数 $100(1-\alpha)\%$ の信頼区間は，$n$ が大きいとき

$$\left[\bar{X}\pm z_{\alpha/2}\sqrt{\bar{X}(1-\bar{X})/n}\right]$$

で近似できる。

◇**証明** $Z=(\bar{X}-p)/\sqrt{\frac{p(1-p)}{n}}$ とおくと，中心極限定理により $Z$ の分布は $N(0,1)$ で近似できるから（p.202，例 6.2），次の式が近似的に成り立つ：

$$\begin{aligned}1-\alpha &\approx P\left(-z_{\alpha/2}\leq\frac{\bar{X}-p}{\sqrt{\frac{p(1-p)}{n}}}\leq z_{\alpha/2}\right)\\ &= P\left(\bar{X}-z_{\alpha/2}\sqrt{\frac{p(1-p)}{n}}\leq p\leq\bar{X}+z_{\alpha/2}\sqrt{\frac{p(1-p)}{n}}\right)\end{aligned}$$

大数法則より，$\bar{X}$ は $p$ に確率収束する。したがって $p(1-p)$ を $\bar{X}(1-\bar{X})$ で近似すると，

$$P\left(\bar{X}-z_{\alpha/2}\sqrt{\frac{\bar{X}(1-\bar{X})}{n}}\le p\le \bar{X}+z_{\alpha/2}\sqrt{\frac{\bar{X}(1-\bar{X})}{n}}\right)\approx 1-\alpha \tag{7.1.10}$$

が得られる。(証明終) ◇

**例 7.4　支持率の推定**

国民の何%が国債の新規発行を支持しているかを調べるため，400 人を無作為に選び，支持不支持を尋ねたところ，$\bar{X}=0.6$ であった。国民全体における支持率 $p$ の 99%信頼区間は

$$\left[0.6\pm 2.576\times\sqrt{\frac{0.6(1-0.6)}{400}}\right]=[0.537, 0.663]=[53.7, 66.3]\ (\%)$$

である。■

他の分布の信頼区間も上と同様のやり方で導くことができる。

**定理 7.6　ポアソン母集団の母平均の信頼区間**

$X_1, X_2, \cdots, X_n$ はポアソン母集団 $Po(\lambda)$ からの無作為標本とする。母平均 $\lambda$ の信頼係数 $100(1-\alpha)\%$ の信頼区間は，$n$ が大きいとき

$$\left[\bar{X}\pm z_{\alpha/2}\sqrt{\bar{X}/n}\right]$$

で近似できる。

◇**証明**　$Z=(\bar{X}-\lambda)/\sqrt{\frac{\lambda}{n}}$ とおくと，中心極限定理により $Z$ の分布は $N(0,1)$ で近似できるから（p.202，例 6.2），次の式が近似的に成り立つ：

$$1-\alpha\ \approx\ P\left(\bar{X}-z_{\alpha/2}\sqrt{\frac{\lambda}{n}}\le\lambda\le\bar{X}+z_{\alpha/2}\sqrt{\frac{\lambda}{n}}\right)$$

大数法則より，$\bar{X}$ は $\lambda$ に確率収束するから左右の項の $\lambda$ を $\bar{X}$ で近似すると，

$$P\left(\bar{X}-z_{\alpha/2}\sqrt{\frac{\bar{X}}{n}}\le\lambda\le\bar{X}+z_{\alpha/2}\sqrt{\frac{\bar{X}}{n}}\right)\approx 1-\alpha$$

が得られる。(証明終) ◇

**例 7.5 保険金請求件数**

ある保険会社で，ある種の火災保険の保険金請求件数を 48 カ月分遡って調べたところ，平均 $\bar{X} = 15$（件/月）であった。定理 7.6 の公式に代入して，母平均（長期で考えたときの平均的な月別請求件数）$\lambda$ の 95%信頼区間を求めると，

$$\left[15 \pm 1.96 \times \sqrt{15/48}\right] = [13.9, 16.1]$$

となる。平均的にはおよそ 14〜16（件/月）である。■

**定理 7.7 指数母集団の母平均の信頼区間**

$X_1, X_2, \cdots, X_n$ は指数母集団 $Ex(\lambda)$ からの無作為標本とする。母平均 $\theta$（$= 1/\lambda$）の信頼係数 $100(1-\alpha)\%$ の信頼区間は，$n$ が大きいとき

$$\left[\bar{X} \pm z_{\alpha/2}\bar{X}/\sqrt{n}\right]$$

で近似できる。

◇**証明** 定理 7.5 や 7.6 と同様にできるので各自試みられたい。(終) ◇

**▶ 問題 7.1**

1. 正規分布 $N(\mu, 16)$ からとった大きさ $n$ の無作為標本を用いて，母平均 $\mu$ を 99% 信頼区間を作る。信頼区間の幅を 3 以内にするには，$n$ の大きさをどのようにとればよいか。
2. A 中学校の 1 年 1 組の生徒 40 人がある全国模試を受験したところ，平均 $\bar{X} = 55$，不偏標本分散 146.4 であった。40 人の成績は正規母集団からの無作為標本とみなせるとして以下の問に答えよ。
   (1) 全受験生の平均 $\mu$ の 95%信頼区間を求めよ。
   (2) 全受験生の分散 $\sigma^2$ の 95%信頼区間を求めよ。
3. タイヤメーカーが新製品のタイヤを装着したときの停止距離について調べるため，ある時速でブレーキを踏んだときの停止距離を計測したとする。計測は晴天時と雨

天時にそれぞれ14回と10回行われたとする。計測された値を晴天時 $X_1, \cdots, X_{14}$，雨天時 $Y_1, \cdots, Y_{10}$ と表す。晴天時の標本平均 $\bar{X} = \frac{1}{14}\sum_{i=1}^{14} X_i = 44.2$（m），不偏標本分散 $s_1^2 = \frac{1}{14-1}\sum_{i=1}^{14}(X_i - \bar{X})^2 = 4.2$，雨天時の標本平均 $\bar{Y} = \frac{1}{10}\sum_{i=1}^{10} Y_i = 49.6$（m），不偏標本分散 $s_2^2 = \frac{1}{10-1}\sum_{i=1}^{10}(Y_i - \bar{Y})^2 = 6.4$ であった。晴天時，雨天時の停止距離はそれぞれ正規母集団 $N(\mu_1, \sigma_1^2)$，$N(\mu_2, \sigma_2^2)$ からの無作為標本と仮定できるものとする。以下の各問に答えよ。

(1) 晴天時の母平均 $\mu_1$ に関する95%の信頼区間を作れ。

(2) 晴天時の母分散 $\sigma_1^2$ に関する95%の信頼区間を作れ。

(3) 母分散は等しい（$\sigma_1^2 = \sigma_2^2$）ものとして，母平均の差 $\mu_2 - \mu_1$ に関する95%の信頼区間を作れ。

**4.** ある番組の視聴率 $p$ を推定したい。無作為に選ばれた200世帯を調査したところ $\bar{X} = 0.12$ であった。

(1) 視聴率 $p$ の95%信頼区間を求めよ。

(2) 与えられた正の整数 $n$ に対し，$x(1-x)/n$（$0 \leq x \leq 1$）の最大値が $1/(4n)$ である（$x = 1/2$ のとき）ことに注意して，95%信頼区間の幅が常に0.1以内になるには調査対象の世帯数 $n$ をどれくらいとらなければならないのか答えよ。

**5.** ある流行語の意味を知っているか否かを10歳以上40歳未満の男性100人に尋ねたところ，$\bar{X} = 84$ 人が知っていると答えた。同じ質問を40歳以上の男性150人にしたところ，$\bar{Y} = 46$ 人が知っていると答えた。

(1) ベルヌーイ母集団 $Ber(p_1)$ を仮定して，この流行語の10歳以上40歳未満の男性全体における認知率 $p_1$ の95%信頼区間を求めよ。

(2) ベルヌーイ母集団 $Ber(p_2)$ を仮定して，この流行語の40歳以上の男性全体における認知率 $p_2$ の95%信頼区間を求めよ。

(3) $\bar{X} - \bar{Y}$ の分布を求め，$p_1 - p_2$ の95%信頼区間を求めよ。

**6.** あるデパートでは開店時にドアの前で待っている客の数を記録しており，300日分の平均は $\bar{X} = 25$ 人であった。ポアソン母集団を仮定して，母平均の95%信頼区間を求めよ。

**7.** ある銀行の窓口での待ち時間を調べたところ，利用者は200人であり，1人当たりの平均待ち時間は4分であった。指数母集団を仮定して，この銀行での平均待ち時間の95%信頼区間を求めよ。

# 7.2 点推定

本節では，点推定の基本事項を扱う。

## 7.2.1 推定量

推定に用いる統計量 $T = T(X_1, X_2, \cdots, X_n)$ を**推定量**（estimator）と言う。標本 $X_1, X_2, \cdots, X_n$ の実現値を $x_1, x_2, \cdots, x_n$ としたとき，推定量 $T(X_1, X_2, \cdots, X_n)$ の実現値は $T(x_1, x_2, \cdots, x_n)$ である。これを**推定値**（estimate）と言う。

**例 7.6　数値例（19）**

$X_1, X_2, \cdots, X_6$ は正規分布 $N(\mu, 1^2)$ からの大きさ 6 の無作為標本とする。母平均 $\mu$ は未知とする。このとき，標本平均 $\bar{X} = \frac{1}{6}\sum_{i=1}^{6} X_i$ は母平均 $\mu$ の 1 つの推定量である。今 $\{2, 3, 6, 4, 5, 4\}$ という実現値が得られたものとすると，$\bar{X}$ の実現値は $(2 + 3 + 6 + 4 + 5 + 4)/6 = 4$ となるから $\mu$ の推定値は 4 である。（下に続く）■

**例 7.7　標本平均，標本分散**

$X_1, X_2, \cdots, X_n$ は母平均 $\mu$，母分散 $\sigma^2$ を持つ分布 $F$ からの無作為標本であるとする。このとき，標本平均 $\bar{X}$ は $\mu$ の推定量である。同様に，標本分散 $S^2$ や不偏標本分散 $s^2$ は $\sigma^2$ の推定量である。■

**例 7.8　数値例（20）**

データを母平均と母分散がともに未知の正規母集団 $N(\mu, \sigma^2)$ からの無作為標本（の実現値）と見れば，$s^2$ の実現値は 2 であるから $\sigma^2$ は 2 と推定される。（終）■

### 7.2.2 不偏性

既に見た通り，標本平均 $\bar{X}$ や不偏標本分散 $s^2$ は不偏性という性質を持つ（p.203，注 6.1）。すなわち，

$$\mathrm{E}(\bar{X}) = \mu, \quad \mathrm{E}(s^2) = \sigma^2 \tag{7.2.1}$$

が成り立つ。これは推定量の期待値が推定対象に等しいこと，すなわち推定量が平均的に推定対象を（過大にも過小にもならず）当てていることを意味し，推定量が持つべき一つの望ましい性質と言える。一般に，パラメータ $\theta$ の推定量 $T$ が

$$\mathrm{E}(T) = \theta \tag{7.2.2}$$

を満たすならば，$T$ を $\theta$ の**不偏推定量**（unbiased estimator）と言う。次の定理は注 6.1 や (7.2.1) からすぐ出る。

**定理 7.8 母平均と母分散の不偏推定量**

$X_1, X_2, \cdots, X_n$ は母平均 $\mu$，母分散 $\sigma^2$ を持つ分布 $F$ からの無作為標本であるとする。このとき，標本平均 $\bar{X}$ と不偏標本分散 $s^2$ はそれぞれ母平均 $\mu$，母分散 $\sigma^2$ の不偏推定量である。

**例 7.9 不偏推定量の例**

不偏推定量の例を 3 つ挙げる。

(1) $X_1, X_2, \cdots, X_n$ がベルヌーイ母集団 $Ber(p)$ からの無作為標本のとき，標本平均 $\bar{X}$ は $p$ の不偏推定量である。

(2) $X_1, X_2, \cdots, X_n$ がポアソン母集団 $Po(\lambda)$ からの無作為標本のとき，標本平均 $\bar{X}$ は $\lambda$ の不偏推定量である。

(3) $X_1, X_2, \cdots, X_n$ が正規母集団 $N(\mu, \sigma^2)$ からの無作為標本のとき，標本平均 $\bar{X}$ と不偏標本分散 $s^2$ はそれぞれ $\mu$，$\sigma^2$ の不偏推定量である。

いずれも，例 5.10（p.186）の言い換えである。■

### 7.2.3 最小分散不偏推定量

不偏性は推定量 $T = T(X_1, X_2, \cdots, X_n)$ が持つべき性質の一つであるが，実は下で見る通り不偏推定量は無数に存在し，その中には不合理なものも含まれる。したがって，われわれは不偏性のみを根拠にして推定量を選ぶことはできない。そのため，不偏推定量の中で分散が小さいものを望ましいとする基準が広く用いられている。$T$ をパラメータ $\theta$ の不偏推定量とする。このとき $T$ の分散は

$$\mathrm{V}(T) = \mathrm{E}[(T-\theta)^2] \tag{7.2.3}$$

である。この基準によれば，すべての不偏推定量の中で最も分散の小さい推定量が最良な推定量である。これを**最小分散不偏推定量**（minimum variance unbiased estimator）と呼ぶ。

**例 7.10 分散による推定量の比較**

$X_1, X_2, \cdots, X_n$ を正規母集団 $N(\mu, \sigma^2)$ からの無作為標本とし，母平均 $\mu$ を推定するものとしよう。このとき，次の 3 つの推定量はすべて不偏推定量である。

$$\hat{\mu}_1 = X_1, \quad \hat{\mu}_2 = (X_1 + X_2)/2, \quad \hat{\mu}_3 = \bar{X} \text{（標本平均）} \tag{7.2.4}$$

しかし，$\hat{\mu}_1$ と $\hat{\mu}_2$ は，最初の 1 つまたは 2 つのデータしか利用していないという点で不合理な推定量と考えられ，$\hat{\mu}_3 = \bar{X}$ には劣ると思われる。実際，各推定量の分散を計算すれば，

$$\mathrm{V}(\hat{\mu}_1) = \sigma^2, \quad \mathrm{V}(\hat{\mu}_2) = \frac{\sigma^2}{2}, \quad \mathrm{V}(\hat{\mu}_3) = \mathrm{V}(\bar{X}) = \frac{\sigma^2}{n} \tag{7.2.5}$$

となり，この 3 つの中では $\hat{\mu}_3 = \bar{X}$ が最も分散が小さい。■

上の例では 3 つの推定量の中での比較であったが，正規母集団，ベルヌーイ母集団，ポアソン母集団などの母平均を推定する場合，標本平均は最小分散不偏推定量である。

**定理 7.9 最小分散不偏推定量**

$X_1, X_2, \cdots, X_n$ はそれぞれの母集団からの無作為標本であるとする。

(1) ベルヌーイ母集団 $Ber(p)$ のとき，標本平均 $\bar{X}$ は $p$ の最小分散不偏推定量である。

(2) ポアソン母集団 $Po(\lambda)$ のとき，標本平均 $\bar{X}$ は $\lambda$ の最小分散不偏推定量である。

(3) 正規母集団 $N(\mu, \sigma^2)$ のとき，標本平均 $\bar{X}$ と不偏標本分散 $s^2$ はそれぞれ $\mu$，$\sigma^2$ の最小分散不偏推定量である。

証明は難しいので省略する。例えば，竹村 [12] や鈴木・山田 [11] を参照されたい。

■注 7.1† **推定量の評価基準** 本書では推定量の評価基準として不偏性を中心に議論しているが，それがすべてではない。この他にミニマックス基準，ベイズ基準，不変性など様々な評価基準がある。興味のある読者は竹村 [12] などで学ばれるとよい。■

■注 7.2† **不偏性の注意点** 標本平均 $\bar{X}$ は母平均 $\mu$ の不偏推定量であるが，$\bar{X}^2$ は $\mu^2$ の不偏推定量とはならない。実際，正規母集団 $N(\mu, \sigma^2)$ を仮定すれば，$\bar{X} \sim N(\mu, \sigma^2/n)$ であるから，$\mathrm{E}(\bar{X}^2) = \mathrm{V}(\bar{X}) + \mathrm{E}(\bar{X})^2 = \sigma^2/n + \mu^2$ となって $E(\bar{X}^2) \neq \mu^2$ である。

一般に $\hat{\theta}$ を $\theta$ の不偏推定量とし，$g(\theta)$ を $\theta$ の関数とすれば，関数 $g$ が1次関数 $g(\theta) = a\theta + b$ の場合を除けば，$g(\hat{\theta})$ は $g(\theta)$ の不偏推定量とはならない。■

### 7.2.4 推定量の構成法

ここまでの議論では，推定対象のパラメータは母平均や母分散という意味を持つことがほとんどであるから，推定量の選択は比較的容易であった。実際，標本平均と標本分散はそれぞれ母平均と母分散の不偏推定量であり，正規母集団などの下では最小分散不偏推定量であった。

しかしより複雑な確率モデルでは，パラメータが母平均や母分散といった意味を持たないことが多く，推定量としてどのようなものが適当かわかりにくい場合がある。そのようなとき推定量の構成法に関する一般的な基準があると便利である。代表的なものとして，最小2乗法，モーメント法，最尤法の3つが挙げられる。最小2乗法については第2，3，9章などに譲り，ここではモーメント法と最尤法について簡単に説明する。

### 7.2.5† モーメント法

モーメント法（method of moments）とは，母モーメントを標本モーメントで推定する推定法である。すなわち，

$$\mu_k = \mathrm{E}(X^k) \quad (k = 1, 2, \cdots)$$

を

$$\mathrm{m}_k = \frac{1}{n}\sum_{i=1}^{n} X_i^k \quad (k = 1, 2, \cdots) \tag{7.2.6}$$

で推定する方法である。

これによれば，母平均 $\mu$ は母 1 次モーメント $\mathrm{E}(X) = \mu_1$ であるから，標本 1 次モーメント $\mathrm{m}_1 = \frac{1}{n}\sum_{i=1}^{n} X_i$ すなわち標本平均 $\bar{X}$ で推定される。同様に，平均回りの母 $k$ 次モーメント

$$\mu'_k = \mathrm{E}[(X - \mu)^k] \quad (k = 1, 2, \cdots)$$

は平均回りの標本 $k$ 次モーメント

$$\mathrm{m}'_k = \frac{1}{n}\sum_{i=1}^{n}(X_i - \bar{X})^k \quad (k = 1, 2, \cdots) \tag{7.2.7}$$

で推定される。したがって，平均回りの母 2 次モーメント $\mathrm{E}[(X - \mu)^2] = \mu'_2$ すなわち母分散 $\sigma^2$ は平均回りの標本 2 次モーメント $\mathrm{m}'_2 = \frac{1}{n}\sum_{i=1}^{n}(X_i - \bar{X})^2$ すなわち標本分散 $S^2$ で推定される。

**例 7.11 練　習**

練習として，$X_1, X_2, \cdots, X_n$ が正規母集団 $N(\mu, \sigma^2)$ からの無作為標本であるとして，$\theta = \sigma^2/\mu^2$（母変動係数の平方）のモーメント法に基づく推定量を求めよう。$\theta = \mu'_2/\mu_1^2$ であるから，各量を標本モーメントに置き換えると $\mathrm{m}'_2/\mathrm{m}_1^2 = S^2/\bar{X}^2$ が得られる。これが求めるものである。■

### 7.2.6† 最尤法

モーメント法とは異なった推定量の構成法として，**最尤法**（**最大尤度法**, method of maximum likelihood）を紹介する。

**例 7.12 数値例 (21)**

歪んだコインがあるとし，このコインの表の出る確率を $p$ とおく。$p$ の推定問題を考える。10 回投げたところ，$(0,1,1,0,1,1,1,1,0,1)$ なる結果が得られたものとする。ただし，1 は表，0 は裏を表すとする。最小分散不偏推定量 $\bar{X}$ による $p$ の推定値は $(0+1+\cdots+1)/10 = 0.7$ である。

一方，最尤法はデータ $(0,1,1,0,1,1,1,1,0,1)$ が実現する確率を利用して推定値を構成する。その確率は簡単な計算により

$$
\begin{aligned}
& P(X_1=0, X_2=1, X_3=1, \cdots, X_9=0, X_{10}=1) \\
= \;& P(X_1=0)P(X_2=1)P(X_3=1)\cdots P(X_9=0)P(X_{10}=1) \\
= \;& (1-p)pp\cdots(1-p)p \\
= \;& p^7(1-p)^3 \qquad (7.2.8)
\end{aligned}
$$

と求められる。

(7.2.8) において $p = 0.5$ とすればこの確率は 0.000977，$p = 0.6$ とすれば 0.001792（$> 0.000977$）である。まず，$p = 0.5$ と $p = 0.6$ という 2 つの推定値のうちどちらがよいかについて考えてみよう。$p = 0.5$ を選べば確率 0.000977 の事象が起きたと考えることになり，$p = 0.6$ を選べば確率 0.001792 の事象が起きたと考えることになる。確率の大きい（より起こりやすい）事象が起きた結果として $(0,1,1,0,1,1,1,1,0,1)$ というデータが得られたと考えるなら，$p = 0.6$ のほうがよい推定値である。この考え方によれば，$p$ の最もよい推定値は確率 $p^7(1-p)^3$ を最大にする $p$ の値である。簡単な計算によって，それは $p = 0.7$ であることがわかる。これを**最尤推定値**（maximum likelihood estimate）と言う。（終）■

より一般に，コインを $n$ 回投げた結果データ $x_1, x_2, \cdots, x_n$ が得られたとする。このデータが得られる確率は，$y = \sum_{i=1}^{n} x_i$ とおくと，

$$P(X_1 = x_1, X_2 = x_2, \cdots, X_n = x_n) = p^y(1-p)^{n-y} = L(p) \tag{7.2.9}$$

となる。この確率を $p$（$0 \leq p \leq 1$）の関数と見たものを $L(p)$ とおき，**尤度関数**（likelihood function）と言う。尤度関数とは「（各 $p$ の）尤もらしさの度合いを表す関数」という意味合いである（例 7.12 で言えば，$p = 0.5, 0.6, 0.7$ の尤度はそれぞれ $L(0.5) = 0.000977$，$L(0.6) = 0.001792$，$L(0.7) = 0.002224$ であり，$p = 0.7$ で最大である）。尤度関数 $L(p)$ を最大にする $p$ を**最尤推定値**と呼ぶ。この場合，

$$p = y/n = \frac{1}{n}\sum_{i=1}^{n} x_i = \bar{x} \tag{7.2.10}$$

のとき最大となる。したがって，標本平均 $\bar{x}$ が $p$ の最尤推定値である。最尤推定値を推定量の形で表したものを**最尤推定量**（maximum likelihood estimator, MLE）と言う。すなわち，$p$ の最尤推定量は $\bar{X}$ である。今の場合は，最小分散不偏推定量による推定値と一致したが，両者は異なる原理によって導かれた推定値である。

さて，(7.2.9) の尤度関数 $L(p)$ が $p = y/n$ のとき最大となることを示すには，対数をとってから微分する方法が便利である。$\ell(p) = \log L(p)$ とおくと，

$$\ell(p) = y \log p + (n-y)\log(1-p) \tag{7.2.11}$$

これを**対数尤度関数**と呼ぶ。両辺を $p$ で微分すれば

$$\ell'(p) = \frac{y}{p} - \frac{n-y}{1-p}$$

となるから，方程式 $\ell'(p) = 0$ の解は $p = y/n$ となり，増減表は次表の通りであるから，$p = y/n$ で最大となることがわかる。

| $p$ | 0 | $\cdots$ | $y/n$ | $\cdots$ | 1 |
|---|---|---|---|---|---|
| $\ell'$ | | $+$ | 0 | $-$ | |
| $\ell$ | | $\nearrow$ | 最大 | $\searrow$ | |

以上のことを定理の形にまとめておこう。

**定理 7.10 成功確率の最尤推定量**

$X_1, X_2, \cdots, X_n$ はベルヌーイ母集団 $Ber(p)$ からの大きさ $n$ の無作為標本とする。このとき，母平均 $p$ の最尤推定量は $\bar{X}$ である。

一般に，$X_1, X_2, \cdots, X_n$ がパラメータ $\theta$ を持つ母集団からの無作為標本であるとする。母集団分布の確率関数もしくは確率密度関数を $p(x;\theta)$ と表せば，同時確率分布もしくは同時確率密度関数は，

$$L = p(x_1;\theta)\,p(x_2;\theta)\,\cdots\,p(x_n;\theta) \tag{7.2.12}$$

で表せる。$x_1, x_2, \cdots, x_n$ を $X_1, X_2, \cdots, X_n$ の実現値とし，$L$ を $\theta$ の関数 $L(\theta)$ と見たものを $\theta$ の尤度関数と言う。尤度関数が $\theta = \hat{\theta}$ において最大となるとき，$\hat{\theta}$ を $\theta$ の最尤推定値と言う。最尤推定値は実現値 $x_1, x_2, \cdots, x_n$ の関数であるが，これを確率変数 $X_1, X_2, \cdots, X_n$ の関数の形で表したものを最尤推定量と言う。パラメータが $\theta = (\theta_1, \theta_2)$ などのように2次元以上であっても最尤推定量は同様に定義される。

**例 7.13 最尤推定量の例**

$X_1, X_2, \cdots, X_n$ はそれぞれの母集団からの大きさ $n$ の無作為標本であるとする。

(1) ポアソン母集団 $Po(\lambda)$ のとき，母平均 $\lambda$ の最尤推定量は $\bar{X}$ である。

(2) 正規母集団 $N(\mu, \sigma^2)$ のとき，母平均 $\mu$ と母分散 $\sigma^2$ の最尤推定量はそれぞれ標本平均 $\bar{X}$ と標本分散 $S^2 = \frac{1}{n}\sum_{i=1}^{n}(X_i - \bar{X})^2$ である。$\sigma^2$ の最尤推定量が不偏推定量 $s^2$ と異なることに注意しよう。

(3) 指数母集団 $Ex(\lambda)$ のパラメータ $\lambda$ の最尤推定量は $1/\bar{X}$ である。

ポアソン母集団の母平均 $\lambda$ の例を示そう。例 5.8（p.180，(5.2.6) 式）を用い

ると，尤度関数は

$$L(\lambda) = e^{-n\lambda} \frac{\lambda^{\sum_{i=1}^{n} x_i}}{x_1!x_2!\cdots x_n!} \tag{7.2.13}$$

と求まる。ゆえに対数尤度関数 $\ell(\lambda) = \log L(\lambda)$ は，$y = \sum_{i=1}^{n} x_i$ とおくと

$$\ell(\lambda) = -n\lambda + y\log\lambda - \log(x_1!x_2!\cdots x_n!)$$

となる。これを微分して 0 とおくと

$$\ell'(\lambda) = -n + y/\lambda = 0$$

よって，尤度関数は $\lambda = y/n = \bar{x}$ において最大となる。これより，$\lambda$ の最尤推定量は $\bar{X}$ である。■

■**注 7.3**† **最尤推定量の性質**　最尤推定量にはいくつかの便利な性質があるので，証明なしで紹介しておく。

(1) 不変性。$\theta$ の最尤推定量を $\hat{\theta}$ とすれば $\theta$ の関数 $g(\theta)$ の最尤推定量は $g(\hat{\theta})$ である。例えば，上例で $\lambda^2$ の最尤推定量は $\bar{X}^2$ となる。

(2) 一致性。$\hat{\theta}$ は $\theta$ に確率収束する。

(3) 近似的な正規性（漸近正規性）。$n$ が十分に大きいとき，$\hat{\theta}$ の分布は正規分布で近似できる。

詳細は竹村 [12] や稲垣 [3] を参照のこと。■

## ▶ 問題 7.2

1. $\{1,1,0,0,0,0,1,0,0,1,1,1,1,1,1,1,1,0,0,0\}$ をベルヌーイ母集団 $Ber(p)$ からの大きさ 20 の無作為標本とみなすとき，母平均 $p$ と母分散 $p(1-p)$ の不偏推定値を求めよ。
2. $\{4,4,5,2,6,4,2,5,4,3,3,2,6,9,1\}$ をポアソン母集団 $Po(\lambda)$ からの大きさ 15 の無作為標本とみなすとき，母平均 $\lambda$ の不偏推定値を求めよ。
3. $\{47,37,52,63,62,67,28,48,61,39,43,33,32,40,42\}$ を正規母集団 $N(\mu,\sigma^2)$ からの大きさ 15 の無作為標本とみなすとき，母平均 $\mu$ と母分散 $\sigma^2$ の不偏推定値を求めよ。
4. $X_1, X_2, \cdots, X_n$ は母平均 $\mu$，母分散 $\sigma^2$ の母集団からの大きさ $n$ の無作為標本と

する。$\mu$ の推定量として，各 $X_i$ の加重和 $\hat{\mu} = \sum_{i=1}^{n} c_i X_i$ という形のものを考える。

(1) これが不偏であるための必要十分条件が $\sum_{i=1}^{n} c_i = 1$ であることを示せ。

(2) $\bar{X}$ は不偏推定量か。

(3) $\mathrm{V}(\hat{\mu}) = \sigma^2 \sum_{i=1}^{n} c_i^2$ を示せ。

(4) 加重和の形の不偏推定量の中で $\mathrm{V}(\hat{\mu})$ を最小にする推定量は $\bar{X}$ であることを示せ。

**5.**[†] $X_1, X_2, \cdots, X_n$ は，密度関数

$$f(x) = (1+\theta)x^{\theta} \qquad (0 < x < 1)$$

を持つ母集団からの大きさ $n$ の無作為標本とする。$\theta$ の最尤推定量を求めよ。

**6.**[†] $X_1, X_2, \cdots, X_n$ は指数母集団 $Ex(\lambda)$ からの大きさ $n$ の無作為標本とする。

(1) $\lambda$ のモーメント法に基づく推定量は $1/\bar{X}$ である。このことを示せ。

(2) $\lambda$ の最尤推定量は $1/\bar{X}$ である。このことを示せ。

(3) ある通販会社での電子メールでの注文の到着間隔（分単位）が

$$3.0, 2.2, 7.5, 4.0, 2.7, 6.5, 1.5, 11.8, 1.2, 1.3, 12.1, 4.0, 14.3, 6.7, 12.9$$

であったとすれば，平均して1時間当たり何件の注文が到着すると推定されるか。

**7.**[†] 一様分布 $U(0, \theta)$ のパラメータ $\theta$ の妥当な推定量を求めよ。この母集団から $\{9.1, 9.0, 9.5, 9.6, 10.7, 9.2, 10.3, 9.3, 9.7, 10.4\}$ なる無作為標本が得られるとき，$\theta$ の推定値を求めよ。

**8.**[†] $X_1, X_2, \cdots, X_n$ は正規母集団 $N(\mu, \sigma^2)$ からの大きさ $n$ の無作為標本とする。

(1) $\mu$ と $\sigma^2$ の最尤推定量がそれぞれ $\bar{X}$ と $S^2 = \frac{1}{n}\sum_{i=1}^{n}(X_i - \bar{X})^2$ であることを示せ。

(2) 母標準偏差 $\sigma$ の最尤推定量は何か。

(3) 母変動係数 $\sigma/\mu$ の最尤推定量は何か。

# 統計的仮説検定

## 8.1 統計的仮説検定の枠組み

本節では統計的仮説検定の枠組みを例を通して説明する。

### 8.1.1 帰無仮説と対立仮説

ある白熱電球の寿命の平均は 1700（時間）であると言う。今，新型の電球が開発され明るさが改良されたが，寿命が変化したか否かについては不明であるとする。電球の寿命は新型も従来のものも正規分布をなし，その標準偏差は $\sigma = 180$（時間）であることがわかっている。

新型電球の寿命の平均を $\mu$ 時間とおくと，ここでの関心は次の 2 つの仮説 $H_0$，$H_1$ のいずれが正しいかということである：

$$
\begin{aligned}
&H_0 : \mu = 1700 \text{（新型電球の寿命に変化はない）} \\
&H_1 : \mu \neq 1700 \text{（新型電球の寿命に変化がある）} \qquad (8.1.1)
\end{aligned}
$$

仮説 $H_0$ は考察の基準となる仮説であり，これを**帰無仮説**（null hypothesis）と呼ぶ。また，$H_1$ は $H_0$ が棄却されたときに採択される仮説であり，これを**対立仮説**（alternative hypothesis）と言う。両者をあわせて**検定仮説**あるいは単に**仮説**と言う。われわれの行うことは次の 2 つの結論

「$H_0$ を棄却する（reject $H_0$）」，「$H_0$ を採択する (accept $H_0$)」

の一方を選択することである。標本の値に基づいてこの選択を行うことを**統計的仮説検定**（statistical hypothesis testing）と言う。単に**検定**と言ってもよい。また，検定の手順や方法を**検定方式**と呼ぶ。「採択する」を「受容する」と表現する場合もある。

### 8.1.2 検定方式

さて，新型電球16個を無作為に選び，その寿命を計測したところ

$$1873,\ 1685,\ 2275,\ 1760,\ 1769,\ 2176,\ 1748,\ 1760,$$
$$1994,\ 1473,\ 1715,\ 1771,\ 1784,\ 1684,\ 2038,\ 1850$$

なる結果が得られた。このデータは，正規分布 $N(\mu, \sigma^2)$（ただし $\sigma^2 = (180)^2$）からの大きさ $n = 16$ の無作為標本 $X_1, X_2, \cdots, X_n$ の実現値とみなせる。標本平均の実現値は $\bar{X} = 1835$（時間）となるから，$\bar{X} = 1835$ が1700から十分離れていると判断されるなら $H_0$ を棄却し，そうでないと判断されるなら $H_0$ を採択することにしよう。この方法は読者にとっても自然で納得のいくものであろう。別な言い方をすれば，$\bar{X} = 1835$ と1700の**差に意味があるならば** $H_0$ を棄却し，そうでないなら $H_0$ を採択する。差に意味があることを，差が**有意である**（significant）と言い，意味のある差のことを**有意差**と言う。問題はどれほど差があれば有意差とみなせるかということである。

そのためには，

$$\bar{X} \sim N(\mu, \sigma^2/n) \tag{8.1.2}$$

が成り立つ（p.202，例6.2を参照）ことを思い出し，$\bar{X}$ と1700との差を標準偏差 $\sqrt{\sigma^2/n}$ で基準化すればよい。すなわち，

$$\frac{\bar{X} - 1700}{\sqrt{\sigma^2/n}}$$

を求め，これが0から十分離れていれば $H_0$ を棄却し，そうでなければ $H_0$ を採択する。例えば，標準偏差2つ分離れていれば十分離れていると考えて

$$\begin{cases} \frac{|\bar{X}-1700|}{\sqrt{\sigma^2/n}} > 2 & \Rightarrow \quad H_0\text{を棄却する} \\ \frac{|\bar{X}-1700|}{\sqrt{\sigma^2/n}} \leq 2 & \Rightarrow \quad H_0\text{を採択する} \end{cases} \tag{8.1.3}$$

とするのが一つの方法である。計算によって

$$\frac{\bar{X}-1700}{\sqrt{\sigma^2/n}} = \frac{1835-1700}{180/4} = \frac{135}{45} = 3$$

となるから，上の方式に従えば帰無仮説 $H_0$ は棄却される。すなわち，電球の寿命は変化したと判断される。上記の検定方式はより一般的な形で

$$\begin{cases} |T| > c & \Rightarrow \quad H_0\text{を棄却する} \\ |T| \leq c & \Rightarrow \quad H_0\text{を採択する} \end{cases} \qquad T = \frac{\bar{X}-1700}{\sqrt{\sigma^2/n}} \tag{8.1.4}$$

と表現できる。ここで，$T$ を**検定統計量**（test statistic），$c$ を**臨界値**（critical value）と言う。(8.1.4) は臨界値を $c=2$ とした，一つの検定方式である。

### 8.1.3　第 1 種の誤り，第 2 種の誤り，有意水準

前項では臨界値をアドホックに $c=2$ とした。では最適な選択は何か。統計的仮説検定では，誤りを犯す確率ができるだけ小さくなるように $c$ を選択する。ただし，検定は 2 つの結論のうちのいずれを選ぶかという形をとるため，犯す可能性のある誤りは 2 種類存在する。

> **第 1 種の誤り**：帰無仮説 $H_0$ が正しいときに，帰無仮説 $H_0$ を棄却する誤り。
>
> **第 2 種の誤り**：対立仮説 $H_1$ が正しいときに（$H_0$ が誤っているときに），帰無仮説 $H_0$ を採択する誤り。

わかりやすい例は，新薬の効果に関する

$H_0$：新薬に効果なし　　$H_1$：新薬に効果あり

という検定仮説である。ここで，第 1 種の誤りとは「新薬に効果がないにもかかわらず，効果があると判断する誤り」であり，第 2 種の誤りとは「新薬に効果があるにもかかわらず，効果がないと判断する誤り」のことである。

注意すべきは，第1種の誤りを犯すことによる損失と第2種の誤りを犯すことによる損失は必ずしも同等ではないということである（節末の問題8.1の5を参照されたい）。統計的仮説検定では上の2種類の誤りのうち，第1種の誤りを重視し，第1種の誤りの確率を分析者がコントロールできるように検定を作る。正確に述べれば，第1種の誤りの確率として許容できる値 $\alpha$ を事前に定め（例えば $\alpha = 0.05$ などとする），必ず

$$\text{第1種の誤りの確率} = \alpha \tag{8.1.5}$$

が成り立つようにする。この値 $\alpha$ を**有意水準**（level of significance）と言う。

臨界値 $c$ は有意水準 $\alpha$ を与えれば (8.1.5) によって決定される。電球の例でこのことを確認しよう。$\alpha = 0.05$ と定める。まず第1種の誤りの確率を計算する。そのため，帰無仮説 $H_0 : \mu = 1700$ が正しいとする。このとき (8.1.2) において $\mu = 1700$ としてよいから，

$$\bar{X} \sim N\left(1700, \frac{\sigma^2}{n}\right) \tag{8.1.6}$$

が成り立つ。ゆえに基準化によって

$$T = \frac{\bar{X} - 1700}{\sqrt{\sigma^2/n}} \sim N(0,1) \tag{8.1.7}$$

上式の確率変数が検定統計量 $T$（(8.1.4) を見よ）に等しいことに注意しよう。したがって，

$$\begin{aligned} \text{第1種の誤りの確率} &= P\left(\{H_0 \text{ を棄却する }\}\right) \\ &= P\left(|T| > c\right) \end{aligned} \tag{8.1.8}$$

が成り立ち，この確率が $\alpha = 0.05$ に等しくなるような臨界値 $c$ は $c = z_{0.025} = 1.96$ と求められる。

### 8.1.4 検定方式

同様に議論することによって，一般の有意水準 $\alpha$（$0 < \alpha < 1$）に対する臨界値 $c$ が $c = z_{\alpha/2}$ であることが容易に示せる。

ここまでの議論をまとめると次の定理となる。

$$H_0 : \mu = \mu_0 \quad H_1 : \mu \neq \mu_0 \tag{8.1.9}$$

なる検定問題を考える。$\mu_0$ は既知の値とする。

**定理 8.1　母平均の検定**

$X_1, X_2, \cdots, X_n$ は正規母集団 $N(\mu, \sigma^2)$ からの大きさ $n$ の無作為標本とする。このとき，$T = (\bar{X} - \mu_0)/\sqrt{\frac{\sigma^2}{n}}$ とおけば，

$$\begin{cases} |T| > z_{\alpha/2} & \Rightarrow \quad H_0\text{を棄却する} \\ |T| \leq z_{\alpha/2} & \Rightarrow \quad H_0\text{を採択する} \end{cases} \tag{8.1.10}$$

は検定問題 (8.1.9) に対する有意水準 $\alpha$ の検定である。

### 8.1.5　片側検定と両側検定

改良によって寿命が長くなることはあっても短くなることはないことが事前にわかっていることがしばしばある。この場合，対立仮説 $H_1$ は

$$H_1 : \mu > \mu_0$$

とし，$\bar{X}$ の値が $\mu_0$ よりに比べて十分大きいかどうかだけを観察すればよいだろう。すなわち，$T = (\bar{X} - \mu_0)/\sqrt{\frac{\sigma^2}{n}}$ とおき，

$$\begin{cases} T > c & \Rightarrow \quad H_0\text{を棄却する} \\ T \leq c & \Rightarrow \quad H_0\text{を採択する} \end{cases}$$

とすればよい。有意水準を $\alpha$ とすれば，臨界値 $c$ は $c = z_\alpha$ と定まる（上と同様に議論すればよい)。$H_1 : \mu < \mu_0$ についても同様である。

まとめると次の通りである。仮説

$$H_0 : \mu = \mu_0 \quad H_1 : \mu > \mu_0 \tag{8.1.11}$$

と

$$H_0 : \mu = \mu_0 \quad H_1 : \mu < \mu_0 \tag{8.1.12}$$

を考える。

**定理 8.2**

$X_1, X_2, \cdots, X_n$ は正規母集団 $N(\mu, \sigma^2)$ からの大きさ $n$ の無作為標本とする。このとき，$T = (\bar{X} - \mu_0)/\sqrt{\frac{\sigma^2}{n}}$ とおけば，

$$\begin{cases} T > z_\alpha & \Rightarrow \quad H_0\text{を棄却する} \\ T \leq z_\alpha & \Rightarrow \quad H_0\text{を採択する} \end{cases} \tag{8.1.13}$$

は検定問題 (8.1.11) に対する有意水準 $\alpha$ の検定である。また，

$$\begin{cases} T < -z_\alpha & \Rightarrow \quad H_0\text{を棄却する} \\ T \geq -z_\alpha & \Rightarrow \quad H_0\text{を採択する} \end{cases} \tag{8.1.14}$$

は検定問題 (8.1.12) に対する有意水準 $\alpha$ の検定である。

(8.1.11) や (8.1.12) のような形の仮説を**片側仮説**，定理 8.1 で扱った形の仮説を**両側仮説**と呼ぶ。同様に (8.1.13) や (8.1.14) のような検定を**片側検定**，定理 8.1 の検定を**両側検定**と言う。

### 8.1.6 棄却域と採択域

定理 8.2 の (8.1.13) で扱った片側検定は，検定統計量 $T$ が $T > z_\alpha$ の範囲に実現すれば帰無仮説を棄却し，$T \leq z_\alpha$ の範囲に実現すれば帰無仮説を採択する。これらの範囲をそれぞれ検定の**棄却域**（rejection region），**採択域**（acceptance region）と呼ぶ。

片側検定の場合，棄却域は $T$ の値域の片側のみとなり（**図 8-1** の下のほう），両側検定の場合は両側となる（**図 8-1** の上のほう）。有意水準 $\alpha$ を小さく（大きく）すれば，棄却域はより小さく（大きく）なる。

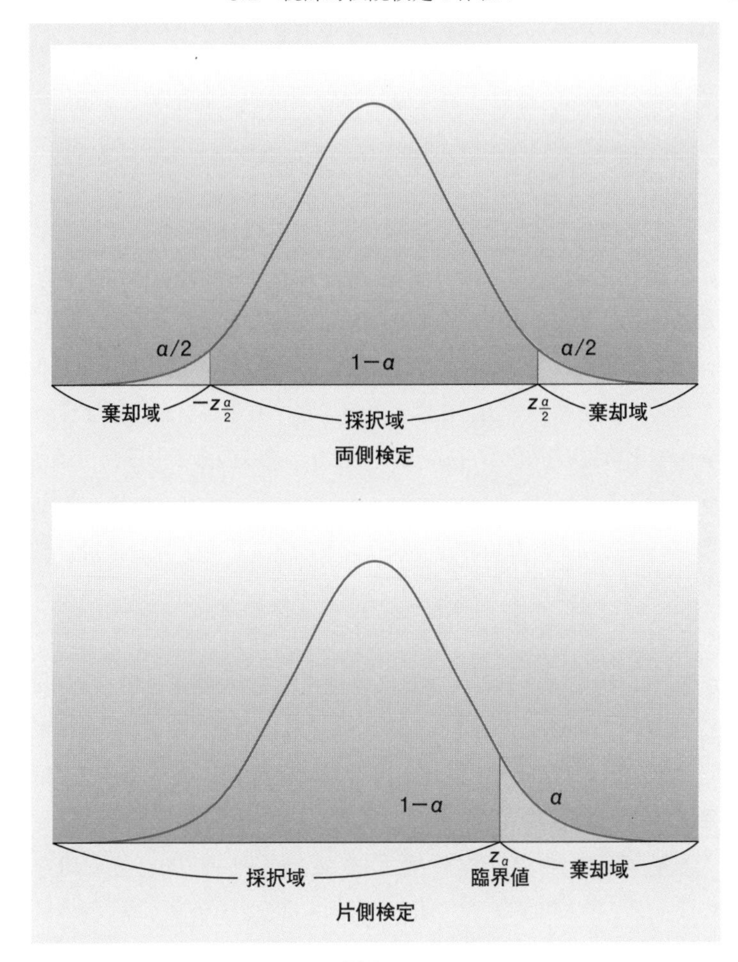


図 8−1

### 8.1.7　検定の検出力

仮説検定においては，「$H_0$ を棄却する」と「$H_0$ 採択する」のうちいずれか一方の結論が選択されるが，これら 2 つの結論は必ずしも等しい価値を持ったものではない。前者のほうがより明確な意味と価値を持った結論と言える。なぜなら，「$H_0$ を棄却する」という結論が得られる場合，それが誤りである確率

を事前に指定できるからである。実際，$\alpha$ を有意水準とすれば

$$\text{結論が誤っている確率} = \text{第 1 種の誤りを犯す確率} = \text{有意水準} = \alpha$$

が成り立っている。

一方，「$H_0$ を採択する」という結論が得られる場合は，対応する確率はコントロールされていない。第2種の誤りを犯す確率は一般に未知の母平均 $\mu$ に依存するため，分析者がこの確率の値を事前に知ることはできない。

したがって分析者は主張したい仮説を対立仮説 $H_1$ に設定し，帰無仮説 $H_0$ が棄却されることを通じて $H_1$ を示すのが通常である。なお，第2種の誤りを犯さない確率を検定の**検出力**（power）と言う。興味のある方は例えば竹村 [12] などで学ばれるとよい。

本書のレベルを超えるため詳しく扱うことはしないが，仮説検定の理論において第2種の誤りの確率がどのような役割を果たしているかについてごく簡単に紹介しておく。第2種の誤りの確率は検定統計量の選択をする際に考慮されている。例えば，(8.1.1) の仮説に対する有意水準 5%の検定として，われわれは $Z = (\bar{X} - 1700)/\sqrt{\sigma^2/n}$ が $|Z| > 1.96$ なるときに帰無仮説 $H_0$ を棄却する検定を議論したが，実は有意水準 5%の検定は無数に存在する。したがって，第1種の誤りの確率だけでは検定を1つに絞ることはできないのである。例えば，最初の3個 $X_1, X_2, X_3$ のみを使った平均を $\bar{X}'$ とし，$Z' = (\bar{X}' - 1700)/\sqrt{\sigma^2/3}$ なる統計量を用いて，$|Z'| > 1.96$ のときに $H_0$ を棄却する検定も有意水準 5%の検定である。しかし，$Z'$ を用いた検定はデータをすべて使っていないという点で不合理に感じられるであろう。証明はやや難しいので省略するが，$Z$ を用いた検定は $Z'$ を用いた検定よりも第2種の誤りを犯す確率が小さいこと，つまり検出力が高いことが示せる。同じ有意水準の検定ならば (第1種の誤りの確率が等しいならば)，検出力が高いほうが優れていると考えてよいであろう。その意味で，$Z'$ を用いた検定より $Z$ を用いた検定のほうが優れた検定であると言える。有意水準 $\alpha$ の検定の中で最も検出力の高い検定を**最強力検定**（most powerful test）と言う。実は，(8.1.1) の仮説に対しては $Z$ を用いた検定が最強力検定となることが知られている。

**▶ 問題 8.1**

1. 40 人の小 1 男子を無作為に抽出して身長 $X_1, X_2, \cdots, X_{40}$（cm）を測定したところ，標本平均 $\bar{X} = \frac{1}{40}\sum_{i=1}^{40} X_i = 116.7$（cm）であった。$X_1, X_2, \cdots, X_{40}$ は正規母集団 $N(\mu, \sigma^2)$ からの無作為標本とする。
   (1) 1950 年の小 1 男子の平均身長は 108.6（cm），標準偏差は 4.6（cm）である。この 50 年で平均身長が変化したか否かについて考えるため，帰無仮説 $H_0 : \mu = 108.6$ を対立仮説 $H_1 : \mu \neq 108.6$ に対して有意水準 0.05 で検定せよ。ただし，標準偏差は不変であるとする。
   (2) 平均身長は増加傾向にあるという先験的理解を利用するならば，前問にあるような両側検定問題よりも，帰無仮説 $H_0 : \mu = 108.6$ を対立仮説 $H_1 : \mu > 108.6$ に対して検定するという片側検定問題のほうが自然であろう。有意水準 0.05 でこの検定問題を検定せよ。
   (3) 前問において，第 1 種の誤り，第 2 種の誤りとはそれぞれどのようなものか。
2. ある予備校の特設クラスの生徒 50 人の模試の平均点は $\bar{X} = 65$ 点であった。模試の全受験者の平均は 58 点，分散は 190 であるとする。特設クラスの生徒は特に優れていると言えるか。
3. 正規母集団 $N(\mu, 25)$ からの大きさ $n = 16$ の無作為標本が得られているとし，その標本平均の値は $\bar{X} = 20$ であるとする。帰無仮説 $H_0 : \mu = 15$ を対立仮説 $H_1 : \mu > 15$ に対して検定する。
   (1) 有意水準を $\alpha = 0.1$ として検定せよ。
   (2) 有意水準を $\alpha = 0.05$ として検定せよ。
4. 10 人の成人男子の喫煙前後の脈拍の差を計測したところ $\{1, 6, 4, 5, -2, 2, 3, -1, 7, 3\}$ なるデータが得られた。これは正規母集団 $N(\mu, 9)$ からの無作為標本とみなせるとする。帰無仮説 $H_0 : \mu = 0$ を対立仮説 $H_1 : \mu > 0$ に対して有意水準 0.05 で検定せよ。
5. 次の各問に答えよ。
   (1) 帰無仮説を「被告人は無罪」，対立仮説を「被告人は有罪」とするとき，第 1 種の誤りと第 2 種の誤りはそれぞれどのようなものか。どちらがより重大な誤りか。
   (2) 帰無仮説を「火災報知器は故障していない」，対立仮説を「火災報知器は故障している」とするとき，第 1 種の誤りと第 2 種の誤りはそれぞれどのようなものか。どちらがより重大な誤りか。

(3) 第1種の誤りのほうが重大であるような例を挙げよ。

(4) 第2種の誤りのほうが重大であるような例を挙げよ。

# 8.2 母平均の検定

## 8.2.1 両側 $t$ 検定

$X_1, X_2, \cdots, X_n$ は正規母集団 $N(\mu, \sigma^2)$ からの大きさ $n$ の無作為標本であるとする。母分散 $\sigma^2$ は未知とする。前節同様，次の検定問題を考える。

$$H_0 : \mu = \mu_0 \quad H_1 : \mu \neq \mu_0 \tag{8.2.1}$$

まず，定理 6.4（p.214）より

$$\frac{\bar{X} - \mu}{\sqrt{s^2/n}} \sim t(n-1) \tag{8.2.2}$$

が成り立つことを思い出そう。ここに $t(n-1)$ は自由度 $n-1$ の $t$ 分布を表す。前節と同様に考えれば，次の検定統計量は自然なものであろう。

$$t = \frac{\bar{X} - \mu_0}{\sqrt{s^2/n}} \tag{8.2.3}$$

このとき，次の定理が成り立つ。

**定理 8.3 母平均の $t$ 検定**

$X_1, X_2, \cdots, X_n$ は正規母集団 $N(\mu, \sigma^2)$ からの大きさ $n$ の無作為標本とする。このとき，

$$\begin{cases} |t| > t_{\alpha/2}(n-1) & \Rightarrow \quad H_0 \text{を棄却する} \\ |t| \leq t_{\alpha/2}(n-1) & \Rightarrow \quad H_0 \text{を採択する} \end{cases} \tag{8.2.4}$$

は，検定問題 (8.2.1) に対する有意水準 $\alpha$ の検定である。ここに $t_{\alpha/2}(n-1)$ は $t(n-1)$ の上側 $100\alpha/2\%$ 点である。

◇**証明** 帰無仮説 $H_0 : \mu = \mu_0$ が正しいとすると，$t$ は (8.2.2) の左辺と等しい。したがって，$t \sim t(n-1)$ が成り立つから，

$$P(|t| > t_{\alpha/2}(n-1)) = \alpha$$

は明らかである。(証明終) ◇

(8.2.4) の検定をステューデントの**$t$ 検定**(Student's $t$-test)(あるいは単に**$t$ 検定**),統計量 $t$ を**$t$ 検定統計量**と呼ぶ。また,$t$ 検定統計量の実現値を**$t$ 値**($t$-value)と言う。

**例 8.1 電球の寿命 (1)**

前節の電球寿命の例において母分散 $\sigma^2$ を未知とする。両側検定問題

$$H_0 : \mu = 1700 \quad H_1 : \mu \neq 1700$$

を考える。有意水準 $\alpha = 0.05$ とする。計算により,$\bar{X} = 1835$ と $s = 200$ が得られるなら,

$$t = \frac{1835 - 1700}{\sqrt{(200)^2/16}} = 2.7$$

である。他方,臨界値 $t_{0.025}(15) = 2.131$ であるから,$|t| > t_{0.025}(15)$ が成り立ち,帰無仮説 $H_0$ は棄却される。(p.260 に続く) ■

### 8.2.2 片側 $t$ 検定

同様に考えて,片側検定問題

$$H_0 : \mu = \mu_0 \quad H_1 : \mu > \mu_0 \tag{8.2.5}$$

や

$$H_0 : \mu = \mu_0 \quad H_1 : \mu < \mu_0 \tag{8.2.6}$$

に対する検定も導くことができる。

**定理 8.4 母平均の片側 $t$ 検定**

$X_1, X_2, \cdots, X_n$ は正規母集団 $N(\mu, \sigma^2)$ からの大きさ $n$ の無作為標本とする。このとき

$$\begin{cases} t > t_\alpha(n-1) & \Rightarrow \quad H_0\text{を棄却する} \\ t \leq t_\alpha(n-1) & \Rightarrow \quad H_0\text{を採択する} \end{cases} \tag{8.2.7}$$

は，検定問題 (8.2.5) に対する有意水準 $\alpha$ の検定である。また，

$$\begin{cases} t < -t_\alpha(n-1) & \Rightarrow \quad H_0\text{を棄却する} \\ t \geq -t_\alpha(n-1) & \Rightarrow \quad H_0\text{を採択する} \end{cases} \tag{8.2.8}$$

は，検定問題 (8.2.6) に対する有意水準 $\alpha$ の検定である。

**例 8.2　電球の寿命（2）**

電球寿命の例において片側検定問題

$$H_0 : \mu = 1700 \qquad H_1 : \mu > 1700$$

を考える。有意水準 $\alpha = 0.05$ とすると，臨界値 $t_{0.05}(15) = 1.753$ であるから，$t > t_{0.05}(15)$ が成り立ち，帰無仮説 $H_0$ は棄却される。（終）■

### ▶ 問題 8.2

1. 問題 8.1 の 1 を母分散が未知という前提で解け。ただし，40 人の小 1 男子の不偏標本分散は $s^2 = 27.0$ であったとせよ。
2. 問題 8.1 の 2 を母分散が未知という前提で解け。ただし，特設クラスの生徒 50 人の不偏標本分散は $s^2 = 51.8$ であったとせよ。
3. 問題 8.1 の 4 を母分散未知として解け。
4. ある工場で生産される缶詰の総容量の分布は正規分布 $N(\mu, \sigma^2)$ で表され，工程が正しく作動していれば $\mu = 190$ であるという。30 個の缶詰を抜取検査して総容量を調べたところ，平均 $\bar{X} = 189$ (g)，不偏標本分散は $s^2 = 9.2$ であった。帰無仮説 $H_0 : \mu = 190$ を対立仮説 $H_1 : \mu < 190$ に対して有意水準 0.05 で検定せよ。
5. $X_1, X_2, \cdots, X_n$ は正規母集団 $N(\mu, \sigma^2)$ からの大きさ $n$ の無作為標本とする。$\mu_0$ は既知の値とする。帰無仮説 $H_0 : \mu \leq \mu_0$ を対立仮説 $H_1 : \mu > \mu_0$ に対して有意水準 $\alpha$ で検定する検定方式を考えよ。そのような検定が必要となる例を作れ。

# 8.3 母分散の検定

## 8.3.1 母分散の片側検定

$X_1, X_2, \cdots, X_n$ は正規母集団 $N(\mu, \sigma^2)$ からの大きさ $n$ の無作為標本であるとする。次の検定問題を考える。

$$H_0 : \sigma^2 = \sigma_0^2 \quad H_1 : \sigma^2 > \sigma_0^2 \tag{8.3.1}$$

定理 6.3 より

$$\frac{(n-1)s^2}{\sigma^2} \sim \chi^2(n-1) \tag{8.3.2}$$

が成り立つ。ここに $\chi^2(n-1)$ は自由度 $n-1$ のカイ 2 乗分布を表す。

この検定問題に対する自然な検定方式は，$s^2$ が $\sigma_0^2$ よりも著しく大きいときに帰無仮説 $H_0$ を棄却するというものであろう。検定統計量を

$$Y = \frac{(n-1)s^2}{\sigma_0^2} \tag{8.3.3}$$

と定めると次の定理が成り立つ。

**定理 8.5 母分散の検定**

$X_1, X_2, \cdots, X_n$ は正規母集団 $N(\mu, \sigma^2)$ からの大きさ $n$ の無作為標本とする。このとき，

$$\begin{cases} Y > \chi^2_\alpha(n-1) & \Rightarrow \quad H_0\text{を棄却する} \\ Y \le \chi^2_\alpha(n-1) & \Rightarrow \quad H_0\text{を採択する} \end{cases}$$

は，検定問題 (8.3.1) に対する有意水準 $\alpha$ の検定である。ここに $\chi^2_\alpha(n-1)$ は $\chi^2(n-1)$ の上側 $100\alpha\%$ 点である。

◇**証明** 帰無仮説 $H_0 : \sigma^2 = \sigma_0^2$ が正しいとすると，検定統計量 $Y$ は (8.3.2) の左辺と等しい。したがって，$Y \sim \chi^2(n-1)$ が成り立つから，

$$P(Y > \chi^2_\alpha(n-1)) = \alpha$$

が成り立つ。(証明終) ◇

**例 8.3 株価収益率 (3)**

ある企業の月次株価は過去の経験からリターン $\mu = 1.2\%$, リスク $\sigma_0 = 2.3\%$ で安定していたが, ここ1年ほど円相場の影響を受けてリスクが大きくなっているという見方があるものとする。そこで直近1年間の月次収益率 $X_1, X_2, \cdots, X_{12}$ を正規母集団 $N(1.2, \sigma^2)$ からの無作為標本とみなし, 有意水準 $\alpha = 0.05$ で

$$H_0 : \sigma^2 = (2.3)^2, \quad H_1 : \sigma^2 > (2.3)^2$$

なる仮説を検定する。標本標準偏差 $s = 2.5$ であったとすれば, $Y = (12-1) \times (2.5)^2/(2.3)^2 = 13.0$ である。他方, $\chi^2_{0.05}(11) = 19.7$ であるから, 定理 8.5 より帰無仮説 $H_0$ は採択される。すなわち, リスクが大となったとは必ずしも言えない。(終) ■

対立仮説の不等号の向きを逆にした検定問題

$$H_0 : \sigma^2 = \sigma_0^2 \quad H_1 : \sigma^2 < \sigma_0^2$$

に対しては, 同様に考えて

$$\begin{cases} Y < \chi^2_{1-\alpha}(n-1) & \Rightarrow \quad H_0\text{を棄却する} \\ Y \geq \chi^2_{1-\alpha}(n-1) & \Rightarrow \quad H_0\text{を採択する} \end{cases}$$

が有意水準 $\alpha$ の検定となる。

### 8.3.2 両側検定

また, 両側仮説検定問題

$$H_0 : \sigma^2 = \sigma_0^2 \quad H_1 : \sigma^2 \neq \sigma_0^2$$

に対しては,

$$\begin{cases} Y < \chi^2_{1-\alpha/2}(n-1) \text{ または } Y > \chi^2_{\alpha/2}(n-1) & \Rightarrow \quad H_0\text{を棄却する} \\ \chi^2_{1-\alpha/2}(n-1) \leq Y \leq \chi^2_{\alpha/2}(n-1) & \Rightarrow \quad H_0\text{を採択する} \end{cases}$$

が有意水準 $\alpha$ の検定となる。

▶ **問題 8.3**

1. 問題 8.2 の 1 の設定を続ける。40 人の小 1 男子の不偏標本分散は $s^2 = 27.0$ であった。帰無仮説 $H_0 : \sigma^2 = (4.6)^2$ を対立仮説 $H_0 : \sigma^2 > (4.6)^2$ に対して有意水準 0.05 で検定せよ。
2. 双眼鏡レンズの仕切りから 15 個のレンズの標本をとり，不偏標本分散を計算したところ $s^2 = (0.006)^2$ なる結果を得た。$H_0 : \sigma^2 = (0.005)^2$ を $H_1 : \sigma^2 > (0.005)^2$ に対して有意水準 0.1 で検定せよ。
3. $X_1, X_2, \cdots, X_n$ は正規母集団 $N(\mu, \sigma^2)$ からの大きさ $n = 30$ の無作為標本とする。$s^2 = 25$ であるとする。
   (1) 帰無仮説 $H_0 : \sigma^2 = 18$ を対立仮説 $H_1 : \sigma^2 > 18$ に対して有意水準 $\alpha = 0.05$ で検定せよ。
   (2) 上と同じ仮説を有意水準 $\alpha = 0.1$ で検定せよ。
   (3) 標本の大きさが $n = 90$ であったとしたら上の結果はどのように変わるか。

# 8.4 2標本問題

第 6.4 節で扱った 2 標本問題を検定の枠組みで再び考えよう。

$$
\begin{aligned}
&X_1, X_2, \cdots, X_m \sim N(\mu_1, \sigma_1^2),\ Y_1, Y_2, \cdots, Y_n \sim N(\mu_2, \sigma_2^2) \\
&X_1, X_2, \cdots, X_m, Y_1, Y_2, \cdots, Y_n \text{はすべて独立}
\end{aligned} \tag{8.4.1}
$$

とする。

**例 8.4　薬の効果 1 (5)**

薬剤を投与されたラットと投与されなかったラットの血糖値をそれぞれ $X_1, X_2, \cdots, X_m$ ($m = 18$)，$Y_1, Y_2, \cdots, Y_n$ ($n = 20$) とおき，それぞれ正規母集団 $N(\mu_1, \sigma_1^2)$，$N(\mu_2, \sigma_2^2)$ からの無作為標本とみなす。ここで関心のある検定問題は

$$H_0 : \mu_1 = \mu_2 \text{（薬効なし）} \qquad H_1 : \mu_1 < \mu_2 \text{（薬効あり）} \tag{8.4.2}$$

である。（p.265 に続く） ■

### 8.4.1 母分散が既知の場合

定理 6.5（p.218）より，

$$\frac{(\bar{X} - \bar{Y}) - (\mu_1 - \mu_2)}{\sqrt{\frac{\sigma_1^2}{m} + \frac{\sigma_2^2}{n}}} \sim N(0, 1) \tag{8.4.3}$$

であった。

$$Z = \frac{\bar{X} - \bar{Y}}{\sqrt{\frac{\sigma_1^2}{m} + \frac{\sigma_2^2}{n}}} \tag{8.4.4}$$

とおくと，次の定理が成り立つ。

**定理 8.6 母平均の差の検定**

母分散 $\sigma_1^2$ と $\sigma_2^2$ がともに既知のとき，

$$\begin{cases} Z < -z_\alpha & \Rightarrow \quad H_0\text{を棄却する} \\ Z \geq -z_\alpha & \Rightarrow \quad H_0\text{を採択する} \end{cases} \tag{8.4.5}$$

は検定問題 (8.4.2) に対する有意水準 $\alpha$ の検定である。

◇**証明** 帰無仮説 $H_0 : \mu_1 = \mu_2$ が正しいとき，検定統計量 $Z$ と (8.4.3) の左辺は等しいから，$Z \sim N(0, 1)$ が得られる。したがって，$P(Z < -z_\alpha) = \alpha$ が成り立ち，第 1 種の誤りの確率は $\alpha$ となる。（証明終）◇

**例 8.5　薬の効果 1（6）**

$\sigma_1^2 = 10^2$，$\sigma_2^2 = 15^2$ が知られているとする。$\bar{X} = 130$，$\bar{Y} = 160$（mg/dl）とする。このとき，

$$Z = \frac{130 - 160}{\sqrt{\frac{10^2}{18} + \frac{15^2}{20}}} = -7.32$$

であるから，有意水準を $\alpha = 0.05$ とすれば，$Z < -1.64 = -z_{0.05}$ が成り立ち，帰無仮説 $H_0$ は棄却される。すなわち，薬効はあると判断される。（p.266 に続く）
■

### 8.4.2　母分散が等しいが未知の場合

次に 2 つの母分散が未知の場合を扱う。ただし第 6.4 節同様，

$$\sigma_1^2 = \sigma_2^2 \equiv \sigma^2 \tag{8.4.6}$$

なる仮定をおく。定理 6.6（p.220）で述べた通り，

$$\frac{(\bar{X} - \bar{Y}) - (\mu_1 - \mu_2)}{\sqrt{s^2\left(\frac{1}{m} + \frac{1}{n}\right)}} \sim t(m + n - 2) \tag{8.4.7}$$

が成り立つ。ここに $s^2$ はプールされた分散

$$s^2 = \frac{1}{m + n - 2}\left\{(m - 1)s_1^2 + (n - 1)s_2^2\right\}$$

である。検定統計量を

$$t = \frac{\bar{X} - \bar{Y}}{\sqrt{s^2\left(\frac{1}{m} + \frac{1}{n}\right)}} \tag{8.4.8}$$

と定義すると，次の定理が成り立つ。

**定理 8.7　母平均の差の検定**

母分散 $\sigma_1^2$ と $\sigma_2^2$ が等しいとき，

$$\begin{cases} t < -t_\alpha(m + n - 2) & \Rightarrow \quad H_0\text{を棄却する} \\ t \geq -t_\alpha(m + n - 2) & \Rightarrow \quad H_0\text{を採択する} \end{cases} \tag{8.4.9}$$

は検定問題 (8.4.2) に対する有意水準 $\alpha$ の検定である。

◇**証明** 帰無仮説 $H_0 : \mu_1 = \mu_2$ が正しいとき，検定統計量 $t$ と (8.4.7) の左辺は等しいから，$t \sim t(m+n-2)$ が得られる。したがって，$P(t < -t_\alpha(m+n-2)) = \alpha$ が成り立つ。（証明終）◇

**例 8.6 薬の効果 1 (7)**

各群の不偏標本分散が $s_1^2 = (14.2)^2$，$s_2^2 = (18.3)^2$ であるとすると，(6.4.16) で計算した通り，プールされた分散は $s^2 = 271.97$ である。したがって，

$$t = \frac{130 - 160}{\sqrt{271.97 \times \left(\frac{1}{18} + \frac{1}{20}\right)}} = -5.599$$

が得られる。有意水準を $\alpha = 0.05$ とすれば $t < -t_{0.05}(36) = -1.688$ が成り立ち，帰無仮説 $H_0$ は棄却される。よって薬の効果はあると判断される。（p.269 に続く） ■

**定理 8.8 両 側 検 定**

検定問題

$$H_0 : \mu_1 = \mu_2 \quad H_1 : \mu_1 \neq \mu_2 \tag{8.4.10}$$

に対しては，

$$\begin{cases} |t| > t_{\alpha/2}(m+n-2) & \Rightarrow \quad H_0\text{を棄却する} \\ |t| \leq t_{\alpha/2}(m+n-2) & \Rightarrow \quad H_0\text{を採択する} \end{cases} \tag{8.4.11}$$

が有意水準 $\alpha$ の検定となる。

### 8.4.3 Excel による分析

上記の問題は，Excel の「分析ツール」で検定することができる。母分散が既知の場合は，「分析ツール」から「z 検定：2 標本による平均の検定」を選べば，表 8-1 の出力が得られる。

ここで，「変数 1 の分散（既知）」と「変数 2 の分散（既知）」にはそれぞれ $\sigma_1^2$ と $\sigma_2^2$ の値すなわち「100」と「225」が入力されている。また，「仮説平均と

| 表 8-1 | | |
|---|---|---|
| | 投与群 | 非投与群 |
| 平均 | 130.0 | 160.0 |
| 既知の分散 | 100 | 225 |
| 観測数 | 18 | 20 |
| 仮説平均との差異 | 0 | |
| z | −7.318 | |
| P(Z<=z) 片側 | 1.26E−13 | |
| z 境界値 片側 | 1.645 | |
| P(Z<=z) 両側 | 2.52E−13 | |
| z 境界値 両側 | 1.960 | |

の差異」は常に 0 とする。「$a(A)$」には有意水準を入力する。出力の「z」から $Z = -7.318$ が読み取れる。今は片側検定を考えているから，「z 境界値 片側」の値 1.645 を読み（−1.645 と読み替える），$H_0$ が棄却されることがわかる。両側検定のときは，「z 境界値 両側」の値 1.960 と $Z$ の絶対値を比較する。

母分散が未知の場合は，「分析ツール」から「t 検定：等分散を仮定した 2 標本による検定」を選べば表 8-2 の出力が得られる。

| 表 8-2 | | |
|---|---|---|
| | 投与群 | 非投与群 |
| 平均 | 130.0 | 160.0 |
| 分散 | 201.6 | 335.2 |
| 観測数 | 18 | 20 |
| プールされた分散 | 272.11 | |
| 仮説平均との差異 | 0 | |
| 自由度 | 36 | |
| t | −5.597 | |
| P(T<=t) 片側 | 1.20E−06 | |
| t 境界値 片側 | 1.688 | |
| P(T<=t) 両側 | 2.40E−06 | |
| t 境界値 両側 | 2.028 | |

### 8.4.4　等分散性の検定

前項の議論は 2 つの母分散が等しい場合に限られる。そこで本項では (8.4.1) の設定において母分散が等しいか否かという問題を検定の枠組みで考えてみよ

う。すなわち，

$$H_0 : \sigma_1^2 = \sigma_2^2 \quad H_1 : \sigma_1^2 < \sigma_2^2 \tag{8.4.12}$$

を考える。定理6.8 (p.224) より，

$$\frac{s_1^2/\sigma_1^2}{s_2^2/\sigma_2^2} = \frac{s_1^2}{s_2^2}\frac{\sigma_2^2}{\sigma_1^2} \sim F(m-1, n-1) \tag{8.4.13}$$

が成り立つ。検定問題は

$$H_0 : \sigma_1^2/\sigma_2^2 = 1 \quad H_1 : \sigma_1^2/\sigma_2^2 < 1$$

と同値であるから，検定統計量として不偏標本分散の比

$$F = s_1^2/s_2^2 \tag{8.4.14}$$

をとり，$F$ が1に比べて十分に小さいときに帰無仮説を棄却すればよいであろう。より正確には次の通りである。

**定理 8.9　等分散性の検定**

$$\begin{cases} F < F_{1-\alpha}(m-1, n-1) & \Rightarrow \quad H_0\text{を棄却する} \\ F \geq F_{1-\alpha}(m-1, n-1) & \Rightarrow \quad H_0\text{を採択する} \end{cases}$$

は検定問題 (8.4.12) に対する有意水準 $\alpha$ の検定である。

◇**証明**　帰無仮説 $H_0$ が正しいとき，$\sigma_1^2/\sigma_2^2 = 1$ であるから，検定統計量 $F$ と (8.4.13) の左辺は等しいから，$F \sim F(m-1, n-1)$ となる。したがって，$P(F < F_{1-\alpha}(m-1, n-1)) = \alpha$ が成り立ち，第1種の誤りの確率は $\alpha$ となる。(証明終) ◇

この検定を **F 検定**，$F$ を **F 検定統計量**，$F$ の実現値を **F 値**という。

対立仮説 $H_1$ が，$\sigma_1^2 > \sigma_2^2$ や $\sigma_1^2 \neq \sigma_2^2$ の場合も同様にして検定方式を導くことができる。

**例 8.7　薬の効果 1 (8)**

(8.4.12) を有意水準 $\alpha = 0.05$ で検定する。各群の不偏標本分散が $s_1^2 = (14.2)^2$, $s_2^2 = (18.3)^2$ であるとすると,

$$F = \frac{(14.2)^2}{(18.3)^2} = 0.602$$

であり，他方 $F_{0.95}(17, 19) = 0.446$ であるから帰無仮説 $H_0$ は採択される。

Excel では「分析ツール」から「F 検定：2 標本を使った分散の検定」を選び，データを入力すれば

表 8-3

| | 投与群 | 非投与群 |
|---|---|---|
| 平均 | 130.0 | 160.0 |
| 分散 | 201.6 | 335.2 |
| 観測数 | 18 | 20 |
| 自由度 | 17 | 19 |
| 観測された分散比 | 0.602 | |
| P(F<=f) 片側 | 0.149 | |
| F 境界値 片側 | 0.446 | |

という出力が得られる。「観測された分散比」に $F$ 値 0.602,「F 境界値 片側」に臨界値 0.446 がそれぞれ出力されるから，両者を比較すれば，帰無仮説 $H_0$ が採択されることがわかる。(p.270 に続く) ■

### 8.4.5　母分散が異なる場合

2 つの母分散が必ずしも等しくなくとも，$m$, $n$ が十分大きいときは，

$$H_0 : \mu_1 = \mu_2 \quad H_1 : \mu_1 > \mu_2 \tag{8.4.15}$$

に対して，(8.4.4) にある検定統計量 $Z$ の未知の母分散を不偏標本分散で置き換えた

$$\begin{cases} \hat{Z} > z_\alpha & \Rightarrow \quad H_0 \text{を棄却する} \\ \hat{Z} \leq z_\alpha & \Rightarrow \quad H_0 \text{を採択する} \end{cases} \quad \text{ただし} \hat{Z} = \frac{\bar{X} - \bar{Y}}{\sqrt{\frac{s_1^2}{m} + \frac{s_2^2}{n}}} \tag{8.4.16}$$

なる検定が近似的に有意水準 $\alpha$ となることが知られている。

**例 8.8 薬の効果1 (9)**

Excel の「分析ツール」から「t 検定：分散が等しくないと仮定した2標本による検定」を選ぶと，

表 8-4

| | 投与群 | 非投与群 |
|---|---|---|
| 平均 | 130.0 | 160.0 |
| 分散 | 201.6 | 335.2 |
| 観測数 | 18 | 20 |
| 仮説平均との差異 | 0 | |
| 自由度 | 35 | |
| t | −5.673 | |
| P(T<=t) 片側 | 1.04E−06 | |
| t 境界値 片側 | 1.690 | |
| P(T<=t) 両側 | 2.08E−06 | |
| t 境界値 両側 | 2.030 | |

のような出力が得られ，「t」を読むことによって $\hat{Z} = -5.673$ が得られる。これを正規分布から計算される臨界値（例えば $-z_{0.05} = -1.645$）と比較すればよい。（終）■

▶ **問題 8.4**

1. タイヤメーカーが新製品のタイヤを装着したときの停止距離について調べるため，ある時速でブレーキを踏んだときの停止距離を計測したとする。計測は晴天時と雨天時にそれぞれ14回と10回行われたとする。計測された値を晴天時 $X_1, X_2, \cdots, X_{14}$，雨天時 $Y_1, Y_2, \cdots, Y_{10}$ と表す。晴天時の標本平均 $\bar{X} = 44.2$ (m)，不偏標本分散 $s_1^2 = 4.2$，雨天時の標本平均 $\bar{Y} = 49.6$ (m)，不偏標本分散 $s_2^2 = 6.4$ であった。晴天時，雨天時の停止距離はそれぞれ正規母集団 $N(\mu_1, \sigma_1^2)$，$N(\mu_2, \sigma_2^2)$ からの無作為標本と仮定できるものとする。以下の各問に答えよ。
   (1) 母分散は等しい（$\sigma_1^2 = \sigma_2^2$）ものとして，帰無仮説 $H_0 : \mu_1 = \mu_2$ を対立仮説 $H_1 : \mu_1 < \mu_2$ に対して有意水準 $\alpha = 0.05$ で検定せよ。

(2) 帰無仮説 $H_0 : \sigma_1^2 = \sigma_2^2$ を対立仮説 $H_1 : \sigma_1^2 < \sigma_2^2$ に対して有意水準 $\alpha = 0.05$ で検定せよ。

2. ある企業は，生産工程で必要となる工業原料を A 社と B 社から購入しているとする。A 社，B 社から購入した工業原料の中からそれぞれ 10 袋を無作為に選び，1 袋当たりの不純物混入率（%）を調べたところ，A 社の標本平均 $\bar{X} = 14.4$（%），不偏標本分散 $s_1^2 = 4.90$，B 社の標本平均 $\bar{Y} = 17.9$（%），不偏標本分散 $s_2^2 = 2.10$ であった。A 社の標本と B 社の標本はそれぞれ正規母集団 $N(\mu_1, \sigma_1^2)$，$N(\mu_2, \sigma_2^2)$ からの無作為標本と仮定できるものとする。以下の各問に答えよ。

(1) 母分散に関して $\sigma_1^2 = \sigma_2^2$ が成立するものとして，帰無仮説 $H_0 : \mu_1 = \mu_2$ を対立仮説 $H_1 : \mu_1 \neq \mu_2$ に対して有意水準 $\alpha = 0.05$ で検定せよ。

(2) 帰無仮説 $H_0 : \sigma_1^2 = \sigma_2^2$ を対立仮説 $H_1 : \sigma_1^2 > \sigma_2^2$ に対して有意水準 0.05 で検定せよ。

(3) 母分散が等しいことを前提にしないで，帰無仮説 $H_0 : \mu_1 = \mu_2$ を対立仮説 $H_1 : \mu_1 \neq \mu_2$ に対して有意水準 $\alpha = 0.05$ で検定せよ。

# 8.5 大標本検定

母集団分布が正規分布でないとき，検定統計量の分布はしばしば複雑なものとなる。しかし，標本の大きさが十分に大きいときは中心極限定理等によって簡明な検定方式が得られることが多い。このような検定を**大標本検定**（large sample test）と呼ぶ。

## 8.5.1 母比率の検定

$X_1, X_2, \cdots, X_n$ をベルヌーイ母集団 $Ber(p)$ からの大きさ $n$ の無作為標本とする。検定問題

$$H_0 : p = p_0 \qquad H_1 : p > p_0 \tag{8.5.1}$$

を考える。$n$ が十分に大きいとき，例 6.2 より

$$\frac{\bar{X} - p}{\sqrt{\frac{p(1-p)}{n}}} \sim N(0, 1) \quad （近似的に） \tag{8.5.2}$$

が成り立つ。

$$Z = \frac{\bar{X} - p_0}{\sqrt{\frac{p_0(1-p_0)}{n}}} \tag{8.5.3}$$

とおく。

**定理 8.10　母比率の大標本検定**

$X_1, X_2, \cdots, X_n$ をベルヌーイ母集団 $Ber(p)$ からの大きさ $n$ の無作為標本とし，$n$ は十分に大きいとする。このとき，

$$\begin{cases} Z > z_\alpha & \Rightarrow \quad H_0\text{を棄却する} \\ Z \leq z_\alpha & \Rightarrow \quad H_0\text{を採択する} \end{cases} \tag{8.5.4}$$

は検定問題 (8.5.1) に対する有意水準 $\alpha$ の検定である。

◇**証明**　帰無仮説 $H_0 : p = p_0$ が正しいとき，検定統計量 $Z$ と (8.5.2) の左辺は等しい。したがって，$Z \sim N(0,1)$ が成り立ち，

$$P(Z > z_\alpha) \approx \alpha$$

が成り立つ。（証明終）◇

対立仮説が逆向きの不等号の場合すなわち

$$H_0 : p = p_0 \quad H_1 : p < p_0$$

の場合は

$$\begin{cases} Z < -z_\alpha & \Rightarrow \quad H_0\text{を棄却する} \\ Z \geq -z_\alpha & \Rightarrow \quad H_0\text{を採択する} \end{cases}$$

なる検定が有意水準 $\alpha$ の検定となる。また，両側仮説

$$H_0 : p = p_0 \quad H_1 : p \neq p_0$$

に対しては，

$$\begin{cases} |Z| > z_{\alpha/2} & \Rightarrow \quad H_0\text{を棄却する} \\ |Z| \leq z_{\alpha/2} & \Rightarrow \quad H_0\text{を採択する} \end{cases}$$

なる検定が有意水準 $\alpha$ となる。

**例 8.9　政策支持率**

ある放送局が 1600 人を無作為に選び，ある税制改正案を支持するか否かを調べたところ 850 人（53.1%）が支持すると答えた。この改正案は国民の半数を超える支持を得ていると言えるかについて検定する。

定理 8.10 において $n = 1600$，$\bar{X} = 0.531$，$p_0 = 0.5$ として，

$$H_0 : p = 0.5 \quad H_1 : p > 0.5$$

を有意水準 $\alpha = 0.01$ で検定する。$Z = (0.531 - 0.50)/\sqrt{0.5 \times 0.5/1600} = 2.50$ であり，$z_{0.01} = 2.33$ であるから，帰無仮説 $H_0$ は棄却される。すなわち，国民の半数を超える支持が得られていると判断される。■

### 8.5.2　ポアソン母集団の母平均の検定

ポアソン母集団の場合も上と同様の手続きで母平均に関する検定を構成することができる。$X_1, X_2, \cdots, X_n$ をポアソン母集団 $Po(\lambda)$ からの大きさ $n$ の無作為標本とする。検定問題

$$H_0 : \lambda = \lambda_0 \quad H_1 : \lambda > \lambda_0 \tag{8.5.5}$$

を考える。$n$ は十分に大きいとする。例 6.2（p.202）より

$$\frac{\bar{X} - \lambda}{\sqrt{\frac{\lambda}{n}}} \sim N(0, 1) \tag{8.5.6}$$

が成り立つ。

$$Z = \frac{\bar{X} - \lambda_0}{\sqrt{\frac{\lambda_0}{n}}} \tag{8.5.7}$$

とおく。

**定理 8.11　母平均の大標本検定**

$n$ が十分に大きいとき

$$\begin{cases} Z > z_\alpha & \Rightarrow \quad H_0 \text{を棄却する} \\ Z \leq z_\alpha & \Rightarrow \quad H_0 \text{を採択する} \end{cases} \tag{8.5.8}$$

は検定問題 (8.5.5) に対する有意水準 $\alpha$ の検定である。

◇**証明**　定理 8.10 と同様のため省略する。(終) ◇

対立仮説が逆向きの不等号の場合や両側仮説の場合も同様のため省略する。

**例 8.10　事 故 件 数**

1 週間で平均 3 件の事故が観測される交差点があったとする。信号を改良し，その後 50 週にわたって事故件数を調べたところ，$\bar{X} = 2.2$（件/週）なる値が得られた。改良の効果はあったと考えられるだろうか。ポアソン母集団 $Po(\lambda)$ を仮定して調べよう。帰無仮説 $H_0 : \lambda = 3$ を対立仮説 $H_1 : \lambda < 3$ に対して有意水準 0.05 で検定する。

$$Z = \frac{\bar{X} - 3}{\sqrt{3/50}} = -3.27$$

であり，$z_{0.05} = 1.645$ であるから，$Z < -z_{0.05}$ が成り立ち帰無仮説 $H_0$ は棄却される。すなわち，改良の効果はあったと考えられる。■

### 8.5.3† カイ 2 乗検定

帰無仮説が正しいときの検定統計量の分布がカイ 2 乗分布であるような検定を**カイ 2 乗検定**（chi-square test）と言う。代表的なカイ 2 乗検定として，**適合度検定**と**独立性の検定**を紹介する。いずれも多項分布（問題 4.4 の 12 および問題 5.1 の 5）に関する検定である。

適合度検定の最もわかりやすい例はメンデル（G.J. Mendel）の交配実験である。

**例 8.11　交配実験（1）**

メンデルはえんどうの交配実験で次表の結果を得た。

| 種子の種類 | $C_1$：円形黄色 | $C_2$：角型黄色 | $C_3$：円形緑色 | $C_4$：角型緑色 | 計 |
|---|---|---|---|---|---|
| 観察度数 | $n_1=315$ | $n_2=101$ | $n_3=108$ | $n_4=32$ | $n=556$ |

よく知られる通り，メンデルは種子の種類の割合が $C_1:C_2:C_3:C_4=9:3:3:1$ となることを主張した。上表の実験結果がこの主張に適合しているか否かがここでの関心である。（p.276 に続く） ■

より一般的な形で問題を表せば次の通りである。$k$ 通りの結果 $C_1, C_2, \cdots, C_k$ が起こりうるとする。$P(C_i)=p_i$（$i=1,2,\cdots,k$）であることが予想されているとする。計 $n$ 回観測した結果，各 $C_i$ はそれぞれ $n_i$ 回ずつ観測されたとする。$n_1+n_2+\cdots+n_k=n$ である。表にまとめれば次表の通りである。

| 結　果 | $C_1$ | $C_2$ | $\cdots$ | $C_k$ | 計 |
|---|---|---|---|---|---|
| 観測度数 | $n_1$ | $n_2$ | $\cdots$ | $n_k$ | $n$ |
| 理論確率 | $p_1$ | $p_2$ | $\cdots$ | $p_k$ | 1 |
| 理論度数 | $m_1=np_1$ | $m_2=np_2$ | $\cdots$ | $m_k=np_k$ | $n$ |

ここで理論度数とは $P(C_i)=p_i$（$i=1,\cdots,k$）が正しいときに期待される度数である。

帰無仮説

$$H_0：P(C_i)=p_i \ (i=1,2,\cdots,k) \tag{8.5.9}$$

を対立仮説「$H_1$： 少なくとも 1 つは $P(C_i)\neq p_i$ となる」に対して検定する。一つの自然な方法は，$n_i$ と $m_i$（$i=1,2,\cdots,k$）の差が大きいときに $H_0$ を棄却し，そうでないときに $H_0$ を採択するというものである。これについては次の結果が知られている。すなわち，

$$U=\sum_{i=1}^{k}\frac{(n_i-m_i)^2}{m_i} \tag{8.5.10}$$

とおくと，帰無仮説 $H_0$ が正しいとき，$U$ の分布は近似的に自由度 $k-1$ のカイ2乗分布 $\chi^2(k-1)$ に従う。詳細は例えば稲垣 [3] や鈴木・山田 [11] を参照されたい。したがって，

$$\begin{cases} U > \chi^2_\alpha(k-1) & \Rightarrow \quad H_0\text{を棄却する} \\ U \leq \chi^2_\alpha(k-1) & \Rightarrow \quad H_0\text{を採択する} \end{cases} \tag{8.5.11}$$

は上記の検定問題に対する有意水準 $\alpha$ の検定となる。この検定を**適合度検定**（test for goodness of fit）と言う。

**例 8.12　交配実験（2）**

この場合，$k=4$ であり，理論確率と理論度数はそれぞれ次表の通りとなる。$9+3+3+1=16$ である。

| 種子の種類 | $C_1$：円形黄色 | $C_2$：角型黄色 | $C_3$：円形緑色 | $C_4$：角型緑色 | 計 |
|---|---|---|---|---|---|
| 理論確率 | $p_1=9/16$ | $p_2=3/16$ | $p_3=3/16$ | $p_4=1/16$ | 1 |
| 理論度数 | $m_1=312.75$ | $m_2=104.25$ | $m_3=104.25$ | $m_4=34.75$ | 556 |

帰無仮説は

$$H_0 : P(C_1)=9/16,\ P(C_2)=3/16,\ P(C_3)=3/16,\ P(C_4)=1/16$$

である。検定統計量 $U$ の値は

$$U = \frac{(315-312.75)^2}{312.75} + \frac{(101-104.25)^2}{104.25} + \frac{(108-104.25)^2}{104.25} + \frac{(32-34.75)^2}{34.75} = 0.47$$

となる。有意水準を $\alpha=0.05$ とすれば，$\chi^2_{0.05}(3)=7.81$ であるから，$H_0$ は採択される。したがって，帰無仮説 $H_0$ はデータによく適合していると言える。(終)

■

次に独立性の検定を説明する。次の例がわかりやすいであろう。

**例 8.13**　**「死後の世界」観（1）**

アメリカ人 1000 人に死後の世界についての考えを尋ね，次表のような結果が得られたとする。

| 性別 \ 考え方 | $B_1$（信じる） | $B_2$（信じない） | 計 |
|---|---|---|---|
| $A_1$（男） | 350 | 100 | 450 |
| $A_2$（女） | 400 | 150 | 550 |
| 計 | 750 | 250 | 1000 |

死後の世界に関する考え方が男女間で異なるか否かがここでの関心である。（p.278 に続く） ■

この問題を一般的な形で述べると次の通りである。$A$ と $B$ の 2 つの変数につきそれぞれ $A_1, A_2, \cdots, A_a$ と $B_1, B_2, \cdots, B_b$ の結果が起こりうるとする。$n$ 回の試行を行った結果，各組合せ $(A_i, B_j)$ は $n_{ij}$ 回ずつ起こったとする。

| $A \backslash B$ | $B_1$ | $B_2$ | $\cdots$ | $B_b$ | 計 |
|---|---|---|---|---|---|
| $A_1$ | $n_{11}$ | $n_{12}$ | $\cdots$ | $n_{1b}$ | $n_{1\cdot}$ |
| $A_2$ | $n_{21}$ | $n_{22}$ | $\cdots$ | $n_{2b}$ | $n_{2\cdot}$ |
| $\vdots$ | $\vdots$ | $\vdots$ | $\cdots$ | $\vdots$ | $\vdots$ |
| $A_a$ | $n_{a1}$ | $n_{a2}$ | $\cdots$ | $n_{ab}$ | $n_{a\cdot}$ |
| 計 | $n_{\cdot 1}$ | $n_{\cdot 2}$ | $\cdots$ | $n_{\cdot b}$ | $n$ |

ここに，

$$n_{i\cdot} = n_{i1} + n_{i2} + \cdots + n_{ib},\ \ n_{\cdot j} = n_{1j} + n_{2j} + \cdots + n_{aj}$$

はそれぞれ行和と列和である。$A$ と $B$ の結果の出方は次の通りであるとする。

$$P(A_1) = p_1,\ P(A_2) = p_2,\ \cdots,\ P(A_a) = p_a$$
$$P(B_1) = q_1,\ P(B_2) = q_2,\ \cdots,\ P(B_b) = q_b \tag{8.5.12}$$

帰無仮説は $A$ と $B$ が独立であることである。すなわち，次式が成立することである。

$$H_0 : P(A_i \cap B_j) = p_i q_j \quad (i = 1, \cdots, a\,;\, j = 1, \cdots, b) \tag{8.5.13}$$

帰無仮説が正しいとしたときの $p_i$ と $q_j$ はそれぞれ

$$\hat{p}_i = \frac{n_{i\cdot}}{n}, \quad \hat{q}_j = \frac{n_{\cdot j}}{n} \tag{8.5.14}$$

で推定できる（問題 8.5 の 6 を参照）。したがって，各組合せ $(A_i, B_j)$ の期待される度数すなわち理論度数 $m_{ij}$ を

$$m_{ij} = n\hat{p}_i\hat{q}_j \quad (i = 1, \cdots, a\,;\, j = 1, \cdots, b)$$

と定義し，$n_{ij}$ と $m_{ij}$ の差が大きいときに帰無仮説 $H_0$ を棄却するという検定方式は自然であろう。すなわち，

$$U = \sum_{i=1}^{a}\sum_{j=1}^{b}\frac{(n_{ij} - m_{ij})^2}{m_{ij}}$$

を検定統計量とし，$U$ の値が十分に大きいとき帰無仮説を棄却するのである。$U$ は $H_0$ が正しいとき自由度 $(a-1)(b-1)$ のカイ 2 乗分布 $\chi^2((a-1)(b-1))$ に従う。したがって，

$$\begin{cases} U > \chi^2_\alpha((a-1)(b-1)) & \Rightarrow \quad H_0 \text{を棄却する} \\ U \leq \chi^2_\alpha((a-1)(b-1)) & \Rightarrow \quad H_0 \text{を採択する} \end{cases} \tag{8.5.15}$$

は上記の検定問題に対する有意水準 $\alpha$ の検定となる。この検定を**独立性の検定**（test for independence）と言う。

**例 8.14　「死後の世界」観（2）**

理論度数は次表のようになるから

| 性別 \ 考え方 | $B_1$（信じる） | $B_2$（信じない） | 計 |
|---|---|---|---|
| $A_1$（男） | 337.5 | 112.5 | 450.0 |
| $A_2$（女） | 412.5 | 137.5 | 550.0 |
| 計 | 750.0 | 250.0 | 1000.0 |

検定統計量の値は

$$U = \frac{(400-412.5)^2}{412.5} + \frac{(150-137.5)^2}{137.5} + \frac{(350-337.5)^2}{337.5} + \frac{(100-112.5)^2}{112.5}$$
$$= 3.37$$

である。有意水準を $\alpha = 0.05$ とすれば臨界値は $\chi^2_{0.05}(1) = 3.84$ となるから，$U \leq \chi^2_{0.05}(1)$ が成り立ち，帰無仮説は棄却されない。すなわち，死後の世界についての考え方は性別と独立と見てよいと考えられる。(終) ■

**▶ 問題 8.5**

1. ある企業のシャンプーはその顧客の 7 割が 20 代女性であった。最近の調査で顧客 600 人について調べたところ 20 代女性は 360 人であった。割合に変化があったと考えられるか。
2. $X_1, X_2, \cdots, X_m$ はベルヌーイ母集団 $Ber(p)$ からの大きさ $m$ の無作為標本，$Y_1, Y_2, \cdots, Y_n$ は $Ber(q)$ からの大きさ $n$ の無作為標本とし，両者は独立とする。
   (1) 標本の大きさがともに十分大きいとき，標本平均 $\bar{X}$ と $\bar{Y}$ はそれぞれどのような分布に従うか。
   (2) 標本平均の差 $\bar{X} - \bar{Y}$ の分布を求めよ。
   (3) 帰無仮説 $H_0 : p = q$ を対立仮説 $H_1 : p \neq q$ に対して検定する。

$$Z = \frac{\bar{X} - \bar{Y}}{\sqrt{\frac{\bar{X}(1-\bar{X})}{m} + \frac{\bar{Y}(1-\bar{Y})}{n}}}$$

   とおく。このとき，

$$\begin{cases} |Z| > z_{\alpha/2} & \Rightarrow \quad H_0\text{を棄却する} \\ |Z| \leq z_{\alpha/2} & \Rightarrow \quad H_0\text{を採択する} \end{cases}$$

   が有意水準 $\alpha$ の検定であることを示せ。
   (4) 無作為に選んだ男子学生 120 人と女子学生 90 人に，学生食堂のメニューについて尋ねたところ，それぞれ 80 人と 45 人が満足と回答した。両者の回答に差があるか否かについて有意水準 0.05 で検定せよ。

3. $X_1, X_2, \cdots, X_m$ はポアソン母集団 $Po(\lambda)$ からの大きさ $m$ の無作為標本，$Y_1, Y_2, \cdots, Y_n$ は $Po(\eta)$ からの大きさ $n$ の無作為標本とし，両者は独立とする。
   (1) 標本の大きさがともに十分大きいとき，標本平均 $\bar{X}$ と $\bar{Y}$ はそれぞれどのような分布に従うか。
   (2) 標本平均の差 $\bar{X} - \bar{Y}$ の分布を求めよ。
   (3) 帰無仮説 $H_0 : \lambda = \eta$ を対立仮説 $H_1 : \lambda \neq \eta$ に対して検定するための検定方式を導け。
   (4) ある中古車販売業者は 2 つのインターネットサイト A，B に販売窓口を出している。契約件数を週単位で 48 週にわたって記録したところ，A を経由した契約件数の平均は $\bar{X} = 5$（件/週），B を経由した契約件数の平均は $\bar{Y} = 8$（件/週）であった。A と B に差があるか否かについて有意水準 0.05 で検定せよ。
4. ある政策への賛否について新聞 A 紙，B 紙，C 紙の購読者に尋ねたところ次表のような結果が得られた。購読紙と政策の賛否の関係が独立であるか否かを調べよ。

| 購読紙 \ 賛否 | 賛成 | どちらとも言えない | 反対 | 計 |
|---|---|---|---|---|
| A 紙 | 80 | 30 | 20 | 130 |
| B 紙 | 40 | 30 | 50 | 120 |
| C 紙 | 40 | 40 | 60 | 140 |
| 計 | 160 | 100 | 130 | 390 |

5. 第 4.2 節の例 4.12（p.119）で，食中毒症状を示したことと食品 B を食べたこととの独立性を調べよ。
6. (8.5.12) において $a = b = 2$ とし，独立性の仮定 (8.5.13) が成立しているときに，$p_i$ と $q_j$ の最尤推定量が (8.5.14) で与えられることを証明せよ。

# 9 回帰分析

本章では第 3 章で説明した回帰モデルを統計的推測の枠組みでとらえ直す。また独立変数が 2 つ以上の場合である重回帰モデルについて説明を行う。

また，前章までは確率変数は大文字，その実現値は小文字で表記していたが，本章以降では記法の簡便のため，すべて小文字で表し，文脈から区別することとする。

## 9.1 回帰モデル

第 3.3 節で考察した回帰モデル

$$y_i = \beta_0 + \beta_1 x_i + \epsilon_i \quad (i = 1, 2, \cdots, n) \tag{9.1.1}$$

を再び考える。

### 9.1.1 標準的仮定

本章では誤差項 $\epsilon_i$ を確率変数とする。これは $\epsilon_i$ の値を分析者が事前にコントロールできないことを表している。次の仮定 (A1)–(A4) をおく。これらの仮定を**標準的仮定**と呼ぶ。

(A1) 独立変数 $x_1, x_2, \cdots, x_n$ は確率変数ではない。

(A2) $\mathrm{E}(\epsilon_i) = 0$ $(i = 1, 2, \cdots, n)$（誤差項の平均はゼロ）。

(A3) $\mathrm{V}(\epsilon_i) = \mathrm{E}(\epsilon_i^2) = \sigma^2$ $(i = 1, 2, \cdots, n)$（誤差項の分散は一定）。

(A4) $\mathrm{C}(\epsilon_i, \epsilon_j) = \mathrm{E}(\epsilon_i \epsilon_j) = 0$ ($i \neq j$)(誤差項は互いに無相関)。

■**注 9.1 標準的仮定が満たされる例** 例えば $\epsilon_1, \epsilon_2, \cdots, \epsilon_n$ が互いに独立に同一の正規分布 $N(0, \sigma^2)$ に従っているときは，上記の仮定 (A2)–(A4) は満たされる。■

**定理 9.1 $y$ の平均と分散**

標準的仮定の下で次が成り立つ。

(1) $\mathrm{E}(y_i) = \beta_0 + \beta_1 x_i$ ($i = 1, 2, \cdots, n$)
(従属変数の平均は直線 $y = \beta_0 + \beta_1 x$ 上)

(2) $\mathrm{V}(y_i) = \mathrm{V}(\epsilon_i) = \sigma^2$ ($i = 1, 2, \cdots, n$)(従属変数の分散は一定)

(3) $\mathrm{C}(y_i, y_j) = 0$ ($i \neq j$)(従属変数は互いに無相関)

◇**証明** $x_i$ は確率変数ではないから，$c_i = \beta_0 + \beta_1 x_i$ とおけば，これは定数である。したがって，$\mathrm{E}(\epsilon_i) = 0$ と定理 4.6(期待値の線形性，p.127)より

$$\mathrm{E}(y_i) = \mathrm{E}(c_i + \epsilon_i) = c_i + \mathrm{E}(\epsilon_i) = c_i = \beta_0 + \beta_1 x_i$$

が得られる。同様に，定理 4.9(p.132)を使えば

$$\mathrm{V}(y_i) = \mathrm{V}(c_i + \epsilon_i) = \mathrm{V}(\epsilon_i) = \sigma^2$$

もわかる。また，$\mathrm{C}(y_i, y_j) = \mathrm{E}(\epsilon_i \epsilon_j) = 0$ であるから，最後の主張も示された。(証明終)◇

### 9.1.2 最小2乗推定量

回帰係数 $\beta_0, \beta_1$ は第 3.3 節と同様に最小 2 乗法によって推定する。すなわち誤差 2 乗和

$$f(b_0, b_1) = \sum_{i=1}^{n} [y_i - (b_0 + b_1 x_i)]^2 \tag{9.1.2}$$

を最小にする $(b_0, b_1) = (\hat{\beta}_0, \hat{\beta}_1)$ で推定する。ここに，

$$\hat{\beta}_1 = S_{xy}/S_x^2, \quad \hat{\beta}_0 = \bar{y} - \hat{\beta}_1 \bar{x} \tag{9.1.3}$$

である。これを**最小 2 乗推定量**（least squares estimator）と呼ぶ。第 3.3 節と異なり，$y_1, y_2, \cdots, y_n$ は確率変数であるから，$(\hat{\beta}_0, \hat{\beta}_1)$ も確率変数（統計量）となることに注意する。また，**予測値** $\hat{y}$，**残差** $\hat{\epsilon}$ をそれぞれ

$$\begin{aligned} \hat{y}_i &= \hat{\beta}_0 + \hat{\beta}_1 x_i \\ \hat{\epsilon}_i &= y_i - \hat{y}_i \qquad (i = 1, 2, \cdots, n) \end{aligned} \tag{9.1.4}$$

とおく。これらも確率変数である。第 3.3 節と同様に残差は次の 2 つの制約を満たす。

$$\sum_{i=1}^{n} \hat{\epsilon}_i = 0, \qquad \sum_{i=1}^{n} x_i \hat{\epsilon}_i = 0 \tag{9.1.5}$$

すなわち残差の自由度は $n-2$ である。

**例 9.1 米国における賃金と教育年数の関係（1）**

第 3 章では都道府県別の平均収入と大卒率の関係を見たが，これは都道府県単位のデータ（集計データ）であることから，個人単位の関係とは異なる可能性がある。国内のデータでは賃金と教育の関係を数量的に見ることは難しいので，米国労働統計局の National Longitudinal Surveys（NLSY 調査）データの白人男性の部分サンプルから賃金と教育年数の関係を見ることにする（**表 9-1**）。ここでは 50 人分のデータに基づく計算結果を述べる。データは下記の通りである *。賃金の分布が右に歪んでいるため，対数変換したものを用いると

$$\log(\text{賃金}) = 1.242 + 0.010 \times (\text{教育年数})$$

なる推定結果が得られる。（p.288 に続く） ■

* ここでは特に Koop & Tobias（2004）が公開しているデータを利用した。

表 9-1

| データ番号 | 対数時給 | 教育年数 | 勤務年数 | 認知テスト | 教育年数母 | 教育年数父 |
|---|---|---|---|---|---|---|
| 1 | 2.16 | 14 | 3 | 0.91 | 12 | 18 |
| 2 | 2.47 | 13 | 15 | 0.80 | 12 | 12 |
| 3 | 2.72 | 16 | 10 | 1.25 | 12 | 16 |
| 4 | 2.20 | 12 | 15 | −0.07 | 12 | 18 |
| 5 | 2.40 | 16 | 9 | 0.64 | 12 | 16 |
| 6 | 2.91 | 14 | 13 | 0.49 | 12 | 12 |
| 7 | 2.73 | 12 | 16 | 0.19 | 13 | 12 |
| 8 | 2.09 | 12 | 15 | −0.18 | 12 | 15 |
| 9 | 3.03 | 12 | 18 | −0.06 | 12 | 11 |
| 10 | 3.04 | 15 | 8 | 1.04 | 10 | 12 |
| 11 | 2.75 | 15 | 10 | 0.13 | 16 | 20 |
| 12 | 1.84 | 12 | 5 | −0.17 | 12 | 12 |
| 13 | 1.73 | 10 | 17 | −0.32 | 10 | 10 |
| 14 | 2.01 | 14 | 8 | 1.00 | 12 | 12 |
| 15 | 1.78 | 13 | 12 | −0.34 | 12 | 12 |
| 16 | 2.28 | 12 | 15 | 0.37 | 11 | 11 |
| 17 | 1.93 | 13 | 6 | 0.59 | 16 | 16 |
| 18 | 2.35 | 12 | 16 | −0.11 | 15 | 12 |
| 19 | 1.96 | 10 | 14 | −0.70 | 12 | 11 |
| 20 | 3.41 | 18 | 10 | 1.58 | 16 | 17 |
| 21 | 2.09 | 12 | 13 | 0.00 | 16 | 10 |
| 22 | 1.98 | 12 | 13 | −1.39 | 12 | 12 |
| 23 | 3.01 | 17 | 13 | 0.54 | 12 | 19 |
| 24 | 3.52 | 12 | 13 | −0.95 | 12 | 10 |
| 25 | 1.90 | 9 | 11 | −1.65 | 5 | 12 |
| 26 | 2.72 | 12 | 16 | −1.12 | 10 | 8 |
| 27 | 3.08 | 17 | 8 | 1.60 | 12 | 18 |
| 28 | 1.47 | 14 | 14 | −0.76 | 14 | 20 |
| 29 | 2.58 | 14 | 12 | 0.72 | 16 | 14 |
| 30 | 2.60 | 13 | 17 | 0.60 | 12 | 20 |
| 31 | 2.47 | 14 | 9 | −0.53 | 12 | 12 |
| 32 | 2.51 | 12 | 18 | −2.78 | 10 | 9 |
| 33 | 3.50 | 14 | 13 | 0.63 | 13 | 14 |
| 34 | 2.96 | 12 | 19 | 0.11 | 12 | 9 |
| 35 | 2.20 | 13 | 11 | −0.01 | 12 | 12 |
| 36 | 2.73 | 16 | 13 | 0.77 | 12 | 12 |
| 37 | 2.48 | 12 | 13 | 0.75 | 8 | 9 |
| 38 | 2.42 | 12 | 10 | −0.13 | 12 | 16 |
| 39 | 3.07 | 10 | 15 | −0.70 | 12 | 8 |
| 40 | 2.44 | 14 | 15 | −0.28 | 2 | 1 |
| 41 | 2.29 | 12 | 10 | −1.00 | 3 | 3 |
| 42 | 2.84 | 12 | 17 | −0.22 | 10 | 9 |
| 43 | 3.54 | 16 | 11 | 1.45 | 17 | 20 |
| 44 | 2.54 | 12 | 13 | 1.19 | 9 | 12 |
| 45 | 2.21 | 12 | 17 | −0.83 | 8 | 0 |
| 46 | 3.01 | 12 | 13 | 0.30 | 4 | 0 |
| 47 | 3.28 | 16 | 14 | 0.28 | 12 | 12 |
| 48 | 2.26 | 12 | 15 | 0.73 | 9 | 8 |
| 49 | 2.56 | 12 | 6 | 0.04 | 12 | 12 |
| 50 | 2.85 | 9 | 15 | −1.53 | 14 | 9 |

■注 9.2 $\hat{\beta}_1$ がいく通りかに表せることを知っておくと便利である。例えば，

$$\hat{\beta}_1 = \frac{S_{xy}}{S_x^2} = \frac{\sum_{i=1}^{n}(x_i - \bar{x})(y_i - \bar{y})}{\sum_{i=1}^{n}(x_i - \bar{x})^2} \tag{9.1.6}$$

となり，分子と分母に共通の $1/n$ はキャンセルできる。また，$\hat{\beta}_1$ を $y_1, y_2, \cdots, y_n$ の加重和で表すこともできる。実際，公式 $\sum_{i=1}^{n}(x_i - \bar{x}) = 0$ を使うと，

$$\sum_{i=1}^{n}(x_i - \bar{x})(y_i - \bar{y}) = \sum_{i=1}^{n}(x_i - \bar{x})y_i - \bar{y}\sum_{i=1}^{n}(x_i - \bar{x}) = \sum_{i=1}^{n}(x_i - \bar{x})y_i$$

が示せるから，

$$B = \sum_{j=1}^{n}(x_j - \bar{x})^2, \quad w_i = \frac{x_i - \bar{x}}{B} \quad (i = 1, 2, \cdots, n) \tag{9.1.7}$$

とおくと，

$$\hat{\beta}_1 = \frac{1}{B}\sum_{i=1}^{n}(x_i - \bar{x})y_i = \sum_{i=1}^{n}\frac{(x_i - \bar{x})}{B}y_i = \sum_{i=1}^{n} w_i y_i \tag{9.1.8}$$

となる。一般に，$y_1, y_2, \cdots, y_n$ の加重和 $\sum_{i=1}^{n} c_i y_i$ で書ける推定量を線形推定量（linear estimator）と言う。したがって最小 2 乗推定量は一つの線形推定量である。■

### 9.1.3 最小 2 乗推定量の性質

第 7.2 節で学んだ通り，不偏性は推定量の一つのよさであった。したがって最小 2 乗推定量の性質を考える際，これが不偏性を持つか否かという点がまず関心となる。ここでは $\hat{\beta}_1$ のみを説明するが，$\hat{\beta}_0$ についても同様のことが成り立つ。

**定理 9.2 不偏性**

(1) $w_1, \cdots, w_n$ を (9.1.7) の通りとすると，

$$\hat{\beta}_1 = \beta_1 + \sum_{i=1}^{n} w_i \epsilon_i$$

が成り立つ（この式が「推定量=推定対象+推定誤差」という形になっている点に注意しよう）。

(2) $\hat{\beta}_1$ は $\beta_1$ の不偏推定量である。

$$\mathrm{E}(\hat{\beta}_1) = \beta_1$$

◇**証明** (9.1.8) に $y_i = \beta_0 + \beta_1 x_i + \epsilon_i$ を代入すると，

$$\hat{\beta}_1 = \sum_{i=1}^{n} w_i(\beta_0 + \beta_1 x_i + \epsilon_i) = \beta_0 \sum_{i=1}^{n} w_i + \beta_1 \sum_{i=1}^{n} w_i x_i + \sum_{i=1}^{n} w_i \epsilon_i \tag{9.1.9}$$

となる。ここで,

$$\sum_{i=1}^{n} w_i = 0, \quad \sum_{i=1}^{n} w_i x_i = 1 \tag{9.1.10}$$

であることを用いると（示すのはやさしい）, (1) が得られる。(1) の両辺の期待値をとると, $w_i$ は確率変数ではなく, 定数であるから,

$$\mathrm{E}(\hat{\beta}_1) = \beta_1 + \sum_{i=1}^{n} w_i \mathrm{E}(\epsilon_i) = \beta_1 \tag{9.1.11}$$

となり, (2) が得られる。（証明終）◇

また, $B$ を (9.1.7) の通りとすると, 最小 2 乗推定量の分散は

$$\mathrm{V}(\hat{\beta}_1) = \sigma^2/B \tag{9.1.12}$$

となる。なぜなら, 定理 9.2 (1) より $\hat{\beta}_1 - \beta_1 = \sum_{i=1}^{n} w_i \epsilon_i$ であり,

$$\begin{aligned}
\mathrm{V}(\hat{\beta}_1) &= \mathrm{E}\left[(\hat{\beta}_1 - \beta_1)^2\right] = \mathrm{E}\left[\left(\sum_{i=1}^{n} w_i \epsilon_i\right)^2\right] \\
&= \mathrm{E}\left[\sum_{i=1}^{n} w_i^2 \epsilon_i^2 + 2\sum_{i<j} w_i w_j \epsilon_i \epsilon_j\right] \\
&= \sum_{i=1}^{n} w_i^2 \mathrm{E}(\epsilon_i^2) + 2\sum_{i<j} w_i w_j \mathrm{E}(\epsilon_i \epsilon_j) \\
&= \sigma^2 \sum_{i=1}^{n} w_i^2 = \sigma^2/B
\end{aligned} \tag{9.1.13}$$

と計算されるからである。最後で $\sum_{i=1}^{n} w_i^2 = 1/B$（やさしい）を使った。同様にして,

$$\mathrm{V}(\hat{\beta}_0) = \sigma^2 \left[\frac{1}{n} + \frac{\bar{x}^2}{B}\right]$$

なることもわかる。以下では

$$C_0 = \frac{1}{n} + \frac{\bar{x}^2}{B}, \quad C_1 = \frac{1}{B}$$

とおいて，

$$\mathrm{V}(\hat{\beta}_i) = \sigma^2 C_i \qquad (i = 0, 1) \tag{9.1.14}$$

と表そう。

### 9.1.4　最小 2 乗推定量の標本分布

以下，誤差項は互いに独立に同一の正規分布 $N(0, \sigma^2)$ に従っていること，すなわち

$$\epsilon_1, \epsilon_2, \cdots, \epsilon_n \sim N(0, \sigma^2) \tag{9.1.15}$$

を仮定する。このとき注 9.1 より，仮定 (A1)–(A4) はすべて満たされる。さらに，定理 9.2 (1) により最小 2 乗推定量 $\hat{\beta}_1$ の標本分布は正規分布となる。すなわち，

$$\hat{\beta}_i \sim N(\beta_i, \sigma^2 C_i) \qquad (i = 0, 1) \tag{9.1.16}$$

となる。証明は難しいので省略するが，最小 2 乗推定量は単に不偏であるというだけでなく，最小分散不偏推定量である。

### 9.1.5　誤差分散の推定

誤差項の分散 $\sigma^2$ を推定することを考える。(9.1.4) からすぐにわかる通り，

$$y_i = \hat{\beta}_0 + \hat{\beta}_1 x_i + \hat{\epsilon}_i \qquad (i = 1, 2, \cdots, n) \tag{9.1.17}$$

が成り立つから，残差 $\hat{\epsilon}_i$ は誤差項 $\epsilon_i$ に対応する量と見てよい。実際，残差 2 乗和から誤差項の分散 $\sigma^2$ が推定できる。

**定理 9.3　残差 2 乗和の分布**

残差 2 乗和を $S = \sum_{i=1}^{n} \hat{\epsilon}_i^2$ とおき

$$\hat{\sigma}^2 = S/(n-2) \tag{9.1.18}$$

と定義すると，

(1) $(n-2)\hat{\sigma}^2/\sigma^2 = S/\sigma^2$ は自由度 $n-2$ のカイ2乗分布に従う。すなわち,

$$(n-2)\hat{\sigma}^2/\sigma^2 \sim \chi^2(n-2) \tag{9.1.19}$$

(2) $\hat{\sigma}^2$ は $\sigma^2$ の不偏推定量である。すなわち,

$$\mathrm{E}(\hat{\sigma}^2) = \sigma^2$$

が成り立つ。

(3) $\hat{\sigma}^2$ と $\hat{\beta}_i$ $(i = 0, 1)$ は独立である。

◇**証明** 本書の範囲を超えるので省略する。(終) ◇

### 例 9.2 米国における賃金と教育年数の関係 (2)

「分析ツール」の「回帰分析」では, $S$ と $\hat{\sigma}^2 = \mathrm{RSS}/(n-2)$ の値は「分散分析表」の「残差変動」と「残差分散」の欄に出力されている。

表 9-2

**概要**

| 回帰統計 | |
|---|---|
| 重相関 R | 0.403 |
| 重決定 R2 | 0.162 |
| 補正 R2 | 0.145 |
| 標準誤差 | 0.460 |
| 観測数 | 50 |

**分散分析表**

| | 自由度 | 変動 | 分散 | 観測された分散比 | 有意 F |
|---|---|---|---|---|---|
| 回帰 | 1 | 1.97 | 1.97 | 9.303 | 0.0037 |
| 残差 | 48 | 10.18 | 0.21 | | |
| 合計 | 49 | 12.15 | | | |

| | 係数 | 標準誤差 | t | P-値 |
|---|---|---|---|---|
| 切片 | 1.241627 | 0.4299823 | 2.887624 | 0.005805202 |
| 教育年数 | 0.099568 | 0.0326438 | 3.050128 | 0.003717851 |

| | 下限 95% | 上限 95% | 下限 95.0% | 上限 95.0% |
|---|---|---|---|---|
| 切片 | 0.3771 | 2.1062 | 0.3771 | 2.1062 |
| 教育年数 | 0.0339 | 0.1652 | 0.0339 | 0.1652 |

表 9-2 より $S = 10.18$，$\hat{\sigma}^2 = 0.21$ と読み取れる。したがって誤差項 $\epsilon_i$ の分散 $\sigma^2$ は 0.21 と推定される。また，誤差項の標準偏差 $\sigma$ は，$\hat{\sigma} = \sqrt{\hat{\sigma}^2} = \sqrt{0.21} = 0.460$ で推定される。この値は「回帰統計」の「標準誤差」の欄に出力されている。（p.290 に続く） ■

### 9.1.6 回帰係数の $t$ 検定

回帰モデル (9.1.1) において，回帰係数 $\beta_1$ がゼロであるか否かの検定は重要な意味を持つ。なぜならば，$\beta_1 = 0$ であればモデルは

$$y_i = \beta_0 + 0 \times x_i + \epsilon_i = \beta_0 + \epsilon_i \qquad (i = 1, 2, \cdots, n)$$

となり，独立変数 $x_i$ が従属変数 $y_i$ に影響を与えないことになり，このモデルを用いる根拠が弱いものとなるからである。

最小 2 乗推定量 $\hat{\beta}_1$ の標本分布は $N(\beta_1, \sigma^2 C_1)$（(9.1.16) を見よ）であり，これを基準化すると

$$Z = \frac{\hat{\beta}_1 - \beta_1}{\sqrt{\sigma^2 C_1}} \sim N(0, 1)$$

となる。他方，定理 9.3 より，$Y = (n-2)\hat{\sigma}^2/\sigma^2$ は自由度 $n-2$ のカイ 2 乗分布に従い，$\hat{\beta}_1$ とは独立である。したがって，$Z/\sqrt{Y/(n-2)}$ は自由度 $n-2$ の $t$ 分布に従う。すなわち，

$$\frac{(\hat{\beta}_1 - \beta_1)/\sqrt{\sigma^2 C_1}}{\sqrt{\frac{(n-2)\hat{\sigma}^2/\sigma^2}{n-2}}} = \frac{\hat{\beta}_1 - \beta_1}{\sqrt{\hat{\sigma}^2 C_1}} \sim t(n-2) \tag{9.1.20}$$

が成り立つ。そこで

$$H_0\text{:}\ \beta_1 = 0 \qquad H_1\text{:}\ \beta_1 \neq 0 \tag{9.1.21}$$

に対する検定統計量 $t$ を

$$t = \frac{\hat{\beta}_1}{\sqrt{\hat{\sigma}^2 C_1}} \tag{9.1.22}$$

とおくと，$t$ は帰無仮説 $H_0$ が正しいときに自由度 $n-2$ の $t$ 分布 $t(n-2)$ に従う。このことを利用すれば，有意水準 $\alpha$ の検定

$$\begin{cases} |t| > t_{\alpha/2}(n-2) & \Rightarrow \quad H_0\text{を棄却する} \\ |t| \leq t_{\alpha/2}(n-2) & \Rightarrow \quad H_0\text{を採択する} \end{cases} \tag{9.1.23}$$

が得られる。これを回帰係数に関する **$t$ 検定**という。対立仮説が片側 $H_1 : \beta_1 > 0$（$\beta_1 < 0$）のとき，棄却域は $t > t_\alpha(n-2)$（$t < -t_\alpha(n-2)$）となる。$t$ 検定統計量の実現値を **$t$ 値**（$t$ value）と言う。

(9.1.20) から，$\beta_1$ の信頼区間も容易に得られる。すなわち，

$$\left[\hat{\beta}_1 \pm t_{\alpha/2}(n-2)\sqrt{\hat{\sigma}^2 C_1}\right] \tag{9.1.24}$$

は $\beta_1$ の $100(1-\alpha)\%$ 信頼区間である。

**例 9.3　米国における賃金と教育年数の関係 (3)**

教育年数は対数賃金に影響を与えるか否か仮説を検証するため，帰無仮説 $H_0 : \beta_1 = 0$ を片側対立仮説 $H_1 : \beta_1 > 0$ に対して検定する。(9.1.22) の $t$ 値は「分析ツール」の「t」の欄に出力されている。これより $t = 3.050$ を読み取ることができる。有意水準 $\alpha = 0.05$ とすれば，臨界値は $t_{0.05}(48) = 1.677$ であるから，「教育年数は対数賃金に影響を与えない」という帰無仮説は棄却される。(9.1.22) の $t$ 検定統計量の分母 $\sqrt{\hat{\sigma}^2 C_1}$ は，最小 2 乗推定量 $\hat{\beta}_1$ の標準偏差 $\sqrt{\sigma^2 C_1}$ の推定値である。推定量の標準偏差の推定値のことを**標準誤差**（standard error）と呼ぶ。標準誤差の値は，「分析ツール」の「標準誤差」の欄に出力されている。これより，$\sqrt{\hat{\sigma}^2 C_1} = 0.033$ がわかる。もちろん，$t = 0.100/0.033 = 3.050$ が成り立っている。（p.294 に続く） ■

# 9.2 重回帰モデル

前節では独立変数が 1 つの場合を議論したが，一般には独立変数を複数用いることが多い。そのような回帰モデルを**重回帰モデル**（multiple regression model）と呼ぶ。対応して，前節のモデルを単（simple）回帰モデルと呼ぶ。

### 9.2.1　重回帰モデルと最小 2 乗推定量

独立変数が $p$ 個ある重回帰モデルは次のように表される。

$$y_i = \beta_0 + \beta_1 x_{i1} + \cdots + \beta_p x_{ip} + \epsilon_i \quad (i = 1, 2, \cdots, n) \tag{9.2.1}$$

ここで，$x_{ij}$ は第 $j$ 独立変数 $x_j$ の第 $i$ 番目の観測値である。$\beta_j$ は，他の独立変数の値を変化させないで $x_j$ のみを 1 単位増やしたときの従属変数の変化量と考えることができる。単回帰モデルと同様，標準的仮定 (A1)–(A4) が成り立つものとする。

**定理 9.4　$y$ の平均と分散**

仮定 (A1)–(A4) の下で次が成り立つ。

(1)　$\mathrm{E}(y_i) = \beta_0 + \beta_1 x_{i1} + \cdots + \beta_p x_{ip}$ $(i = 1, 2, \cdots, n)$

(2)　$\mathrm{V}(y_i) = \mathrm{V}(\epsilon_i) = \sigma^2$ $(i = 1, 2, \cdots, n)$（分散は一定）

(3)　$\mathrm{C}(y_i, y_j) = 0$ $(i \neq j)$（互いに無相関）

単回帰モデルと同様に，回帰係数 $\beta_0, \beta_1, \cdots, \beta_p$ の推定は最小 2 乗推定量によって行う。すなわち，誤差 2 乗和

$$f(b_0, b_1 \cdots, b_p) = \sum_{i=1}^{n} [y_i - (b_0 + b_1 x_{i1} + \cdots + b_p x_{ip})]^2 \tag{9.2.2}$$

を最小にする $(b_0, b_1, \cdots, b_p) = (\hat{\beta}_0, \hat{\beta}_1, \cdots, \hat{\beta}_p)$ によって推定する。最小 2 乗推定量の具体的な形は第 9.3 節で述べる。推定量としての $\hat{\beta}_0, \hat{\beta}_1, \cdots, \hat{\beta}_p$ の性質は単回帰モデルのときと同様であり，各 $\hat{\beta}_i$ は $\beta_i$ の不偏推定量である。

$$\mathrm{E}(\hat{\beta}_i) = \beta_i \ (i = 0, 1, \cdots, p)$$

こうして得られた平面の方程式

$$y = \hat{\beta}_0 + \hat{\beta}_1 x_1 + \cdots + \hat{\beta}_p x_p$$

を回帰平面もしくは**推定回帰式**と言う。また，**予測値** $\hat{y}_i$ と**残差** $\hat{\epsilon}_i$ をそれぞれ

$$\begin{aligned}\hat{y}_i &= \hat{\beta}_0+\hat{\beta}_1 x_{i1}+\cdots+\hat{\beta}_p x_{ip} \quad (i=1,2,\cdots,n)\\ \hat{\epsilon}_i &= y_i-\hat{y}_i \quad (i=1,2,\cdots,n) \qquad (9.2.3)\end{aligned}$$

と定義する。

**定理 9.5 残差の自由度**

残差は次の $p+1$ 個の制約を満たす。

$$\sum_{i=1}^{n}\hat{\epsilon}_i=0, \sum_{i=1}^{n}x_{i1}\hat{\epsilon}_i=0, \cdots, \sum_{i=1}^{n}x_{ip}\hat{\epsilon}_i=0$$

すなわち，残差の自由度は $n-(p+1)$ である。

◇**証明**† 証明は偏微分を用いるため飛ばして差し支えない。(9.2.2) の $f(b_0,b_1,\cdots,b_p)$ を $b_k$ に関して偏微分したものを $f_k$ とおく。関数 $f$ は $(b_0,b_1,\cdots,b_p)=(\hat{\beta}_0,\hat{\beta}_1,\cdots,\hat{\beta}_p)$ で最小となるから，

$$f_k(\hat{\beta}_0,\hat{\beta}_1,\cdots,\hat{\beta}_p)=0 \quad (k=0,1,\cdots,p) \qquad (9.2.4)$$

が成り立つ。例えば，$f_1$ は

$$\begin{aligned}f_1(\hat{\beta}_0,\hat{\beta}_1,\cdots,\hat{\beta}_p) &= -2\sum_{i=1}^{n}x_{i1}[y_i-(\hat{\beta}_0+\hat{\beta}_1 x_{i1}+\cdots+\hat{\beta}_p x_{ip})]\\ &= -2\sum_{i=1}^{n}x_{i1}\hat{\epsilon}_i \text{（残差の定義より）} \qquad (9.2.5)\end{aligned}$$

であるから，(9.2.4) と (9.2.5) を比べることにより，$\sum_{i=1}^{n}x_{i1}\hat{\epsilon}_i=0$ を得る。他の $k=0,2,\cdots,p$ についても同様である。（証明終）◇

### 9.2.2 各統計量の標本分布

以後は，誤差項は互いに独立に同一の正規分布 $N(0,\sigma^2)$ に従うとする。すなわち，

$$\epsilon_1, \epsilon_2, \cdots, \epsilon_n \sim N(0, \sigma^2)$$

とする。このとき，標準的仮定 (A1)–(A4) が満たされる。また，最小 2 乗推定量の標本分布は正規分布となる。

$$\hat{\beta}_i \sim N(\beta_i, \sigma^2 C_i) \quad (i = 0, 1, \cdots, p) \tag{9.2.6}$$

ここで，$C_i$ の具体的な形は第 9.3 節で述べる。

残差 2 乗和を $S = \sum_{i=1}^{n} \hat{\epsilon}_i^2$ とおき，

$$\hat{\sigma}^2 = S/(n-p-1) \tag{9.2.7}$$

とおけば，単回帰モデルと同様に $\hat{\sigma}^2$ の分布はカイ 2 乗分布で記述できる。具体的には，

$$(n-p-1)\hat{\sigma}^2/\sigma^2 = S/\sigma^2 \sim \chi^2(n-p-1) \tag{9.2.8}$$

となる。このことから，$\hat{\sigma}^2$ が誤差項の分散 $\sigma^2$ の不偏推定量となることが示せる。すなわち，

$$\mathrm{E}(\hat{\sigma}^2) = \sigma^2$$

また，$\hat{\sigma}^2$ と $\hat{\beta}_i$ $(i = 0, 1, \cdots, p)$ はすべて独立である。このことから，(9.1.20) と同様にして

$$\frac{\hat{\beta}_i - \beta_i}{\sqrt{\hat{\sigma}^2 C_i}} \sim t(n-p-1) \quad (i = 0, 1, \cdots, p) \tag{9.2.9}$$

を示すことができる。

### 9.2.3　回帰係数の $t$ 検定

第 $i$ 番目の独立変数 $x_i$ が $y$ に影響を与えているか否かは

$$H_0\text{: } \beta_i = 0 \quad H_1\text{: } \beta_i \neq 0 \tag{9.2.10}$$

なる仮説検定を行うことによって調べることができる。以下，有意水準を $\alpha$ とする。検定統計量を

$$t_i = \frac{\hat{\beta}_i}{\sqrt{\hat{\sigma}^2 C_i}} \quad (i = 0, 1, \cdots, p) \tag{9.2.11}$$

とすれば,

$$\begin{cases} |t_i| > t_{\alpha/2}(n-p-1) & \Rightarrow \quad H_0\text{を棄却する} \\ |t_i| \leq t_{\alpha/2}(n-p-1) & \Rightarrow \quad H_0\text{を採択する} \end{cases} \tag{9.2.12}$$

なる検定が得られる。これを回帰係数の $t$ 検定と言う。片側対立仮説 $H_1 : \beta_i > 0$ ($\beta_i < 0$) の場合，棄却域は $t_i > t_\alpha(n-p-1)$ ($t < -t_\alpha(n-p-1)$) となる。

**例 9.4　米国における賃金と教育年数の関係 (4)**

対数賃金に影響を与えると考えられる変数として，その労働者の潜在的な能力を考えることができる。NLSY 調査は実はパネル調査であり，1979 年に高校に在学していた調査対象者の追跡調査である。高校在学時の認知能力検査（基準化された得点を利用）を利用することが可能である。また，年功序列社会でない米国でも，賃金は一般的に勤務年数とともに上昇すると期待される。独立変数として，「教育年数」の他に「勤務年数」と「認知テスト」とを追加した重回帰モデル

$$\log(\text{賃金})_i = \beta_0 + \beta_1(\text{教育年数})_i + \beta_2(\text{勤務年数})_i + \beta_3(\text{認知テスト})_i + \epsilon_i$$
$$(i = 1, 2, \cdots, 50) \tag{9.2.13}$$

を考える（表 9-3)。
推定回帰式は次の通りである。

$$\begin{aligned} \log(\text{賃金}) = \ & 0.607 + 0.104 \times (\text{教育年数}) \\ & (0.947) \ \ (2.463) \\ & + 0.045 \times (\text{勤務年数}) + 0.091 \times (\text{認知テスト}) \\ & \quad (2.359) \qquad\qquad\qquad (0.958) \end{aligned} \tag{9.2.14}$$

ここで括弧の中の数字は，対応する回帰係数に関する帰無仮説 $H_0 : \beta_i = 0$ の $t$ 値 $t_i$ である（(9.2.11) 式)。対立仮説を $H_1 : \beta_i \neq 0$ とし，有意水準を $\alpha = 0.05$ とすれば臨界値は $t_{\alpha/2}(n-p-1) = t_{0.025}(46) = 2.013$ となる。教育年数と勤務年数は有意であるが，認知テストは有意とはならない。

また，誤差項の分散 $\sigma^2$ と標準偏差 $\sigma$ は，それぞれ $\hat{\sigma}^2 = 0.20$，$\hat{\sigma} = 0.44$ と推定される。（p.297 に続く）■

表 9-3

概要

| 回帰統計 | |
|---|---|
| 重相関 R | 0.507054777 |
| 重決定 R2 | 0.257104547 |
| 補正 R2 | 0.208654844 |
| 標準誤差 | 0.442976025 |
| 観測数 | 50 |

分散分析表

| | 自由度 | 変動 | 分散 | 観測された分散比 | 有意 F |
|---|---|---|---|---|---|
| 回帰 | 3 | 3.123923091 | 1.041307697 | 5.306627884 | 0.003168406 |
| 残差 | 46 | 9.026476909 | 0.196227759 | | |
| 合計 | 49 | 12.1504 | | | |

| | 係数 | 標準誤差 | t | P-値 |
|---|---|---|---|---|
| 切片 | 0.607348092 | 0.641633593 | 0.946565296 | 0.348806407 |
| 教育年数 | 0.103721505 | 0.042113849 | 2.462883546 | 0.017586081 |
| 勤務年数 | 0.045489074 | 0.019279133 | 2.359497877 | 0.022599822 |
| 認知テスト | 0.090871371 | 0.094899005 | 0.957558737 | 0.343291181 |

| | 下限 95% | 上限 95% | 下限 95.0% | 上限 95.0% |
|---|---|---|---|---|
| 切片 | −0.684193324 | 1.898889508 | −0.684193324 | 1.898889508 |
| 教育年数 | 0.018950726 | 0.188492284 | 0.018950726 | 0.188492284 |
| 勤務年数 | 0.006682192 | 0.084295957 | 0.006682192 | 0.084295957 |
| 認知テスト | −0.100150415 | 0.281893157 | −0.100150415 | 0.281893157 |

### 9.2.4 回帰係数の $F$ 検定

個々の回帰係数ではなく，$\beta_0$ 以外の回帰係数がすべてゼロであること，すなわち

$$H_0\colon\ \beta_1 = \beta_2 = \cdots = \beta_p = 0$$
$$H_1\colon\ \text{少なくとも 1 つの } \beta_i \text{ は 0 ではない} \tag{9.2.15}$$

なる仮説の検定が必要とされることも多い。この検定は，独立変数が全体として従属変数を説明しているかどうかを判断するために用いられる。

あるいは，$p$ 個の独立変数のうちの一部が不要であるか否かを調べたいこともある。例えば，$x_{p-k+1}, x_{p-k+2}, \cdots, x_p$ の要不要について調べることは

$$H_0\text{: } \beta_{p-k+1} = \beta_{p-k+2} = \cdots = \beta_p = 0 \tag{9.2.16}$$

を検定することに等しい。$H_0$ が正しいとき，モデルは

$$y_i = \beta_0 + \beta_1 x_{i1} + \cdots + \beta_{p-k} x_{i,p-k} + \epsilon_i \quad (i = 1, 2, \cdots, n) \tag{9.2.17}$$

となり，$x_{p-k+1}, x_{p-k+2}, \cdots, x_p$ は含まれない。

(9.2.16) を検定するための検定方式を説明する。(9.2.17) のモデルを推定したときの残差を $\tilde{\epsilon}_1, \tilde{\epsilon}_2, \cdots, \tilde{\epsilon}_n$ とおく。また，元のモデル (9.2.1) の残差 $\hat{\epsilon}_1, \hat{\epsilon}_2, \cdots, \hat{\epsilon}_n$ とおく。すなわち，$\hat{\epsilon}_i = y_i - (\hat{\beta}_0 + \hat{\beta}_1 x_{i1} + \cdots + \hat{\beta}_p x_{ip})$ とおくと，帰無仮説が正しいとき，$\hat{\epsilon}_i$ の値は $\tilde{\epsilon}_i$ に近いものとなるであろう。なぜなら，$\hat{\beta}_{p-k+1}, \cdots, \hat{\beta}_p$ がすべてゼロに近くなるであろうから。したがって，残差 2 乗和をそれぞれ $S_0 = \sum_{i=1}^{n} \tilde{\epsilon}_i^2$ と $S_1 = \sum_{i=1}^{n} \hat{\epsilon}_i^2$ で表せば，その差 $S_0 - S_1$ もゼロに近いであろう。同様に，比 $(S_0 - S_1)/S_1$（これは単位に依存しない）もゼロに近いであろう。したがって，この比がゼロに近いとき帰無仮説を採択し，大きいときに棄却するという検定方式が自然なものとして導入される。

$$F = \frac{(S_0 - S_1)/k}{S_1/(n-p-1)} = \frac{S_0 - S_1}{S_1} \times \frac{n-p-1}{k} \tag{9.2.18}$$

とおくと，帰無仮説 $H_0$ が正しいとき，$F$ は自由度 $(k, n-p-1)$ の $F$ 分布 $F(k, n-p-1)$ に従うことが知られている。したがって，

$$\begin{cases} F > F_\alpha(k, n-p-1) & \Rightarrow \quad H_0\text{を棄却する} \\ F \leq F_\alpha(k, n-p-1) & \Rightarrow \quad H_0\text{を採択する} \end{cases}$$

は有意水準 $\alpha$ の検定となる。上記の検定を $F$ 検定と言い，検定統計量 $F$（(9.2.18) 式）を **$F$ 検定統計量**，その実現値を **$F$ 値**（$F$ value）と言う。

**■注 9.3 「分析ツール」に出力される $F$ 値** 帰無仮説（9.2.15）に対する $F$ 値は，Excel の「分析ツール」では「観測された分散比」の欄に出力される。この検定では $S_0 = \sum_{i=1}^{n}(y_i - \bar{y})^2$ となる。なぜなら $H_0$ が正しいときのモデルは $y_i = \beta_0 + \epsilon_i$ となり，$\beta_0$ の最小 2 乗推定量は $\hat{\beta}_0 = \bar{y}$，したがって残差が $\hat{\epsilon}_i = y_i - \bar{y}$ となるからである。$F$ 検定統計量は

$$F = \frac{(S_0 - S_1)/p}{S_1/(n-p-1)} \tag{9.2.19}$$

と書け，これは $H_0$ が正しいとき $F$ 分布 $F(p, n-p-1)$ に従うから，この分布から臨界値を計算すればよい。■

**例 9.5 米国における賃金と教育年数の関係 (5)**

重回帰モデル (9.2.13) を考察する。教育年数，勤務年数と認知テストの 3 つとも賃金を説明していないとする帰無仮説

$$H_0\colon\ \beta_1 = \beta_2 = \beta_3 = 0 \tag{9.2.20}$$

を検定する。$F$ 値（9.2.19）は「観測された分散比」から $F = 5.037$ が読み取れる。有意水準を $\alpha = 0.05$ とすれば臨界値は $F_{0.05}(3, 46) = 2.807$ であるから，帰無仮説 $H_0$ は棄却される。（p.300 に続く） ■

### 9.2.5 自由度調整済み決定係数

重回帰モデルを扱う際に，どの変数をモデルに組み入れ，どの変数を外すかがしばしば問題となる。その際，候補となるモデルの決定係数を比較し，それが最大となるモデルを選択するというアプローチは適当ではない。なぜならば，決定係数は独立変数を追加すれば（その変数の適不適のいかんにかかわらず）必ず増加するからである。したがって，決定係数ができるだけ大きくなるように変数を選択するならば，候補の変数をすべて組み入れたものが必ず選ばれることになる。

**定理 9.6 決定係数の性質**

決定係数は独立変数を追加すると増加する。

◇**証明** 証明のポイントは決定係数が最小2乗法に付随した概念である点にある。ここでは簡単な場合を示すことにし，単回帰モデルに独立変数を1つ追加すると決定係数が増えることを示す。

$$y_i = \beta_0 + \beta_1 x_{i1} + \epsilon_i \quad (i = 1, 2, \cdots, n)$$

の最小2乗推定量を $\hat{\beta}_0, \hat{\beta}_1$ で表せば，決定係数は

$$R^2 = 1 - \frac{S_0}{\sum_{i=1}^n (y_i - \bar{y})^2}, \quad S_0 = \sum_{i=1}^n [y_i - (\hat{\beta}_0 + \hat{\beta}_1 x_{i1})]^2$$

と書ける。このモデルに独立変数を1つ追加したモデル

$$y_i = \beta_0^* + \beta_1^* x_{i1} + \beta_2^* x_{i2} + \epsilon_i \quad (i = 1, 2, \cdots, n)$$

の最小2乗推定量を $\hat{\beta}_0^*, \hat{\beta}_1^*, \hat{\beta}_2^*$ とおくと，決定係数は

$$R^{*2} = 1 - \frac{S_0^*}{\sum_{i=1}^n (y_i - \bar{y})^2}, \quad S_0^* = \sum_{i=1}^n [y_i - (\hat{\beta}_0^* + \hat{\beta}_1^* x_{i1} + \hat{\beta}_2^* x_{i2})]^2$$

と書ける。ここで，$R^2 \leq R^{*2}$ は

$$S_0 \geq S_0^* \tag{9.2.21}$$

と同値であるから，(9.2.21) を示す。

$$f(b_0, b_1, b_2) = \sum_{i=1}^n [y_i - (b_0 + b_1 x_{i1} + b_2 x_{i2})]^2$$

とおくと，関数 $f$ は $(b_0, b_1, b_2) = (\hat{\beta}_0^*, \hat{\beta}_1^*, \hat{\beta}_2^*)$ で最小となる。すなわち，$(b_0, b_1, b_2)$ をどのように選んでも

$$S_0^* = f(\hat{\beta}_0^*, \hat{\beta}_1^*, \hat{\beta}_2^*) \leq f(b_0, b_1, b_2)$$

が成り立つ。したがって $(b_0, b_1, b_2) = (\hat{\beta}_0, \hat{\beta}_1, 0)$ としても成り立つから，

$$f(\hat{\beta}_0^*, \hat{\beta}_1^*, \hat{\beta}_2^*) \leq f(\hat{\beta}_0, \hat{\beta}_1, 0) = \sum_{i=1}^n [y_i - (\hat{\beta}_0 + \hat{\beta}_1 x_{i1})]^2 = S_0$$

が得られ，(9.2.21) が示される。（証明終）◇

独立変数を追加してもある程度以上の説明力がなければ値が増加しないような指標として次式で定義される**自由度調整済み決定係数** $\bar{R}^2$ がある。その定義は次の通りである。

$$\bar{R}^2 = 1 - \frac{\frac{1}{n-p-1}\sum_{i=1}^{n}\hat{\epsilon}_i^2}{\frac{1}{n-1}\sum_{i=1}^{n}(y_i-\bar{y})^2} = 1 - \frac{n-1}{n-p-1}(1-R^2) \qquad (9.2.22)$$

決定係数は

$$R^2 = 1 - \frac{\frac{1}{n}\sum_{i=1}^{n}\hat{\epsilon}_i^2}{\frac{1}{n}\sum_{i=1}^{n}(y_i-\bar{y})^2} \qquad (9.2.23)$$

と書けるから，$\bar{R}^2$ が $\hat{\epsilon}_i$ と $y_i - \bar{y}$ の自由度を考慮した指標であることが了解されるだろう。一般に $\bar{R}^2 \leq R^2$ が成り立つことが容易に示せる。

次の定理は，変数選択基準としての $\bar{R}^2$ の性質を述べたものである。記号を簡単にするため，特殊な場合のみ述べるが，一般の場合への拡張は容易であろう。

**定理 9.7　$\bar{R}^2$ の性質**

次の 2 つの重回帰モデル

$$y_i = \beta_0 + \beta_1 x_{i1} + \beta_2 x_{i2} + \epsilon_i \qquad (9.2.24)$$

$$y_i = \beta_0 + \beta_1 x_{i1} + \beta_2 x_{i2} + \beta_3 x_{i3} + \beta_4 x_{i4} + \epsilon_i \qquad (9.2.25)$$

における自由度調整済み決定係数をそれぞれ $\bar{R}^2$，$\bar{R}^{*2}$ とすれば，$\bar{R}^2 \leq \bar{R}^{*2}$ であることは，$F \geq 1$ であることと同値である。ここに，$F$ は回帰モデル (9.2.25) において

$$H_0\colon\ \beta_3 = \beta_4 = 0 \qquad (9.2.26)$$

を検定する $F$ 検定統計量である。

この場合，モデル (9.2.24) と (9.2.25) とを比較することは，変数 $x_3$ と $x_4$ をモデルに組み入れるか否かを決定することに等しい。上の定理は，自由度調整

済み決定係数に基づいてモデルを比較することが，$\beta_3 = \beta_4 = 0$ の成立不成立のいかんを $F$ 値に基づいて判断することに等しいということを表している。

定理 9.7 を証明しよう。$S = \frac{1}{n-1}\sum_{i=1}^{n}(y_i - \bar{y})^2$ とおく。モデル (9.2.24) と (9.2.25) を最小 2 乗推定して得られる残差 2 乗和をそれぞれ $S_0$，$S_0^*$ とおくと，

$$\bar{R}^2 = 1 - \frac{\frac{1}{n-3}S_0}{S}, \quad \bar{R}^{*2} = 1 - \frac{\frac{1}{n-5}S_0^*}{S} \tag{9.2.27}$$

となるから，簡単な計算により，$\bar{R}^2 \leq \bar{R}^{*2}$ が

$$\frac{(S_0 - S_0^*)/2}{S_0^*/(n-5)} \geq 1 \tag{9.2.28}$$

に同値であることが示せる。左辺は (9.2.26) に対する $F$ 検定統計量である。これで証明が終わる。

**例 9.6　米国における賃金と教育年数の関係 (6)**

例 9.1 の単回帰モデルと重回帰モデル (9.2.13) とを比較しよう。「分析ツール」の「回帰分析」では，自由度調整済み決定係数は「補正 R2」の欄に出力されている。上記の 2 つのモデルから計算される自由度調整済み決定係数はそれぞれ 0.145 と 0.209 であり，自由度調整済み決定係数によってモデルを選択するならば (9.2.13) が選ばれる。（終）■

### 9.2.6 標準回帰係数

回帰係数 $\beta_i$ はその定義から，独立変数 $x_i$ 及び従属変数 $y$ の単位に依存する。例えば，$x_1$ が kg 単位，$y$ が cm 単位ならば，$\beta_1$ の単位は cm/kg となる。従って回帰係数の値の大きさを比較しても，独立変数の従属変数への影響の大小を比較したことにはならない（例えば，$\beta_1 = 100$，$\beta_2 = 0.1$ だからと言って，$x_1$ のほうが $x_2$ よりも影響が大きいとは言えない）。

単位に依存しないように回帰係数を工夫したものとして**標準回帰係数**がある。標準回帰係数は従属変数，独立変数どちらも基準化変量（第 2.4 節）を用いた場合の回帰係数であり，「他の独立変数の値を変化させずにその独立変数を標準

偏差1個分増やしたときに，従属変数が標準偏差何個分変化するか」を示す。経済指数や心理尺度得点など，測定値のスケール自体には明確な意味がない変数を用いる場合は，標準回帰係数のほうが解釈しやすい。

## 9.3† ベクトルと行列による回帰分析

前節で省略した，重回帰モデルにおける最小2乗推定量 $\hat{\beta}_i$ の具体的な形やその分散 $\mathrm{V}(\hat{\beta}_i)$ は，行列やベクトルを用いれば簡潔に表現することができる。本節では証明なしに結果のみをまとめておこう。詳しい説明は，例えば久保川 [5] などを参照されたい。

### 9.3.1 重回帰モデル

従属変数や独立変数，回帰係数などをベクトルや行列の形で

$$\mathbf{y} = \begin{pmatrix} y_1 \\ y_2 \\ \vdots \\ y_n \end{pmatrix} : n \times 1, \quad \mathbf{X} = \begin{pmatrix} 1 & x_{11} & x_{12} & \cdots & x_{1p} \\ 1 & x_{21} & x_{22} & \cdots & x_{2p} \\ \vdots & \vdots & \vdots & & \vdots \\ 1 & x_{n1} & x_{n2} & \cdots & x_{np} \end{pmatrix} : n \times (p+1),$$

$$\boldsymbol{\beta} = \begin{pmatrix} \beta_0 \\ \beta_1 \\ \beta_2 \\ \vdots \\ \beta_p \end{pmatrix} : (p+1) \times 1, \quad \boldsymbol{\epsilon} = \begin{pmatrix} \epsilon_1 \\ \epsilon_2 \\ \vdots \\ \epsilon_n \end{pmatrix} : n \times 1 \tag{9.3.1}$$

とおけば，重回帰モデル (9.2.1) は

$$\mathbf{y} = \mathbf{X}\boldsymbol{\beta} + \boldsymbol{\epsilon} \tag{9.3.2}$$

と簡潔に表すことができる。誤差項 $\boldsymbol{\epsilon}$ に関する標準的仮定 (A2)–(A4) も平均ベクトルと分散共分散行列の概念（p.176，注5.4）を用いて簡潔に表現できる。実際，平均ベクトルを

$$\mathrm{E}(\boldsymbol{\epsilon}) = \begin{pmatrix} \mathrm{E}(\epsilon_1) \\ \mathrm{E}(\epsilon_2) \\ \vdots \\ \mathrm{E}(\epsilon_n) \end{pmatrix} : n \times 1 \tag{9.3.3}$$

とおけば，仮定 (A2) は

$$\mathrm{E}(\boldsymbol{\epsilon}) = \mathbf{0} \tag{9.3.4}$$

と表せる。また $\boldsymbol{\epsilon}$ の分散共分散行列を

$$\mathrm{V}(\boldsymbol{\epsilon}) = \begin{pmatrix} \mathrm{V}(\epsilon_1) & \mathrm{C}(\epsilon_1, \epsilon_2) & \cdots & \mathrm{C}(\epsilon_1, \epsilon_n) \\ \mathrm{C}(\epsilon_2, \epsilon_1) & \mathrm{V}(\epsilon_2) & \cdots & \mathrm{C}(\epsilon_2, \epsilon_n) \\ \vdots & \vdots & & \vdots \\ \mathrm{C}(\epsilon_n, \epsilon_1) & \mathrm{C}(\epsilon_n, \epsilon_2) & \cdots & \mathrm{V}(\epsilon_n) \end{pmatrix} : n \times n \tag{9.3.5}$$

とおけば，仮定 (A3) と (A4) はまとめて

$$\mathrm{V}(\boldsymbol{\epsilon}) = \begin{pmatrix} \sigma^2 & 0 & 0 & \cdots & 0 \\ 0 & \sigma^2 & 0 & \cdots & 0 \\ \vdots & 0 & \ddots & \ddots & \vdots \\ \vdots & & \ddots & \ddots & 0 \\ 0 & \cdots & \cdots & 0 & \sigma^2 \end{pmatrix} = \sigma^2 \mathbf{I}_n \tag{9.3.6}$$

と表すことができる。ここで $\mathbf{I}_n$ は $n \times n$ 単位行列である。また $\mathbf{y}$ については，

$$\mathrm{E}(\mathbf{y}) = \mathbf{X}\boldsymbol{\beta}, \quad \mathrm{V}(\mathbf{y}) = \sigma^2 \mathbf{I}_n \tag{9.3.7}$$

が成り立つ。

### 9.3.2 最小 2 乗推定量

(9.2.2) 式は，ベクトルの転置を ${}^{\mathrm{t}}$ で表すと，

$$f(\mathbf{b}) = (\mathbf{y} - \mathbf{X}\mathbf{b})^{\mathrm{t}}(\mathbf{y} - \mathbf{X}\mathbf{b}), \quad \text{ただし } \mathbf{b} = \begin{pmatrix} b_0 \\ b_1 \\ \vdots \\ b_p \end{pmatrix} : (p+1) \times 1 \tag{9.3.8}$$

と表せる。証明は省略するが，関数 $f(\mathbf{b})$ は

$$\mathbf{b} = (\mathbf{X}^{\mathrm{t}}\mathbf{X})^{-1}\mathbf{X}^{\mathrm{t}}\mathbf{y} \ (= \hat{\boldsymbol{\beta}} \text{ とおく}) \tag{9.3.9}$$

において最小となる。すなわち，上式の $\hat{\boldsymbol{\beta}}$ が前節で省略した重回帰モデルにおける最小 2 乗推定量の具体的表現である。

$\mathbf{W}$ を定数のみからなる行列（確率変数を含まない行列）とする。$\mathbf{W}\mathbf{y}$ という形の推定量を線形推定量と言う。したがって，最小 2 乗推定量 $\hat{\boldsymbol{\beta}}$ も線形推定量である。なぜなら，仮定 (A1) により，独立変数行列 $\mathbf{X}$ の要素はすべて定数であり，$\mathbf{W} = (\mathbf{X}^{\mathrm{t}}\mathbf{X})^{-1}\mathbf{X}^{\mathrm{t}}$ もそうだからである。線形推定量の平均に関しては公式 $\mathrm{E}(\mathbf{W}\mathbf{y}) = \mathbf{W}\mathrm{E}(\mathbf{y})$ が成り立つ。$\mathbf{W} = (\mathbf{X}^{\mathrm{t}}\mathbf{X})^{-1}\mathbf{X}^{\mathrm{t}}$ としてこの公式を応用すると，

$$\mathrm{E}(\hat{\boldsymbol{\beta}}) = \mathrm{E}\left[\mathbf{W}\mathbf{y}\right] = \mathbf{W}\mathrm{E}(\mathbf{y}) = (\mathbf{X}^{\mathrm{t}}\mathbf{X})^{-1}\mathbf{X}^{\mathrm{t}}\mathbf{X}\boldsymbol{\beta} = \boldsymbol{\beta} \tag{9.3.10}$$

が示され，$\hat{\boldsymbol{\beta}}$ が不偏推定量であることがわかる。

予測値 $\hat{\mathbf{y}}$ や残差 $\hat{\boldsymbol{\epsilon}}$ はそれぞれ

$$\hat{\mathbf{y}} = \mathbf{X}\hat{\boldsymbol{\beta}} = \mathbf{X}(\mathbf{X}^{\mathrm{t}}\mathbf{X})^{-1}\mathbf{X}^{\mathrm{t}}\mathbf{y}, \quad \hat{\boldsymbol{\epsilon}} = \mathbf{y} - \hat{\mathbf{y}} = [I_n - \mathbf{X}(\mathbf{X}^{\mathrm{t}}\mathbf{X})^{-1}\mathbf{X}^{\mathrm{t}}]\mathbf{y} \tag{9.3.11}$$

と表現される。いずれも $n \times 1$ ベクトルである。また，$\sigma^2$ の不偏推定量 $\hat{\sigma}^2$（(9.2.7) 式）は

$$\hat{\sigma}^2 = \frac{1}{n-p-1}\hat{\boldsymbol{\epsilon}}^{\mathrm{t}}\hat{\boldsymbol{\epsilon}} = \frac{1}{n-p-1}\mathbf{y}^{\mathrm{t}}[I_n - \mathbf{X}(\mathbf{X}^{\mathrm{t}}\mathbf{X})^{-1}\mathbf{X}^{\mathrm{t}}]\mathbf{y} \quad (9.3.12)$$

と表すことができる。

### 9.3.3 最小2乗推定量の分散と標準誤差

(9.2.6) や (9.2.11) で見た通り，最小2乗推定量 $\hat{\beta}_i$ の分散 $\mathrm{V}(\hat{\beta}_i)$ は標準誤差や $t$ 値などを計算するための基礎となる量である。これらも行列を用いることにより簡潔に表現できる。

最小2乗推定量 $\hat{\boldsymbol{\beta}}$ の分散共分散行列を $\mathrm{V}(\hat{\boldsymbol{\beta}})$ とおく。すなわち，

$$\mathrm{V}(\hat{\boldsymbol{\beta}}) = \begin{pmatrix} \mathrm{V}(\hat{\beta}_0) & \mathrm{C}(\hat{\beta}_0,\hat{\beta}_1) & \cdots & \mathrm{C}(\hat{\beta}_0,\hat{\beta}_p) \\ \mathrm{C}(\hat{\beta}_1,\hat{\beta}_0) & \mathrm{V}(\hat{\beta}_1) & \cdots & \mathrm{C}(\hat{\beta}_1,\hat{\beta}_p) \\ \vdots & \vdots & & \vdots \\ \mathrm{C}(\hat{\beta}_p,\hat{\beta}_0) & \mathrm{C}(\hat{\beta}_p,\hat{\beta}_1) & \cdots & \mathrm{V}(\hat{\beta}_p) \end{pmatrix} : (p+1)\times(p+1) \quad (9.3.13)$$

とおくと，これは

$$\mathrm{V}(\hat{\boldsymbol{\beta}}) = \sigma^2(\mathbf{X}^{\mathrm{t}}\mathbf{X})^{-1} \quad (9.3.14)$$

と表現される。したがって，行列 $(\mathbf{X}^{\mathrm{t}}\mathbf{X})^{-1}$ の対角要素を $C_0, C_1, \cdots, C_p$ とおけば，

$$\mathrm{V}(\hat{\beta}_i) = \sigma^2 C_i \ (i = 0, 1, \cdots, p) \quad (9.3.15)$$

であり，標準偏差は $\sqrt{\sigma^2 C_i}$ となる。これらはそれぞれ $\hat{\sigma}^2 C_i$ と標準誤差 $\sqrt{\hat{\sigma}^2 C_i}$ によって推定される。標準誤差は「分析ツール」で計算される。

(9.3.14) は次のようにして導くことができる。線形推定量 $\mathbf{Wy}$ に対して公式 $\mathrm{V}(\mathbf{Wy}) = \mathbf{W}\mathrm{V}(\mathbf{y})\mathbf{W}^{\mathrm{t}}$ が成り立つ。$\mathbf{W} = (\mathbf{X}^{\mathrm{t}}\mathbf{X})^{-1}\mathbf{X}^{\mathrm{t}}$ としてこの公式を応用すると，

$$\mathrm{V}(\hat{\boldsymbol{\beta}}) = \mathrm{V}(\mathbf{Wy}) = \mathbf{W}\mathrm{V}(\mathbf{y})\mathbf{W}^{\mathrm{t}} = (\mathbf{X}^{\mathrm{t}}\mathbf{X})^{-1}\mathbf{X}^{\mathrm{t}}(\sigma^2\mathbf{I}_n)\mathbf{X}(\mathbf{X}^{\mathrm{t}}\mathbf{X})^{-1} = \sigma^2(\mathbf{X}^{\mathrm{t}}\mathbf{X})^{-1} \quad (9.3.16)$$

が得られる。

# 9.4 問　題

新世社のウェブサイト（https://www.saiensu.co.jp/）の本書「サポート情報」欄からデータをダウンロードして Excel を用いた重回帰分析を行え。

1. データは東証上場企業のうち，製造業から無作為に抽出された 113 社の 2007 年の売上高総利益率，および 2005 年の売上高広告宣伝費比率，売上高設備投資費比率，売上高研究開発費比率である。2005 年の 3 つの指標を用いて，2007 年の売上高総利益利率を予測せよ。
2. 上記の結果から広告宣伝費や研究開発費を投入するほど，総利益率が上昇すると言えるであろうか？　批判的に議論せよ。

# 分散分析†

# 10

第 8.4 節では 2 標本問題を扱い，2 つの集団の平均が有意に異なるかどうかを調べるための $t$ 検定を学んだ。本章では，3 つ以上の集団の差を見出す方法として**分散分析**（analysis of variance，ANOVA と略される）を扱う。

## 10.1 1 元配置モデル

### 10.1.1 要因と水準

観測値に影響を与えていると考えられるものを**要因**（factor）と呼ぶ。要因の値を変えて複数の条件を作り，各条件について観測値の値を調べる研究を実験研究と言う。以後，この条件のことを**水準**（level）と呼ぶ（文脈によっては，群やグループとも呼ばれる）。実験研究での第一の関心は，水準の違いが観測値に対して影響を与えるかどうか，すなわち要因の効果があるか否かである。取り上げる要因の数が 1 つの場合，1 元配置モデルと言い，2 つならば 2 元配置モデルと言う。3 つ以上の要因を持つ多元配置モデルが用いられることもある。本節では 1 元配置モデルを扱う。

**例 10.1　英語学習経験とテストの成績（1）**

小学校での英語学習経験が中学進学後の英語のテスト得点に影響を与えているかどうかを調べる実験研究を行う。小学 4 年生 40 人を，英語学習を「週 3 回行うグループ」，「週 2 回行うグループ」，「週 1 回行うグループ」，「全く行わないグループ」の 4 グループ（すなわち 4 水準）に 10 人ずつランダムに割り当て，中学 1 年時点での英語のテスト得点を追跡調査して調べる（データは表 10-1）。上の

| 表 10-1 | | | | | | | | | | |
|---|---|---|---|---|---|---|---|---|---|---|
| 週 3 回 | 61 | 68 | 85 | 68 | 78 | 87 | 54 | 100 | 89 | 91 |
| 週 2 回 | 73 | 84 | 66 | 65 | 84 | 65 | 60 | 74 | 84 | 90 |
| 週 1 回 | 53 | 65 | 46 | 64 | 70 | 46 | 54 | 90 | 44 | 57 |
| 週 0 回 | 62 | 49 | 51 | 44 | 40 | 50 | 58 | 90 | 39 | 55 |

4 グループを順に第 $j$ グループ（$j = 1, 2, 3, 4$）と呼ぶ。なおすべての被験者はその後 5・6 年次では同一の英語学習を受けるとする。

そこで次のようなモデルを考えてみよう。第 $j$ グループの第 $i$ 番目の被験者の成績を $y_{ij}$ で表し，$y_{ij}$ は

$$y_{ij} = \mu_j + \epsilon_{ij} \quad (i = 1, 2, \cdots, 10;\ j = 1, 2, 3, 4) \tag{10.1.1}$$

で定まるとする。ここで，$\mu_j$ は第 $j$ グループに固有の値であり，$\epsilon_{ij}$ は誤差項である。誤差項は分析者が事前にコントロールできない量であり，この場合は個人差を表す。$\epsilon_{ij}$ は互いに独立に同一の正規分布 $N(0, \sigma^2)$ に従うとする。このとき，

$$\mathrm{E}(y_{ij}) = \mu_j + \mathrm{E}(\epsilon_{ij}) = \mu_j \quad (i = 1, 2, \cdots, 10;\ j = 1, 2, 3, 4)$$

であるから，$\mu_j$ が第 $j$ グループの平均であることがわかる（$j = 1, 2, 3, 4$）。

分析者は

$$\mu_1 = \mu_2 = \mu_3 = \mu_4$$

が成立しているか否かに関心を抱くであろう。なぜなら，上式が成立していれば，小学校における英語経験は中学進学後の英語の成績に影響を与えないことが示唆されるからである。逆に，少なくとも 1 つの $\mu_j$ が他と異なるならば，小学校における英語学習の効果があることになる。また，$\mu_j$ の推定値が $\mu_1 > \mu_2 > \mu_3 > \mu_4$ を満たすか否かも興味あるところであろう。（p.309 に続く） ■

### 10.1.2　1 元配置分散分析モデル

上記の例をより一般的な形で表そう。要因を A で表し，水準の数を $J$ とする。第 $j$ 水準で $n_j$ 個の観測値が得られるとする。第 $j$ 水準における第 $i$ 番目の個体の観測値を $y_{ij}$ で表し，

$$y_{ij} = \mu_j + \epsilon_{ij}$$
$$\epsilon_{ij} \sim N(0, \sigma^2) \quad (i = 1, 2, \cdots, n_j;\ j = 1, 2, \cdots, J) \tag{10.1.2}$$

が成り立つとする（英語学習経験の例なら $J = 4$, $n_1 = n_2 = n_3 = n_4 = 10$ である）。誤差項 $\epsilon_{ij}$ は互いに独立に同一の正規分布 $N(0, \sigma^2)$ に従うとする。観測値の数を $n = \sum_{j=1}^{J} n_j$ とする。

上記のモデルを**1元配置分散分析モデル**（one-way layout ANOVA model）という。次の事実は明らかである。

**定理 10.1 $y_{ij}$ の分布**

すべての $y_{ij}$ は独立であり，

$$y_{ij} \sim N(\mu_j, \sigma^2) \quad (i = 1, 2, \cdots, n_j;\ j = 1, 2, \cdots, J)$$

が成り立つ。したがって，$\mathrm{E}(y_{ij}) = \mu_j$ と $\mathrm{V}(y_{ij}) = \sigma^2$ も成り立つ。

ここでの関心は，各水準で平均に差が存在するか否かである。

$$\mu = \frac{n_1}{n}\mu_1 + \frac{n_2}{n}\mu_2 + \cdots + \frac{n_J}{n}\mu_J = \frac{1}{n}\sum_{j=1}^{J} n_j \mu_j \tag{10.1.3}$$

とおく。これを**全体平均**（grand mean）と言う。また，

$$\alpha_j = \mu_j - \mu \quad (j = 1, 2, \cdots, J) \tag{10.1.4}$$

を第 $j$ 水準の**効果**（effect）と呼ぶ。モデル (10.1.2) は

$$y_{ij} = \mu + \alpha_j + \epsilon_{ij} \quad (i = 1, 2, \cdots, n_j;\ j = 1, 2, \cdots, J) \tag{10.1.5}$$

と書くこともできる。定義より，

$$\frac{1}{n}\sum_{j=1}^{J} n_j \alpha_j = 0 \tag{10.1.6}$$

が成り立つ。もし，$\alpha_1 = \alpha_2 = \cdots = \alpha_J = 0$ ならば，

$$y_{ij} = \mu + \epsilon_{ij} \tag{10.1.7}$$

がすべての $i, j$ に対して成り立ち，水準間の差が存在しないモデルとなる。

### 10.1.3　基本となる統計量

各水準について平均

$$\bar{y}_j = \frac{1}{n_j}\sum_{i=1}^{n_j} y_{ij} \qquad (j = 1, 2, \cdots, J) \tag{10.1.8}$$

をとることによって，第 $j$ 水準の母平均 $\mu_j$ が推定できる。実際これは不偏推定量である。なぜなら，定理 10.1 より $\mathrm{E}(y_{ij}) = \mu_j$ となるため，

$$\mathrm{E}(\bar{y}_j) = \frac{1}{n_j}\sum_{i=1}^{n_j} \mathrm{E}(y_{ij}) = \frac{1}{n_j}\sum_{i=1}^{n_j} \mu_j = \mu_j$$

が得られるからである。より強く，$\bar{y}_j \sim N(\mu_j, \sigma^2/n_j)$ が成り立つ。

**例 10.2　英語学習経験とテストの成績 (2)**

表 10-2 は，Excel の分析ツール「分散分析：一元配置」の出力である。

表 10-2

**概要**

| グループ | 標本数 | 合計 | 平均 | 分散 |
|---|---|---|---|---|
| 週 3 回 | 10 | 781 | 78.1 | 218.767 |
| 週 2 回 | 10 | 745 | 74.5 | 108.500 |
| 週 1 回 | 10 | 589 | 58.9 | 196.767 |
| 週 0 回 | 10 | 538 | 53.8 | 216.400 |

**分散分析表**

| 変動要因 | 変動 | 自由度 | 分散 | 観測された分散比 | P-値 | F 境界値 |
|---|---|---|---|---|---|---|
| グループ間 | 4174.875 | 3 | 1391.625 | 7.5179 | 0.000497 | 2.8663 |
| グループ内 | 6663.900 | 36 | 185.108 | | | |
| | | | | | | |
| 合計 | 10838.775 | 39 | | | | |

$\bar{y}_j$ の値は，「概要」の「平均」の欄に出力されている：

$$\bar{y}_1 = 78.1,\ \ \bar{y}_2 = 74.5,\ \ \bar{y}_3 = 58.9,\ \ \bar{y}_4 = 53.8$$

これらは $\mu_j$ の推定値である。$\bar{y}_1 > \bar{y}_2 > \bar{y}_3 > \bar{y}_4$ となっている。つまり，英語学習経験の多いほど，テスト得点が平均的に高いことが示唆される。（下に続く） ■

全体平均 $\mu = \frac{1}{n}\sum_{j=1}^{J} n_j\mu_j$ と第 $j$ 水準の効果 $\alpha_j = \mu_j - \mu$ は，それぞれ

$$\bar{y} = \frac{1}{n}\sum_{j=1}^{J} n_j\bar{y}_j,\ \ \hat{\alpha}_j = \bar{y}_j - \bar{y} \tag{10.1.9}$$

で推定できる。これらもすべて不偏推定量である。実際，

$$\mathrm{E}(\bar{y}) = \frac{1}{n}\sum_{j=1}^{J} n_j\mathrm{E}(\bar{y}_j) = \frac{1}{n}\sum_{j=1}^{J} n_j\mu_j = \mu$$
$$\mathrm{E}(\hat{\alpha}_j) = \mathrm{E}(\bar{y}_j) - \mathrm{E}(\bar{y}) = \mu_j - \mu = \alpha_j$$

が成り立つ。また，次式は恒等式である。

$$y_{ij} = \bar{y} + (\bar{y}_j - \bar{y}) + (y_{ij} - \bar{y}_j) = \bar{y} + \hat{\alpha}_j + (y_{ij} - \bar{y}_j) \tag{10.1.10}$$

この式と，$y_{ij} = \mu + \alpha_j + \epsilon_{ij}$ とを比較すると，$\bar{y}$ が全体平均 $\mu$，$\hat{\alpha}_j = \bar{y}_j - \bar{y}$ が水準 $j$ の効果 $\alpha_j$，$y_{ij} - \bar{y}_j$ が誤差 $\epsilon_{ij}$ に対応する量であることがわかる。

**例 10.3 英語学習経験とテストの成績 (3)**

前出の「分析ツール」の結果から全体平均の推定値

$$\bar{y} = (10 \times 78.1 + 10 \times 74.5 + 10 \times 58.9 + 10 \times 53.8)/40 = 66.3$$

と各 $\alpha_j$ の推定値

$$\hat{\alpha}_1 = 78.1 - 66.3 = 11.8,\ \ \hat{\alpha}_2 = 74.5 - 66.3 = 8.2,$$
$$\hat{\alpha}_3 = 58.9 - 66.3 = -7.4,\ \ \hat{\alpha}_4 = 53.8 - 66.3 = -12.5$$

はすぐに計算できる。$\hat{\alpha}_1 > \hat{\alpha}_2 > \hat{\alpha}_3 > \hat{\alpha}_4$ という推定結果は興味深い。週 2 回以上のグループの効果は正，週 1 回以下のグループの効果は負に推定されている。（p.314 に続く） ■

### 10.1.4　効果の検定

分散分析の第一の目的は，要因が観測値に対して影響を与えているかどうか，すなわち，$\mu_1 = \mu_2 = \cdots = \mu_J$ が成立しているかどうかを調べることである。これは，すべての水準での主効果 $\alpha_j$ がゼロであるかどうかを調べることに等しい。すなわち，

$$
\begin{aligned}
&H_0\colon \alpha_1 = \alpha_2 = \cdots = \alpha_J = 0 \\
&H_1\colon \text{少なくとも 1 つの} \alpha_i \text{は 0 ではない}
\end{aligned} \tag{10.1.11}
$$

を検定することに等しい。したがって，$\hat{\alpha}_1, \cdots, \hat{\alpha}_J$ のばらつきが大きければ帰無仮説 $H_0$ を棄却すればよいと考えられる。その観点から見れば，次の分解が重要である。

**定理 10.2　変動の分解**

$$\sum_{j=1}^{J}\sum_{i=1}^{n_j}(y_{ij} - \bar{y})^2 = \sum_{j=1}^{J} n_j(\bar{y}_j - \bar{y})^2 + \sum_{j=1}^{J}\sum_{i=1}^{n_j}(y_{ij} - \bar{y}_j)^2$$

ここで，

$$\sum_{j=1}^{J}\sum_{i=1}^{n_j}(y_{ij} - \bar{y})^2 = SS_T\colon \text{総変動 (total variation)}$$

$$\sum_{j=1}^{J} n_j(\bar{y}_j - \bar{y})^2 = SS_B\colon \text{群間変動 (between-group variation)}$$

$$\sum_{j=1}^{J}\sum_{i=1}^{n_j}(y_{ij} - \bar{y}_j)^2 = SS_W\colon \text{群内変動 (within-group variation)}$$

したがって，総変動は

$$\text{総変動 } SS_T = \text{群間変動 } SS_B + \text{群内変動 } SS_W \tag{10.1.12}$$

と分解できる（SS は squared sum に由来する）。

◇**証明** (10.1.10) より，

$$y_{ij} - \bar{y} = (\bar{y}_j - \bar{y}) + (y_{ij} - \bar{y}_j)$$

が成り立つ。両辺を2乗して総和をとると，

$$\sum_{j=1}^{J}\sum_{i=1}^{n_j}(y_{ij} - \bar{y})^2 = \sum_{j=1}^{J}\sum_{i=1}^{n_j}(\bar{y}_j - \bar{y})^2 + \sum_{j=1}^{J}\sum_{i=1}^{n_j}(y_{ij} - \bar{y}_j)^2 + 2\sum_{j=1}^{J}\sum_{i=1}^{n_j}(\bar{y}_j - \bar{y})(y_{ij} - \bar{y}_j)$$

となる。左辺は $SS_T$ に等しい。また，右辺については，

$$\sum_{j=1}^{J}\sum_{i=1}^{n_j}(\bar{y}_j - \bar{y})^2 = \sum_{j=1}^{J} n_j(\bar{y}_j - \bar{y})^2 = SS_B$$

と $\sum_{j=1}^{J}\sum_{i=1}^{n_j}(y_{ij} - \bar{y}_j)^2 = SS_W$ はやさしい。さらに公式 $\sum_{i=1}^{n}(x_i - \bar{x}) = 0$ を用いれば

$$\begin{aligned}\sum_{j=1}^{J}\sum_{i=1}^{n_j}(\bar{y}_j - \bar{y})(y_{ij} - \bar{y}_j) &= \sum_{j=1}^{J}(\bar{y}_j - \bar{y})\left\{\sum_{i=1}^{n_j}(y_{ij} - \bar{y}_j)\right\} \\ &= \sum_{j=1}^{J}(\bar{y}_j - \bar{y}) \times 0 = 0\end{aligned}$$

であることがわかるから，$SS_T = SS_B + SS_W$ を得る。(証明終) ◇

上記の通り，群間変動 $SS_B$ が大きいほど，$\hat{\alpha}_j = \bar{y}_j - \bar{y}$ のばらつき，すなわち水準間での平均の違いが大きく，対立仮説 $H_1$ がより支持される。したがって $SS_B$ の値が大であれば帰無仮説 $H_0$ を棄却すればよい。ただし，$SS_B$ は単位に依存するため，値そのものから大小を判断することは難しい。実際，**図 10-1** の2図では2群間の $SS_B$ の値は同一である。しかし，2群間の差に意味があるか否かという観点からは印象が大分異なるであろう。そのため，群間変動の群内変動に対する比

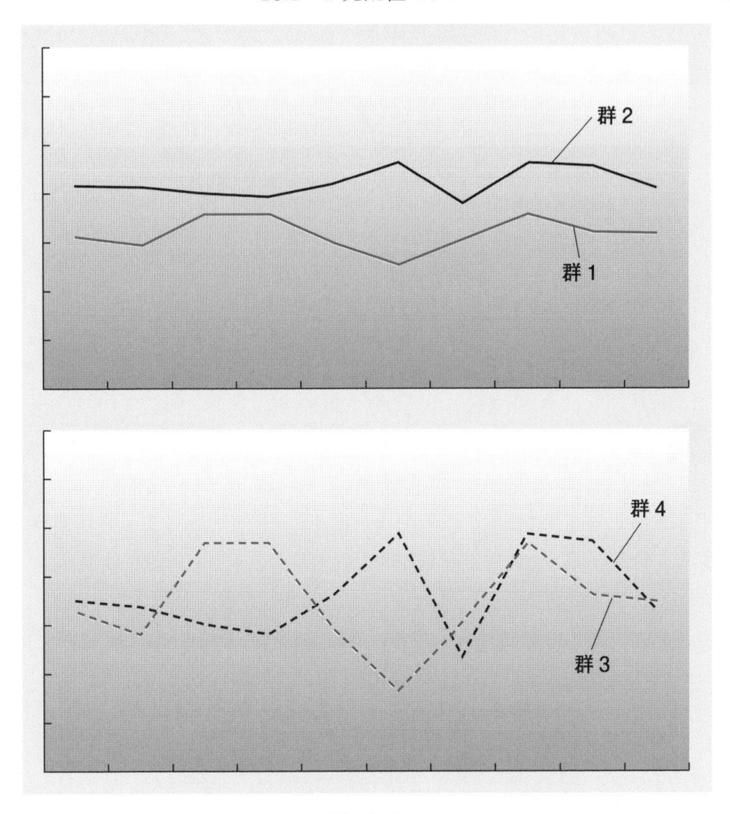


図 10–1

$$F = \frac{SS_B/(J-1)}{SS_W/(n-J)} = \frac{n-J}{J-1} \times \frac{SS_B}{SS_W} \tag{10.1.13}$$

に基づいて検定を行う。$F$ は帰無仮説が正しいときに自由度 $(J-1, n-J)$ の $F$ 分布 $F(J-1, n-J)$ に従うことが知られている。したがって，

$$\begin{cases} F > F_\alpha(J-1, n-J) & \Rightarrow \quad H_0\text{を棄却} \\ F \leq F_\alpha(J-1, n-J) & \Rightarrow \quad H_0\text{を採択} \end{cases}$$

は $H_0$ に対する有意水準 $\alpha$ の検定である。

分散分析では解析結果を**表10-3**のような**分散分析表**（ANOVA table）にまとめることが多い。

| 表10-3 | | | | |
|---|---|---|---|---|
| | 変動 | 自由度 | 分散 | $F$値 |
| 群間 | $SS_B$ | $J-1$ | $MS_B = SS_B/(J-1)$ | $F = MS_B/MS_W$ |
| 群内 | $SS_W$ | $n-J$ | $MS_W = SS_W/(n-J)$ | |
| 全体 | $SS_T$ | $n-1$ | $MS_T = SS_T/(n-1)$ | |

**例10.4 英語学習経験とテストの成績（4）**

「分析ツール」の出力から作られる分散分析表は**表10-4**の通りである。$F$値は$F = 7.518$である。帰無仮説$H_0$: $\alpha_1 = \alpha_2 = \alpha_3 = \alpha_4 = 0$を有意水準0.05で検定する。自由度が$(3, 36)$の$F$検定の上側5%点を$F_{0.05}(3, 36)$は2.87であり，$F > F_{0.05}(3, 36)$であるので，帰無仮説$H_0$は棄却され，英語学習経験によるその後の英語の成績への影響はあったという結論が得られる。（p.326に続く） ■

| 表10-4 | | | | |
|---|---|---|---|---|
| | 変動 | 自由度 | 分散 | $F$値 |
| 群間 | 4174.875 | 3 | 1391.625 | 7.518 |
| 群内 | 6663.9 | 36 | 185.108 | |
| 全体 | 10838.775 | 39 | 282.541 | |

## 10.2 2元配置モデル

観測値に影響を与える要因が2つある分散分析モデルを**2元配置**（two-way layout）と呼ぶ。例えば，2種類の薬を同時に投与してその影響を観測する場合などは2元配置モデルが用いられる。

### 10.2.1　交互作用効果

**例 10.5　薬の効果 2 (1)**

血圧を下げる作用のある 2 種類の薬 A と B があり，様々な投薬量の組合せで血圧低下量を調べた。薬 A は 100（mg），50（mg），0（mg）という 3 つの水準，薬 B は 10（mg），0（mg）の 2 つの水準とし，30 人の高血圧患者を無作為に 5 人ずつ各水準組合せ（$3 \times 2 = 6$）に割り当てたところ，表 10-5 の結果が得られた。

表 10-5

| | 薬 B 10 mg | | | | | 薬 B 0 mg | | | | |
|---|---|---|---|---|---|---|---|---|---|---|
| 薬 A 100 mg | 16 | 1 | 14 | 15 | 14 | 14 | 12 | 20 | 14 | 20 |
| 薬 A 50 mg | 19 | 16 | 25 | 25 | 32 | 13 | 18 | 10 | 12 | 22 |
| 薬 A 0 mg | 15 | 13 | 18 | 8 | 9 | −3 | 7 | −5 | 7 | 8 |

2 種類の薬を要因と考え，2 つの要因を持つ分散分析モデルを適用しよう。（p.318 に続く） ■

2 つの要因を A と B とし，A の水準の数を $J$，B の水準の数を $K$ とする。各水準組合せ $(A_j, B_k)$ につき $r$ 個の観測値 $y_{ijk}$（$i = 1, 2, \cdots, r$）が得られるとする。

$$y_{ijk} = \mu_{jk} + \epsilon_{ijk},\ \epsilon_{ijk} \sim N(0, \sigma^2)$$
$$(i = 1, 2, \cdots, r;\ j = 1, 2, \cdots, J;\ k = 1, 2, \cdots, K) \qquad (10.2.1)$$

なるモデルを考える。観測値数を $n = JKr$ とおく。$\mu_{jk}$ は水準組合せ $(A_j, B_k)$ に固有の値とし，$\epsilon_{ijk}$ は互いに独立に同一の正規分布 $N(0, \sigma^2)$ に従うとする。

**定理 10.3　$y_{ijk}$ の分布**

(1)　$y_{ijk}$ はすべて独立であり，各水準組合せ $(A_j, B_k)$ につき，

$$y_{1jk}, y_{2jk}, \cdots, y_{rjk} \sim N(\mu_{jk}, \sigma^2)$$

が成り立つ。

(2) 各水準組合せ $(A_j, B_k)$ につき，

$$\bar{y}_{jk} = \frac{1}{r}\sum_{i=1}^{r} y_{ijk}$$

とおけば，$\bar{y}_{11}, \bar{y}_{12}, \cdots, \bar{y}_{JK}$ は互いに独立であり，$\bar{y}_{jk} \sim N(\mu_{jk}, \sigma^2/r)$ が成り立つ（$j = 1, 2, \cdots, J$; $k = 1, 2, \cdots, K$）。

◇**証明**　(10.2.1) より明らかである。(証明終) ◇

薬の例では各 $\bar{y}_{jk}$ は表 **10-6** の値となる。

表 10-6

| | 薬 B 10 mg | 薬 B 0 mg | 行平均 $\bar{y}_{j\cdot}$ |
|---|---|---|---|
| 薬 A 100 mg | 12.0 | 16.0 | 14.0 |
| 薬 A 50 mg | 23.4 | 15.0 | 19.2 |
| 薬 A 0 mg | 12.6 | 2.8 | 7.7 |
| 列平均 $\bar{y}_{\cdot k}$ | 16.0 | 11.3 | 13.6 |

1 元配置モデルと同様に，母平均 $\mu_{jk}$ を全体平均と要因の効果とに分解しよう。そのため，

$$\mu = \frac{1}{JK}\sum_{j=1}^{J}\sum_{k=1}^{K}\mu_{jk} \qquad (10.2.2)$$

とおき，これを**全体平均**，

$$\mu_{j\cdot} = \frac{1}{K}\sum_{k=1}^{K}\mu_{jk}, \qquad \mu_{\cdot k} = \frac{1}{J}\sum_{j=1}^{J}\mu_{jk} \qquad (10.2.3)$$

とおき，これらをそれぞれ**行平均**，**列平均**と呼ぶ。要因 A の第 $j$ 水準の効果，要因 B の第 $k$ 水準の効果をそれぞれ，

$$\alpha_j = \mu_{j\cdot} - \mu, \qquad \beta_k = \mu_{\cdot k} - \mu \qquad (10.2.4)$$

で定義する（$j=1,2,\cdots,J$; $k=1,2,\cdots,K$）。このとき次の恒等式が成り立つ。

$$
\begin{aligned}
\mu_{jk} &= \mu + (\mu_{j\cdot} - \mu) + (\mu_{\cdot k} - \mu) + (\mu_{jk} - \mu_{j\cdot} - \mu_{\cdot k} + \mu) \\
&= \mu + \alpha_j + \beta_k + (\mu_{jk} - \mu_{j\cdot} - \mu_{\cdot k} + \mu)
\end{aligned}
$$

2 行目右辺の最後の項は，要因 A の効果 $\alpha_j$ と B の効果 $\beta_k$ の重ね合せでは説明できない効果，すなわち水準組合せ $(A_j, B_k)$ に固有な効果と解釈できる。薬の例で言えば，2 つの薬の個々の効果の和では説明されない効果を指す。これを**交互作用効果**（interaction effect）と呼び，$(\alpha\beta)_{jk}$ と書く。すなわち

$$
(\alpha\beta)_{jk} = \mu_{jk} - \mu_{j\cdot} - \mu_{\cdot k} + \mu \tag{10.2.5}
$$

これにより，

$$
\mu_{jk} = \mu + \alpha_j + \beta_k + (\alpha\beta)_{jk} \tag{10.2.6}
$$

が得られる。効果 $\alpha_j$，$\beta_k$ のことを**主効果**（main effect）と呼ぶ。モデル (10.2.1) に (10.2.6) なる構造を仮定したモデルを**2 元配置**（two-way layout）**分散分析**モデルと言う。定義から次の各式が成り立つことが容易に示せる。

$$
\sum_{j=1}^{J} \alpha_j = 0,\ \sum_{k=1}^{K} \beta_k = 0,\ \sum_{j=1}^{J} (\alpha\beta)_{jk} = 0,\ \sum_{k=1}^{K} (\alpha\beta)_{jk} = 0 \tag{10.2.7}
$$

特別な場合として，交互作用効果がないモデル

$$
\mu_{jk} = \mu + \alpha_j + \beta_k \tag{10.2.8}
$$

が重要である。この場合，$\mu_{jk}$ を折れ線表示すれば，例えば**図 10-2** のように各折れ線は平行となる。

$\mu_{jk}$ は未知であるため，これを $\bar{y}_{jk}$ に置き換えたものを観察して，交互作用効果の有無を吟味することがしばしばなされる。

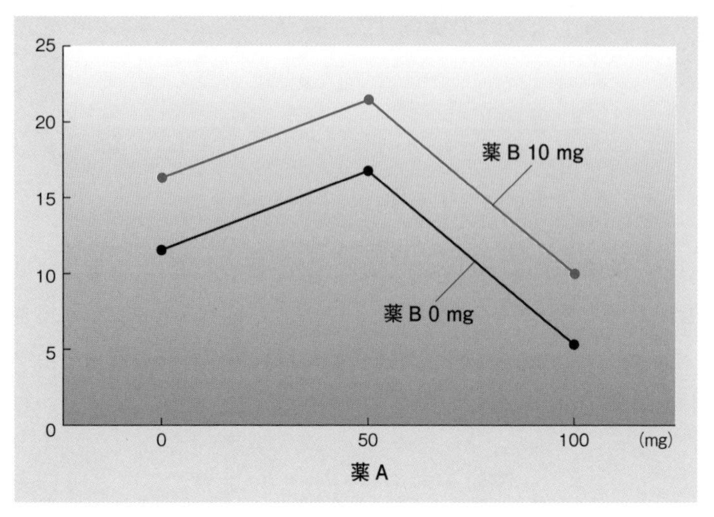


図 10-2

**例 10.6　薬の効果 2（2）**

それぞれの水準組合せでの平均値 $\bar{y}_{jk}$ をプロットしたものを図 10-3 に記載した。明らかに A と B は血圧低下作用があるが，同時に多量に投与するとそれが弱まるようである。交互作用効果の存在が示唆される。（p.320 に続く）■

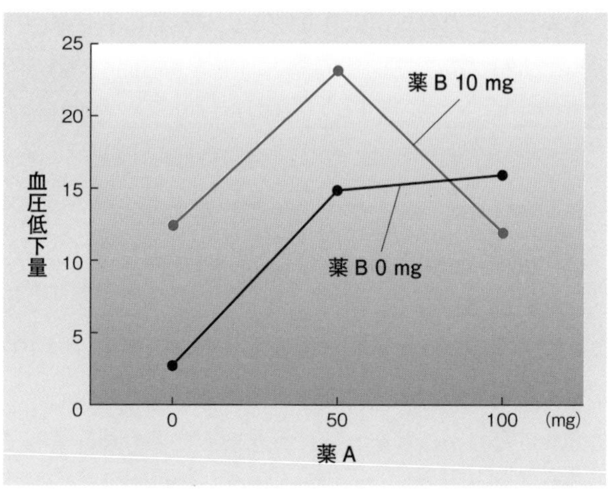


図 10-3

### 10.2.2　主効果と交互作用効果の推定と検定

ここで関心のある仮説は次の 3 つである。すなわち，要因 A の主効果に関する仮説

$$
\begin{aligned}
&H_0\colon \alpha_1 = \alpha_2 = \cdots = \alpha_J = 0 \\
&H_1\colon \text{少なくとも 1 つの}\alpha_j\text{は 0 ではない}
\end{aligned}
\tag{10.2.9}
$$

要因 B の主効果に関する仮説

$$
\begin{aligned}
&H_0\colon \beta_1 = \beta_2 = \cdots = \beta_K = 0 \\
&H_1\colon \text{少なくとも 1 つの}\beta_k\text{は 0 ではない}
\end{aligned}
\tag{10.2.10}
$$

と交互作用効果に関する仮説

$$
\begin{aligned}
&H_0\colon (\alpha\beta)_{11} = (\alpha\beta)_{12} = \cdots = (\alpha\beta)_{JK} = 0 \\
&H_1\colon \text{少なくとも 1 つの}\ (\alpha\beta)_{jk}\text{は 0 ではない}
\end{aligned}
\tag{10.2.11}
$$

である。

そのため，まず，主効果 $\alpha_j$，$\beta_k$ と交互作用効果 $(\alpha\beta)_{jk}$ に対応する統計量を次のように定義する。

$$
\begin{aligned}
&\bar{y}_{j\cdot} = \frac{1}{K}\sum_{k=1}^{K}\bar{y}_{jk}, \qquad \bar{y}_{\cdot k} = \frac{1}{J}\sum_{j=1}^{J}\bar{y}_{jk}, \\
&\hat{\alpha}_j = \bar{y}_{j\cdot} - \bar{y}, \qquad \hat{\beta}_k = \bar{y}_{\cdot k} - \bar{y}, \\
&\widehat{(\alpha\beta)}_{jk} = \bar{y}_{jk} - \bar{y}_{j\cdot} - \bar{y}_{\cdot k} + \bar{y}
\end{aligned}
\tag{10.2.12}
$$

1 元配置モデルと同じように，観測値を次のように分解する。

$$
\begin{aligned}
y_{ijk} &= \bar{y} + (\bar{y}_{j\cdot} - \bar{y}) + (\bar{y}_{\cdot k} - \bar{y}) + (\bar{y}_{jk} - \bar{y}_{j\cdot} - \bar{y}_{\cdot k} + \bar{y}) + (y_{ijk} - \bar{y}_{jk}) \\
&= \bar{y} + \hat{\alpha}_j + \hat{\beta}_k + \widehat{(\alpha\beta)}_{jk} + (y_{ijk} - \bar{y}_{jk})
\end{aligned}
\tag{10.2.13}
$$

これと，(10.2.1) と (10.2.6) を比較すれば，$y_{ijk} - \bar{y}_{jk}$ が誤差項 $\epsilon_{ijk}$ に対応する統計量であることがわかる。

**例 10.7 薬の効果 2 (3)**

全体平均 $\mu$ は $\bar{y}=13.6$ と推定され，薬 A の 100（mg）水準，50（mg）水準，0（mg）水準での主効果はそれぞれ $\hat{\alpha}_1=0.37$，$\hat{\alpha}_2=5.57$，$\hat{\alpha}_3=-5.93$ と推定される。いずれも表 10-6 よりただちに得られる。薬 B の 10（mg）水準，0（mg）水準での主効果はそれぞれ $\hat{\beta}_1=2.37$，$\hat{\beta}_2=-2.37$ となる。また交互作用効果については表 10-7 の通りである。（p.322 に続く） ■

表 10-7

| | 薬 B 10 mg | 薬 B 0 mg |
|---|---|---|
| 薬 A 100 mg | −4.37 | 4.37 |
| 薬 A 50 mg | 1.83 | −1.83 |
| 薬 A 0 mg | 2.53 | −2.53 |

1 元配置モデルと同様，変動の分解を利用して検定を構成する。

**定理 10.4 変動の分解**

$$\begin{aligned}\sum_{i=1}^{r}\sum_{j=1}^{J}\sum_{k=1}^{K}(y_{ijk}-\bar{y})^2 \quad = \quad & Kr\sum_{j=1}^{J}(\bar{y}_{j\cdot}-\bar{y})^2+Jr\sum_{k=1}^{K}(\bar{y}_{\cdot k}-\bar{y})^2\\ & +r\sum_{j=1}^{J}\sum_{k=1}^{K}(\bar{y}_{jk}-\bar{y}_{j\cdot}-\bar{y}_{\cdot k}+\bar{y})^2\\ & +\sum_{i=1}^{r}\sum_{j=1}^{J}\sum_{k=1}^{K}(y_{ijk}-\bar{y}_{jk})^2\end{aligned}$$

ここで，

$$\sum_{i=1}^{r}\sum_{j=1}^{J}\sum_{k=1}^{K}(y_{ijk}-\bar{y})^2=SS_T\text{: 総変動}$$

$$Kr\sum_{j=1}^{J}(\bar{y}_{j\cdot}-\bar{y})^2=SS_A\text{: 水準 } A \text{ 間変動}$$

$$Jr\sum_{k=1}^{K}(\bar{y}_{\cdot k}-\bar{y})^2 = SS_B\text{: 水準 } B \text{ 間変動}$$

$$r\sum_{j=1}^{J}\sum_{k=1}^{K}(\bar{y}_{jk}-\bar{y}_{j\cdot}-\bar{y}_{\cdot k}+\bar{y})^2 = SS_{AB}\text{: 交互作用変動}$$

$$\sum_{i=1}^{r}\sum_{j=1}^{J}\sum_{k=1}^{K}(y_{ijk}-\bar{y}_{jk})^2 = SS_W\text{: 水準内変動}$$

とおく。すなわち，総変動 $SS_T$ は

$$SS_T = SS_A + SS_B + SS_{AB} + SS_W \tag{10.2.14}$$

なる 4 つの変動に分解できる。

1 元配置モデルと同様，(10.2.9)，(10.2.10)，(10.2.11) における帰無仮説 $H_0$ は，それぞれ $SS_A$，$SS_B$，$SS_{AB}$ が十分に大きければ棄却される。したがって，

$$\begin{aligned} F_A &= \frac{SS_A/(J-1)}{SS_W/JK(r-1)} \\ F_B &= \frac{SS_B/(K-1)}{SS_W/JK(r-1)} \\ F_{AB} &= \frac{SS_{AB}/(J-1)(K-1)}{SS_W/JK(r-1)} \end{aligned} \tag{10.2.15}$$

を検定統計量とすればよいであろう。実際，次の定理が成り立つ。

**定理 10.5**

検定統計量 $F_A$ は (10.2.9) の帰無仮説 $H_0$ が正しいときに自由度 $(J-1,\ JK(r-1))$ の $F$ 分布 $F(J-1, JK(r-1))$ に従う。検定統計量 $F_B$ は (10.2.10) の帰無仮説 $H_0$ が正しいときに自由度 $(K-1,\ JK(r-1))$ の $F$ 分布 $F(K-1, JK(r-1))$ に従う。また，検定統計量 $F_{AB}$ は (10.2.11) の帰無仮説 $H_0$ が正しいときに自由度 $((J-1)(K-1),\ JK(r-1))$ の $F$ 分布 $F((J-1)(K-1), JK(r-1))$ に従う。

したがって，それぞれの検定では1元配置モデルと同様に，$F$ 検定統計量の値が $F$ 分布から定まる臨界値を超えたときに $H_0$ を棄却し，そうでないときに採択すればよい。

表 10-8

| | 変動 | 自由度 | 分散 | F 値 |
|---|---|---|---|---|
| 要因 A | $SS_A$ | $J-1$ | $MS_A=\frac{SS_A}{J-1}$ | $F=\frac{MS_A}{MS_W}$ |
| 要因 B | $SS_B$ | $K-1$ | $MS_B=\frac{SS_B}{K-1}$ | $F=\frac{MS_B}{MS_W}$ |
| 交互作用 | $SS_{AB}$ | $(J-1)(K-1)$ | $MS_{AB}=\frac{SS_{AB}}{(J-1)\times(K-1)}$ | $F=\frac{MS_{AB}}{MS_W}$ |
| 水準内 | $SS_W$ | $JK(r-1)$ | $MS_W=\frac{SS_W}{JK(r-1)}$ | |
| 全体 | $SS_T$ | $n-1$ | $MS_T=\frac{SS_T}{n-1}$ | |

2元配置モデルでの分散分析表は表 **10-8** の通りである。要因が2つ，交互作用が1つ，残差と全体で5段になっているが，1元配置分散分析モデルでの分散分析表と同様のものである。

**例 10.8 薬の効果 2（4）**

「分析ツール」の「分散分析：繰り返しのある二元配置」の出力は表 **10-9** の通りである。

表 10-9

**概要**

| A 100 mg | B 10 mg | B 0 mg | 合計 |
|---|---|---|---|
| 標本数 | 5 | 5 | 10 |
| 合計 | 60 | 80 | 140 |
| 平均 | 12.00 | 16.00 | 14.00 |
| 分散 | 38.50 | 14.00 | 27.80 |

| A 50 mg | | | |
|---|---|---|---|
| 標本数 | 5 | 5 | 10 |
| 合計 | 117 | 75 | 192 |
| 平均 | 23.40 | 15.00 | 19.20 |
| 分散 | 38.30 | 24.00 | 47.29 |

A 0 mg

| 標本数 | 5 | 5 | 10 |
|---|---|---|---|
| 合計 | 63 | 14 | 77 |
| 平均 | 12.60 | 2.80 | 7.70 |
| 分散 | 17.30 | 39.20 | 51.79 |

合計

| 標本数 | 15 | 15 |
|---|---|---|
| 合計 | 240 | 169 |
| 平均 | 16.00 | 11.27 |
| 分散 | 56.29 | 60.64 |

**分散分析表**

| 変動要因 | 変動 | 自由度 | 分散 | 観測された分散比 | P-値 | F 境界値 |
|---|---|---|---|---|---|---|
| 標本 | 663.2667 | 2 | 331.6333 | 11.616 | 0.000296 | 3.402826 |
| 列 | 168.0333 | 1 | 168.0333 | 5.886 | 0.02315 | 4.259677 |
| 交互作用 | 288.4667 | 2 | 144.2333 | 5.052 | 0.014753 | 3.402826 |
| 繰り返し誤差 | 685.2000 | 24 | 28.5500 | | | |
| 合計 | 1804.9667 | 29 | | | | |

ここから次の分散分析表（表 10-10）が得られる。

表 10-10

| | 変動 | 自由度 | 分散 | $F$ 値 |
|---|---|---|---|---|
| 要因 A | 663.267 | 2 | 331.633 | 11.616 |
| 要因 B | 168.033 | 1 | 168.033 | 5.886 |
| 交互作用 | 288.467 | 2 | 144.233 | 5.052 |
| 水準内 | 685.200 | 24 | 28.550 | |
| 全体 | 1804.967 | 29 | 62.240 | |

まず有意水準を 0.05 として，帰無仮説 $H_0$: $\alpha_1 = \alpha_2 = \alpha_3 = 0$ の検定を行う。$F = 11.616$ と $F_{0.05}(2, 24) = 3.403$ が読み取れるから，帰無仮説は棄却される。帰無仮説 $H_0$: $\beta_1 = \beta_2 = 0$ と $H_0$: $(\alpha\beta)_{jk} = 0$（$j = 1, 2, 3$; $k = 1, 2$）についても，$F$ 値はそれぞれ 5.886，5.052 であり，それぞれ臨界値 $F_{0.05}(1, 24) = 4.260$，$F_{0.05}(2, 24) = 3.403$ を超えるから棄却される。2 つの要因の主効果と交互作用効果の存在も有意水準 0.05 で認められる。（終）■

# 10.3 多重比較

## 10.3.1 検定と多重比較の違い

検定で主効果がゼロではないという結果が得られた場合，次の分析ステップとして，「実際にどの水準とどの水準には差があり，どの水準とは差がないのか」を調べていくことになる。その際に，水準間の比較を別個に繰り返して行なうことには問題がある。例えば本章の 1 元配置分散分析モデルの説明に利用した「英語学習経験」の例では 4 つの水準があるため，「週 3 回のグループと週 2 回のグループの比較」「週 3 回のグループと週 1 回のグループの比較」などといった形で 2 群の平均値差の $t$ 検定を行うと ${}_4C_2 = 6$ 通りの $t$ 検定を行うことになる。このような単純な $t$ 検定の繰返しは第 1 種の誤りを過剰に大きくする。例えば，各検定の有意水準を 0.05 として 6 回の検定を行った場合，6 回中 1 回以上第 1 種の誤りを犯す確率は 0.05 より大幅に大きくなる。なぜなら，6 回の検定が独立であるとすると，その確率は

$$1 - (6\text{ 回中 }1\text{ 回も第 }1\text{ 種の誤りを犯さない確率}) = 1 - (0.95)^6 \approx 0.265$$

となるからである。6 回の検定を 1 つの分析の単位と考え，全体で第 1 種の誤りの確率をコントロールしたいとすると，本来設定した第 1 種の誤りの 5%をはるかに上回る約 26.5%の確率で，「6 通りの平均の比較どれも本来は差がないのに，どれか 1 つは誤って有意に差があると判断する」ことになる。このような $t$ 検定の単純な繰返しは，「すべての水準の平均が等しい」という帰無仮説を有意水準 0.05 で検定するという分散分析における主効果の検定の考え方と矛盾する。

このように複数の検定を繰返し行う場合には，その複数の検定を「検定のセット」と考え，セット全体で第 1 種の誤りを事前に設定した有意水準以下に抑えるための方法が必要であり，それが多重比較である。

ここではどのような場合でも利用できる非常に汎用的な方法として，有意水準を調整する方法を紹介する。ここで取り上げた方法は複数の群の平均値の比較に限らず，「重回帰分析においてすべての係数の有意性の検定を全体での有意

水準を一定に保ちながら行う」などといった，分散分析モデルの枠を離れて利用することができる。

### 10.3.2 ボンフェロニの方法

複数の検定全体での第 1 種の誤りを有意水準以下に抑えるための方法として，個別の検定ごとの有意水準を調整する方法がある。その中で最もよく知られ，かつ簡便な方法がボンフェロニの方法である。ボンフェロニの方法はボンフェロニの不等式（Bonferroni inequality）

$$P(A_1 \cap A_2 \cap \cdots \cap A_k) \geq 1 - \sum_{i=1}^{k} P(A_i^c) \tag{10.3.1}$$

に基づいて各検定の有意水準を調整することで，複数の検定全体の有意水準を事前に設定したレベル以下に制限する方法である。具体的には，検定全体での有意水準を $\alpha$ とすると，同時に考える検定の数 $k$ に対して，それぞれの検定を有意水準 $\alpha/k$ で行うことで調整を行う方法である。実際，(10.3.1) で $A_i = \{$ 第 $i$ 番目の検定で第 1 種の誤りを犯さない $\}$ とおけば，$P(A_1 \cap A_2 \cap \cdots \cap A_k)$ は $k$ 個の検定のセット全体で第 1 種の誤りを犯さない確率である。一方，個々の検定を有意水準 $\alpha/k$ で行うのであるから，$P(A_i^c) = \alpha/k$ が成り立つ。したがって，ボンフェロニの不等式より，

$$\text{検定のセット全体で第 1 種の誤りを犯さない確率} \geq 1 - \sum_{i=1}^{k} (\alpha/k) = 1 - \alpha$$

が得られる。例えば 4 つの水準間の平均の比較を考えるときには $t$ 検定を ${}_4C_2 = 6$ 回繰り返すため，各回の検定では有意水準は 5%ではなく，$5/6 \approx 0.83\%$ で行う。

ボンフェロニの方法は，各検定が独立でない場合や，正規分布以外の分布の下でも利用できる万能な手法だが，$k$ が大になると検出力が落ちてしまうという欠点がある。

### 10.3.3 ホルムの方法

検出力を向上させるためにボンフェロニの方法を修正した方法がホルム（S. Holm）の方法である。これは，例えば同時に $k$ 個の検定を考えるときに，

(1) $k$ 個の各検定を，$p$ 値 * が小さい順番に並べる。

(2) $p$ 値が $i$ 番目に小さい検定に対しての有意水準を $\alpha/(k-i+1)$ とする。

(3) $p$ 値が小さい順番から上記の有意水準で検定を行う。初めて帰無仮説が採択された検定を第 $l$ 番目とすると，第1番目の検定から第 $l-1$ 番目の検定までは帰無仮説を棄却，それ以降は採択する。

という方法である。ホルムの方法はボンフェロニの方法より検出力が高いことがわかっており，近年よく利用されるようになっている。多重比較について，詳しくは永田・吉田 [6]，星野 [2] を参照するとよい。

**例 10.9 英語学習経験とテストの成績 (5)**

第 10.1 節で示した英語学習経験の効果の例では 4 つの水準があった。そこで 4 つの水準の間のどこに有意な平均値の差があるかを調べる。ここではホルムの方法を利用する。誤差が正規分布に従うことを仮定して $t$ 検定を繰り返すと，$p$ 値が小さいペア順に「週 2 回グループと 0 回グループ（$p=0.002$）」，「週 3 回グループと 0 回グループ（$p=0.002$）」，「週 3 回グループと 1 回グループ（$p=0.003$）」，「週 2 回グループと 1 回グループ（$p=0.011$）」，「週 1 回グループと 0 回グループ（$p=0.438$）」，「週 3 回グループと 2 回グループ（$p=0.537$）」である。そこで

(1)「週 2 回グループと 0 回グループ」に対して有意水準 $5 \div 6 = 0.83...\%$ で検定を行うと帰無仮説が棄却されるので続行

(2)「週 3 回グループと 0 回グループ」に対して有意水準 $5 \div 5 = 1\%$ で検定を行うと帰無仮説が棄却されるので続行

(3)「週 3 回グループと 1 回グループ」に対して有意水準 $5 \div 4 = 1.25\%$ で検定を行うと帰無仮説が棄却されるので続行

(4)「週 2 回グループと 1 回グループ」に対して有意水準 $5 \div 3 = 1.66...\%$ で検定を行うと帰無仮説が棄却されるので続行 **

(5)「週 1 回グループと 0 回グループ」に対して有意水準 $5 \div 2 = 2.5\%$ で検定

---

* $p$ 値：検定統計量を $Z$ で表す。例えば，$|Z| > c$ を棄却域とする検定において，$Z$ の実現値が $z$ であったとする。このとき，帰無仮説 $H_0$ を正しいと仮定して計算される確率 $P(|Z| > z)$ を $p$ 値と言う。$p$ 値が有意水準 $\alpha$ よりも小さいとき $H_0$ は棄却される。

** ボンフェロニの方法では有意水準は $5 \div 6 \approx 0.83\%$ となり帰無仮説は棄却されないことに注意。

を行うと帰無仮説が採択されるので終了

したがって「週1回グループと0回グループ」及び「週3回グループと2回グループ」の間では帰無仮説が採択され，平均値に差がないことになる。この結果から，週3回と週2回では効果に有意差がなく，週2回と週1回の所に差があることから，なるべく少ない教育投資で効果を得るには週2回の英語教育が有効であると結論することができそうである。(終) ■

# 10.4 より進んだ分析法

## 10.4.1 変量効果モデルと混合効果モデル

ここまで説明してきたモデルでは，各要因の水準は事前に分析者によってコントロールされていた。しかし，分析の目的や対象によっては，取り上げた各水準そのものには関心がなかったり，水準を事前にコントロールできない場合がある。例えば，製造過程での作業効率を調べるため，複数（$J$ 人）の作業員をランダムに選び，様々な（$K$ 通りの）作業条件での生産量を観測する場合を考えてみよう。モデルとして，「A：作業員の違い」と「B：作業条件の違い」という2つの要因を持つ2元配置モデルを当てはめるとする。ここで，分析者の目的が，個人の処遇ではなく作業効率を向上させる条件の特定にあるのであれば，個々の作業員ごとの主効果 $\alpha_1, \cdots, \alpha_J$ には積極的な関心はない。むしろ全作業員（調査対象として選ばれなかった者も含む）の生産量の分布がどのようなものであるかのほうが問題であろう。この場合は，$\alpha_1, \cdots, \alpha_J$ を，未知パラメータではなく確率変数とみなし，生産量分布という母集団から抽出された大きさ $J$ の無作為標本と考えたほうが分析目的と整合的であろう。このように，確率変数であるような主効果を**変量効果**（random effect）と呼ぶ。変量効果だけで構成されたモデルを**変量効果モデル**（random effect model）と呼ぶ。対して，前節までのモデルのように，主効果が未知パラメータであるようなモデルを**固定効果モデル**（fixed effect model）と言う。また，変量効果と固定効果の両方を持つモデルを**混合効果モデル**（mixed effect model）と言う。

最も簡単な例として,「A：作業員の違い」のみを要因とする1元配置の変量効果モデルを記せば

$$
\begin{aligned}
&y_{ij} = \mu + \alpha_j + \epsilon_{ij}, \\
&\epsilon_{ij} \sim N(0, \sigma_E^2),\ \alpha_j \sim N(0, \sigma_A^2) \\
&\epsilon_{ij}, \alpha_j\ (i = 1, 2, \cdots, n_j;\ j = 1, 2, \cdots, J)\ \text{はすべて独立} \qquad (10.4.1)
\end{aligned}
$$

となる。各 $\alpha_j$ が事前にコントロールされた値でないことに注意する。また, $\epsilon_{ij}$ と $\alpha_j$ とが独立であるから,

$$
\mathrm{E}(y_{ij}) = \mu, \quad \mathrm{V}(y_{ij}) = \mathrm{V}(\alpha_j + \epsilon_{ij}) = \mathrm{V}(\alpha_j) + \mathrm{V}(\epsilon_{ij}) = \sigma_A^2 + \sigma_E^2 \qquad (10.4.2)
$$

となる。主効果の分布の平均をゼロとしているため, 固定効果モデルと違い, (10.1.6) のような制約は考えなくともよい。

このモデルで関心のある仮説は, 主効果が存在するか否かであり, それは

$$
H_0\colon \sigma_A^2 = 0 \quad H_1\colon \sigma_A^2 > 0 \qquad (10.4.3)
$$

の検定に等しい。なぜなら, 問題 4.3 の 4 で見た通り, $\sigma_A^2 = \mathrm{V}(\alpha_j) = 0$ は ($\mathrm{E}(\alpha_j) = 0$ とあわせて) $\alpha_j = 0$ を意味するからである。検定の方法は, 1元配置の固定効果モデルにおけるものと全く同じである。すなわち, (10.1.13) で定義される $F$ により,

$$
\begin{cases}
F > F_\alpha(J-1, n-J) & \Rightarrow \quad H_0\text{を棄却} \\
F \leq F_\alpha(J-1, n-J) & \Rightarrow \quad H_0\text{を採択}
\end{cases}
$$

は $H_0$ に対する有意水準 $\alpha$ の検定である。

2元配置の変量効果モデル, 混合効果モデルも同様に考えることができるが, ここでは省略する。利用する $F$ 検定統計量の計算式およびその分布が異なるため注意が必要である。

### 10.4.2　回帰分析モデルと分散分析モデル

分散分析は回帰分析の特別な場合とみなすことができる。すなわち，回帰分析において独立変数をダミー変数とした場合に対応する。

より詳しく見るため，まず第 6.4 節で扱った 2 標本問題を回帰モデルで表現してみよう。被験者が性別や病気の有無などに従って 2 つの群に分類されているとする。次のような 2 値変数をダミー変数（dummy variable）と言う。

$$x_i = \begin{cases} 1 & （被験者\ i\ は第\ 1\ 群に属する） \\ 0 & （被験者\ i\ は第\ 2\ 群に属する） \end{cases} \tag{10.4.4}$$

2 標本問題は，

$$y_i = \beta_0 + \beta_1 x_i + \epsilon_i, \qquad \epsilon_j \sim N(0, \sigma^2) \tag{10.4.5}$$

において，

$$H_0\colon \beta_1 = 0 \quad H_1\colon \beta_1 \neq 0 \tag{10.4.6}$$

を検定することに等しい。なぜなら，被験者 $i$ が第 1 群に属するとき $y_i \sim N(\beta_0 + \beta_1, \sigma^2)$ であり，第 2 群に属するとき $y_i \sim N(\beta_0, \sigma^2)$ である。そして，$\beta_1 = 0$ のとき 2 つの分布は等しいからである。

これと同じ考え方によって，分散分析モデルを回帰モデルで表現することができる。簡単のため，次の 1 元配置モデルで議論する。

$$y_{ij} = \mu + \alpha_j + \epsilon_{ij} \quad (i = 1, 2, \cdots, r;\ j = 1, 2, \cdots, J)$$

ここに $y_{ij}$ は第 $j$ 水準の第 $i$ 番目の観測値である。各被験者が第 1 群から第 $J$ 群のいずれかに群別されるとする。簡単のため各群に属する被験者の数を一定（$= r$）とする。被験者数を $n = rJ$ とおく。被験者 $i$ に対して，

$$x_{ij} = \begin{cases} 1 & （第\ j\ 群に属する） \\ 0 & （第\ j\ 群に属さない） \end{cases} \quad (j = 1, 2, \cdots, J-1) \tag{10.4.7}$$

群別を表す独立変数は $J-1$ 個で十分であることに注意しよう。観測値を群の順に 1 列に並べて，$y_{11}, y_{21}, \cdots, y_{r1};\ y_{12}, y_{22}, \cdots, y_{r2};\ \cdots;\ y_{1J}, y_{2J}, \cdots, y_{rJ}$ とお

き，これを $Y_1, Y_2, \cdots, Y_n$ とおく。誤差項 $\epsilon_{ij}$ についても同様とし，$E_1, E_2, \cdots, E_n$ とおく。このとき1元配置分散分析モデルは

$$Y_i = \beta_0 + \beta_1 x_{i1} + \cdots + \beta_{J-1} x_{iJ-1} + E_i \tag{10.4.8}$$

に等しい。そして，(10.4.7) において帰無仮説 $H_0$: $\alpha_1 = \alpha_2 = \cdots = \alpha_J = 0$ を検定することは，(10.4.8) において $H_0$: $\beta_1 = \beta_2 = \cdots = \beta_{J-1} = 0$ を検定することと同値である。

このように分散分析は独立変数がダミー変数の場合の重回帰分析と考えることが可能であり，重回帰分析で取り上げた検定や決定係数などの議論をそのまま利用することができる。ただし，モデルの作り方によっては，独立変数の行列 $\mathbf{X} = (x_{ij})$（(9.3.1) を見よ）がフルランクとならず，逆行列 $(\mathbf{X}^t\mathbf{X})^{-1}$ が存在しないなどの難しさが現れるため，これ以上の詳細には触れない。

### 10.4.3 共分散分析

例 10.1 においては，各水準（英語学習経験の程度）への被験者の割り当てがランダムであった。このことは，分散分析を用いて要因の効果を調べるための重要な前提条件である。ランダムな割り当てが行われなければ，類似した被験者が特定の水準に集中し，データが偏ったものとなる可能性があるからである。しかし，実際の研究で各水準にランダムに被験者を割り当てることはしばしば困難である。英語学習についてもそうであり，通常は親や子供が自分の意思で英語スクールに通うかどうかを決めるのが一般的であろう。そのような場合，英語経験が豊富な群（英語学習を週3回行うグループ，週2回行うグループ）には教育に意欲的で学歴の高い親を持つ被験者が多く含まれ，そうでない群（英語学習を行わないグループ）はその逆の被験者が多く含まれるであろう。すなわち，親の教育意欲や学歴などによって，子供の英語学習経験が異なり，また子供の中学1年生時点での英語テストの成績も異なるということが起こりうる。

このように，モデルに組み入れられた要因の他に観測値に影響を与える変数を**共変量**（covariate）と言う。共変量の影響を無視すると，要因の観測値への効果を正しく推定することができない。このような場合には，要因の割り当て

や観測値に影響を与えると考えられる共変量を事前に測定し，分散分析モデルに組み込むのが一般的である。このような分析法を**共分散分析**（analysis of covariance，ANCOVA）と言う。要因が 1 つの共分散分析モデルは，第 $i$ 番目の被験者の共変量の値を $w_i$ とすると，以下のようなモデルで表現される。

$$y_{ij} = \mu + \alpha_j + \beta w_{ij} + \epsilon_{ij} \quad (i = 1, 2, \cdots, n_j;\ j = 1, \cdots, J) \tag{10.4.9}$$

式を見ると明らかであるが，共分散分析モデルは独立変数にダミー変数と連続変数が混在した形の重回帰分析モデルとして考えることができるため，やはり推定や検定は基本的に重回帰分析と同じである。

# 10.5 問　題

新世社のウェブサイト（https://www.saiensu.co.jp/）の本書「サポート情報」欄からデータをダウンロードして Excel を用いた分散分析を行え。データは Suzuki ら [10] による，意思決定と生理反応についての実験である。被験者は 4 つのカードの山から 1 枚を選ぶ試行を繰返し行う。カードにはそれぞれ金銭的な報酬と罰が設定されていて，一試行ごとに得た報酬と罰の金額が被験者にフィードバックされる。4 つのうち 2 つは全体では報酬が多くなるが 1 回当たりの報酬や損失が少ない保守的な選択肢で，残りは 1 回当たりの損失や報酬が多く，全体で罰のほうが多くなるリスキーな選択肢であるが，被験者にはこの区別は知らされていなかった。被験者に結果が知らされた後の皮膚電位反応についての測定値が従属変数である。

要因 A を「結果が報酬であるか罰であるかどうか」の 2 水準，要因 B を「保守的な選択肢かリスキーな選択肢かどうか」の 2 水準であるとする。

注意：このデータは本来は同一被験者に対して要因 A と要因 B のすべての水準でデータが得られている反復測定分散分析モデルで解析を行うか，または変量効果のある分散分析モデルとして解析するのが妥当である。その場合には $F$ 検定統計量の計算に用いる残差部分を各効果ごとに変える必要がある。詳しく

は橋本 [1] を参照されたい。

# 関連図書


[1] 橋本貴充「2 元分散分析——要因が 2 つあるときの平均値差の検定」繁桝算男・大森拓哉・橋本貴充（著）『心理統計学——データ解析の基礎を学ぶ』第 7 章，培風館，2008 年

[2] 星野崇宏「多重比較——特定の平均間の差を検定する」繁桝算男・大森拓哉・橋本貴充（著）『心理統計学——データ解析の基礎を学ぶ』第 8 章，培風館，2008 年

[3] 稲垣宣生『数理統計学　改訂版』裳華房，2003 年

[4] 河田敬義・丸山文行・鍋谷清治『大学演習 数理統計』裳華房，1962 年

[5] 久保川達也『データ解析のための数理統計入門』共立出版，2023 年

[6] 永田　靖・吉田道弘『統計的多重比較法の基礎』サイエンティスト社，1997 年

[7] 縄田和満『Excel による統計入門［第 2 版］』朝倉書店，2000 年

[8] 縄田和満『Excel による回帰分析入門』朝倉書店，1998 年

[9] 清水　誠『データ分析 はじめの一歩——数値情報から何を読みとるか？』講談社（ブルーバックス），1996 年

[10] A. Suzuki, A. Hirota, N. Takasawa, K. Shigemasu, "Application of the somatic marker hypothesis to individual differences in decision making", *Biological Psychology*, **65** (2003), 81–88.

[11] 鈴木　武・山田作太郎『数理統計学——基礎から学ぶデータ解析』内田老鶴圃，1996 年

[12] 竹村彰通『現代数理統計学』創文社，1991 年

[13] 中川重和『正規性の検定』共立出版，2019 年

[14] 東京大学教養学部統計学教室（編）『統計学入門』（基礎統計学 I）東京大学出版会，1991 年

# 索　引

## あ　行



## か　行

## さ　行

た　行

## な 行



## は 行

## ま　行



## や　行

## ら　行



## わ　行

## 著者略歴


### 倉田　博史（くらた　ひろし）

1991年　京都大学経済学部卒業
1996年　一橋大学大学院経済学研究科理論経済学及び統計学専攻博士課程修了
現　在　東京大学大学院総合文化研究科・教養学部教授　博士（経済学）


**主要著作**

Hiroshi Kurata, "On principal points for location mixtures of spherically symmetric distributions", *Journal of Statistical Planning & Inference*, **138** (2008), 3405–3418.

Takeaki Kariya & Hiroshi Kurata, *Generalized Least Squares*, John, Wiley & Sons, 2004.


### 星野　崇宏（ほしの　たかひろ）

1999年　東京大学教育学部卒業
2004年　東京大学大学院総合文化研究科広域科学専攻博士課程修了
現　在　慶應義塾大学経済学部・大学院経済学研究科教授
　　　　博士（学術）・博士（経済学）


**主要著作**

星野崇宏『調査観察データの統計科学――因果推論・選択バイアス・データ融合』岩波書店，2009年.

Takahiro Hoshino, "Semiparametric Bayesian estimation for marginal parametric potential outcome modeling: Application to causal inference", *Journal of the American Statistical Association*, **108** (2013), 1189–1204.

## 著者の共著論文

Hiroshi Kurata, Takahiro Hoshino & Yasunori Fujikoshi, "Allometric extension model for conditional distributions", *Journal of Multivariate Analysis*, **99** (2008), 1985–1998.

Takahiro Hoshino, Hiroshi Kurata & Kazuo Shigemasu, "A propensity score adjustment for multiple group structural equation modeling", *Psychometrika*, **71** (2006), 691–712.

# 入門統計解析　第2版


| | |
|---|---|
| 2009年12月10日 © | 初　版　発　行 |
| 2023年 2 月10日 | 初版第23刷発行 |
| 2024年 3 月25日 © | 第 2 版 発 行 |

著　者　倉田博史　　　　発行者　森平敏孝
　　　　星野崇宏　　　　印刷者　山岡影光
　　　　　　　　　　　　製本者　小西恵介

【発行】　株式会社　新世社

〒151–0051　東京都渋谷区千駄ヶ谷1丁目3番25号
☎（03）5474–8818（代）　サイエンスビル

【発売】　株式会社　サイエンス社

〒151–0051　東京都渋谷区千駄ヶ谷1丁目3番25号
営業 ☎（03）5474–8500（代）　振替 00170–7–2387
FAX ☎（03）5474–8900

印刷　三美印刷（株）　　製本　（株）ブックアート

《検印省略》





ISBN978–4–88384–382–4

PRINTED IN JAPAN



サイエンス社・新世社のホームページのご案内
https://www.saiensu.co.jp
ご意見・ご要望は
shin@saiensu.co.jp まで。